煤炭职业教育课程改革规划教材

# 地 形 测 量

主 编 李凤贤 司大刚

副主编 任智龙 李玉霞 李斐斐

张霆浩 柴生亮 刘利天

主 审 陈冠臣

煤炭工业出版社

·北 京·

# 内 容 提 要

　　本教材充分体现以能力为主线、以任务为载体的职业课程培养模式，突显"基于工作过程"的职业教育教学理念。通过地形图的识读、测量精度评定、地面点位的确定、测绘地形图、地形图的应用等活动项目来组织教学，采用集中实训方式强化能力培养，倡导学生在项目活动中掌握地形测量的基本知识与技能，培养学生初步具备专业生产过程中需要的基本职业能力。

　　本书适用于工程测量技术、矿山测量、测绘地理信息技术专业的高职学生使用。

# 前　　言

当今国民经济建设和社会可持续发展对诸如时间、空间、属性这类地理空间信息或者说广义测绘信息的需求迅速增长。测绘学科和行业在国家信息化和现代化建设中发挥着越来越重要的作用。为了适应国家信息化建设的需求，测绘正开始步入信息化测绘新阶段，对测绘人才队伍建设提出了更高的要求。

为加强测绘新技术的应用和推广，依据在教学中要求学习者对基本原理和概念的掌握和理解，同时考虑高职高专分委会对专业系列教材的规划，在此基础上编写了本教材本课程的内容和《数字测图技术》《控制测量技术》《工程测量技术》等课程的教学内容不重复。课程大纲经过集体讨论，形成了先建立测绘科学基本概念，从认识地形图开始，以构建如何测绘地形图的知识点和技能点，将本书分为 4 个模块，12 个学习项目，23 个学习任务；每个任务通过任务概述建立感性思维，通过相关知识逐步深入，然后通过任务实施建立理性思维和知识体系的顺序来组织内容结构。

本书由兰州资源环境职业技术学院李风贤、司大刚任主编，兰州资源环境职业技术学院李玉霞、任智龙、李斐斐、张霆浩、柴生亮，广州南方测绘仪器有限公司兰州分公司刘利天任副主编。具体分工如下：司大刚编写模块一、模块二；李风贤编写模块三；李玉霞、任智龙、柴生亮、张霆浩、李斐斐合作编写模块四；刘利天、任智龙合作编写附录。由司大刚负责全书汇总和整理；由李风贤定稿；由天水三和数码测绘院陈冠臣担任主审。

限于编者水平，书中可能存在不足之处，恳请读者批评指正。

编　者

2016 年 9 月

# 目　　次

# 模块一　地形测图前的准备工作

地形图是怎样测绘出来的？

人们看到一张张反映地球表面形态和面貌的地形图是相当复杂的。不论是地形起伏变化的山区，还是水网密集的水乡平原，图上各种各样的地貌和地物符号都准确地反映了地面的实际情况。要绘制地形图首先要明确确定地形图上的每个点位需要的 3 个基本要素：方位、距离和高程。同时这 3 个基本要素还必须有起始方向、坐标原点和高程零点作依据。

用一张固定在图板上的白纸测绘地形图时，一开始先要对图板定向，这可根据事先测量的大地控制点作为起始方向来定向；在简易测图中，也可用指北针来定向。图板定向后，就要确定测图点在图纸上的位置，对于纳入国家统一的基本地形图的测绘，是有统一规范的坐标展点要求的；但对于小面积局部地区测绘，可假设独立的平面直角坐标系原点，即可着手按测方位和距离两要素的方式，测定地面上其他任何点的平面坐标位置。至于点的高程，由于国家高程系统已在全国各地布设了很多统一高程基准的水准点可供利用，一般均可用水准测量方法联测到测图区，因此在测图时采用视距三角高程测量的方法就可同时测定出任何一点的点位和高程。

地面上任何地貌和地物的描绘都可用其特征点所组成的线条反映出来。地貌可用等高线反映其高低和形态变化；地物如房屋、道路、河流等均可用其特征点所构成的线条表示出来；有不少特殊的地貌和地物还有专门的图例符号来表示。因此，测绘地形图的工作实际上就是测定并表示地面上所有地貌和地物的特征点。当然，不同比例尺的地形图，还有对特征点取舍和繁简的综合问题。

随着测绘科学技术的发展和进步，现代地形图的测绘工作已由传统的野外白纸测图转向室内的航空摄影测绘和航天遥感测绘，并已逐渐迈向全数字化、自动化测图。

## 项目一　地面点位的确定

**任 务 概 述**

通过地球的形状与大小的认识，学习确定地面点高程、平面位置的方法。掌握测量的基本工作及基本原则。

**相 关 知 识**

### 一、地球的形状和大小

测绘工作大多是在地球表面上进行的，测量基准的确定、测量成果的计算及处理都与地球的形状和大小有关。

　　测量学的主要研究对象是地球的自然表面，但地球表面极不规则，有高山、丘陵、平原、河流、湖泊和海洋等。世界第一高峰珠穆朗玛峰高达 8844.43 m，而位于太平洋西部的马里亚纳海沟最深处超过 11000 m。尽管有这样大的高低起伏，但相对地球庞大的体积来说仍可忽略不计。地球形状是极其复杂的，通过长期的测绘工作和科学调查，人们了解到地球表面上海洋面积约占 71%，陆地面积约占 29%。因此，测量中把地球形状视为是由静止的海水面向陆地延伸并围绕整个地球所形成的某种形状。

　　地球表面任一质点都同时受到两个作用力：其一是地球自转产生的惯性离心力；其二是整个地球质量产生的引力。这两种力的合力称为重力。引力方向指向地球质心，如果地球自转角速度是常数，惯性离心力的方向垂直于地球自转轴向外，重力方向则是两者合力的方向（图 1-1）。重力的作用线又称为铅垂线。用细绳悬挂一个垂球，其静止时所指示的方向即为铅垂线方向。

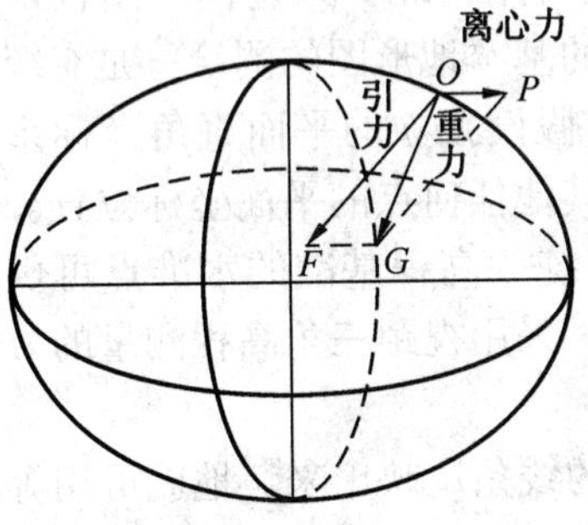

图 1-1　引力、离心力和重力

　　处于静止状态的水面称为水准面。由物理学知道，这个面是一个重力等位面，水准面上处处与重力方向（铅垂线方向）垂直。在地球表面重力的作用空间，通过任何高度的点都有一个水准面，因而水准面有无数个。其中，把一个假想的、与静止的平均海水面重合并向陆地延伸且包围整个地球的特定重力等位面称为大地水准面。

　　大地水准面和铅垂线是测量外业所依据的基准面和基准线。

　　由于地球引力的大小与地球内部的质量有关，而地球内部的质量分布又不均匀，致使地面上各点的铅垂线方向产生不规则的变化，因而大地水准面实际上是一个略有起伏的不规则曲面，无法用数学公式精确表达（图 1-2）。

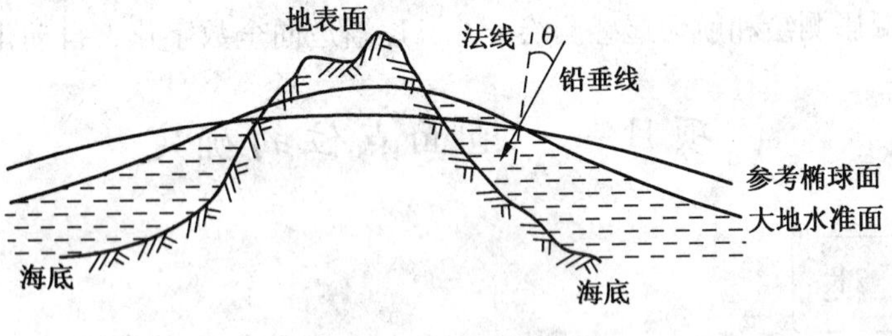

图 1-2　大地水准面图

　　经过长期测量实践研究表明，地球形状极近似于一个两极稍扁的旋转椭球，即一个椭圆绕其短轴旋转而成的形体。旋转椭球面可以用数学公式准确地表达，因此，在测量工作中用这样一个规则的曲面代替大地水准面作为测量计算的基准面。

　　代表地球形状和大小的旋转椭球称为"地球椭球"。与大地水准面最接近的地球椭球称为总地球椭球；与某个区域如一个国家大地水准面最为密合的椭球称为参考椭球，其椭球面称为参考椭球面。由此可见，参考椭球有许多个，而总地球椭球只有一个。

在几何大地测量中，椭球的形状和大小通常用长半轴 $a$、短半轴 $b$ 和扁率 $\alpha$ 来表示

$$\alpha = \frac{a-b}{a} \tag{1-1}$$

几个世纪以来，许多学者分别测算出了许多椭球体元素值，表 1-1 列出了几个著名的椭球名称。我国的 1954 年北京坐标系采用的是克拉索夫斯基椭球，1980 年国家大地坐标系采用的是 1975 年国际椭球，而全球定位系统（GPS）采用的是 WGS-84 椭球。由于参考椭球的扁率很小，在小区域的普通测量中可将地（椭）球视为圆球，其半径 $R=(2a+b)/3=6371$ km。

表 1-1　地球椭球几何参数

| 椭球名称 | 年份/年 | 长半轴 $a/m$ | 扁率 $\alpha$ | 备注 |
|---|---|---|---|---|
| 贝塞尔 | 1841 | 6377397 | 1:299.152 | 德国 |
| 海福特 | 1910 | 6378388 | 1:297.0 | 美国、1942 年国际第一个推荐值 |
| 克拉索夫斯基 | 1940 | 6378245 | 1:298.3 | 苏联、中国 1954 年北京坐标系采用 |
| 1975 大地测量参考系统 | 1975 | 6378140 | 1:298.257 | IUGG 第 16 届大会推荐值 |
| 1980 大地测量参考系统 | 1979 | 6378137 | 1:298.257 | IUGG 第 17 届大会推荐值 |
| WGS-84 | 1984 | 6378137 | 1:298.257 | 美国国防部制图局（DMA） |

注：IUGG 为国际大地测量与地球物理学联合会（International Union of Geodesy and Geophysics）。

## 二、地面点位置的表示方法

为了确定地面点的空间位置，需要建立坐标系。在一般测量工作中，常将地面点的位置用平面位置（大地经纬度或高斯平面直角坐标）和高程来表示，它们分别从属于大地坐标系（或高斯平面直角坐标系）和指定的高程系统，即是用一个二维坐标系（椭球面或平面）和一个一维坐标系（高程）的组合来表示。在卫星测量中，地面点的空间位置用三维的空间直角坐标表示。在各种坐标系之间，地面点的坐标和各种几何元素可以进行换算。

### （一）地面点的高程

#### 1. 绝对高程

地面点到大地水准面的铅垂距离称为该点的绝对高程，简称高程或海拔，用符号 $H$ 表示。图 1-3 中 $H_A$、$H_B$ 分别为 $A$、$B$ 两点的高程。

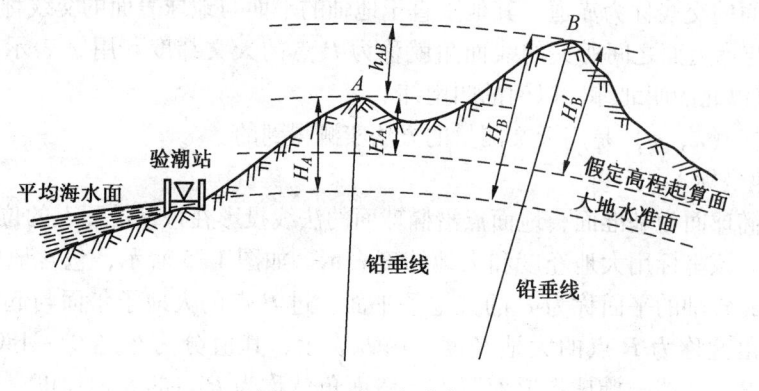

图 1-3　地面点的高程

我国的高程起算面是与黄海平均海水面相吻合的大地水准面,该面上各点高程为零。目前我国采用的是"1985 年国家高程基准",它是根据青岛验潮站 1953—1977 年的观测资料,经过计算建立的,并测算出国家水准原点的高程 72.260 m。从该水准原点出发,以不同的精度用水准测量的方法测定了许多水准点,供高程测量使用。

2. 假定高程

当测区内没有已知水准点或引用已知高程有困难时,可以任意假定一个水准面作为高程起算面,地面点到这个假定水准面的铅垂距离称为该点的假定高程或相对高程。图 1-3 中 $H'_A$、$H'_B$ 分别为 $A$、$B$ 两点的假定高程。

3. 高差

地面两点间的高程或相对高程之差称为高差,用 $h$ 表示。图 1-3 中从 $A$ 点至 $B$ 点的高差为

$$h_{AB} = H_B - H_A = H_B{'} - H_A{'} \tag{1-2}$$

可见,两点间高差与高程起算面无关。另外,从 $B$ 点至 $A$ 点的高差为

$$h_{BA} = H_A - H_B = H_A{'} - H_B{'} \tag{1-3}$$

因此

$$h_{AB} = -h_{BA} \tag{1-4}$$

(二)地面点的坐标

1. 地理坐标

当研究和测定整个地球的形状或进行大区域的测绘工作时,可用地理坐标来确定地面点的位置。地理坐标是一种球面坐标,视依据球体的不同而分为天文坐标和大地坐标。

1)天文坐标

以大地水准面为基准面,地面点沿铅垂线投影在该基准面上的位置,称为该点的天文坐标。该坐标用天文经度和天文纬度表示。如图 1-4 所示,将大地体看作地球,NS 即为地球的自转轴,N 为北极,S 为南极,O 为地球体中心。包含地面点 $P$ 的铅垂线且平行于地球自转轴的平面称为 $P$ 点的天文子午面。天文子午面与地球表面的交线称为天文子午线,也称经线。而将通过英国格林尼治天文台埃里中星仪的子午面称为起始子午面,相应的子午线称为起始子午线或零子午线,并作为经度计量的起点。过点 $P$ 的天文子午面与起始子午面所夹的两面角就称为 $P$ 点的天文经度。用 $\lambda$ 表示,其值为 $0° \sim 180°$,在本初子午线以东的叫东经,以西的叫西经。

通过地球体中心 $O$ 且垂直于地轴的平面称为赤道面。它是纬度计量的起始面。赤道面与地球表面的交线称为赤道。其他垂直于地轴的平面与地球表面的交线称为纬线。过点 $P$ 的铅垂线与赤道面之间所夹的线面角就称为 $P$ 点的天文纬度。用 $\varphi$ 表示,其值为 $0° \sim 90°$,在赤道以北的叫北纬,以南的叫南纬。

天文坐标 $(\lambda, \varphi)$ 是用天文测量的方法实测得到的。

2)大地坐标

以参考椭球面为基准面,地面点沿椭球面的法线投影在该基准面上的位置,称为该点的大地坐标。该坐标用大地经度和大地纬度表示。如图 1-5 所示,包含地面点 $P$ 的法线且通过椭球旋转轴的平面称为 $P$ 的大地子午面。过 $P$ 点的大地子午面与起始大地子午面所夹的两面角就称为 $P$ 点的大地经度。用 $L$ 表示,其值分为东经 $0° \sim 180°$ 和西经 $0° \sim 180°$。过点 $P$ 的法线与椭球赤道面所夹的线面角就称为 $P$ 点的大地纬度。用 $B$ 表示,其

值分为北纬 0°~90° 和南纬 0°~90°。我国 1954 年北京坐标系和 1980 年国家大地坐标系就是分别依据两个不同的椭球建立的大地坐标系。

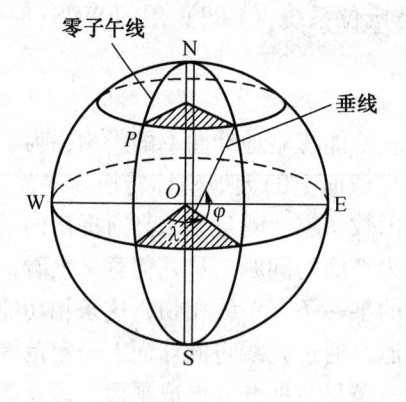

图 1-4　天文坐标图

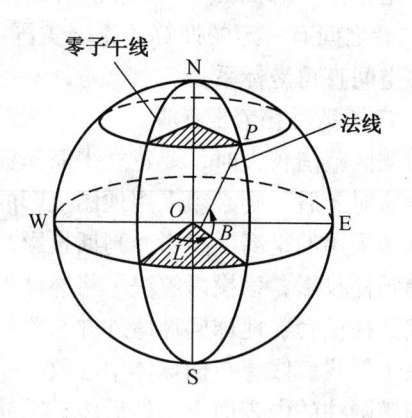

图 1-5　大地坐标图

大地坐标（$L$，$B$）因所依据的椭球体面不具有物理意义而不能直接测得，只可通过计算得到。它与天文坐标有如下关系式：

$$L = \lambda - \frac{\eta}{\cos\varphi} \tag{1-5}$$

$$B = \varphi - \xi \tag{1-6}$$

式中　$\eta$——过同一地面点的垂线与法线的夹角在东西方向上的垂线偏差分量；

　　　$\xi$——在南北方向上的垂线偏差分量。

2. 地心坐标系（空间三维坐标系）

由于卫星大地测量是利用空中卫星的位置来确定地面点的位置，以及卫星围绕地球质心运动，所以卫星大地测量中需采用地心坐标系。该系统一般有两种表达式，如图 1-6 所示。

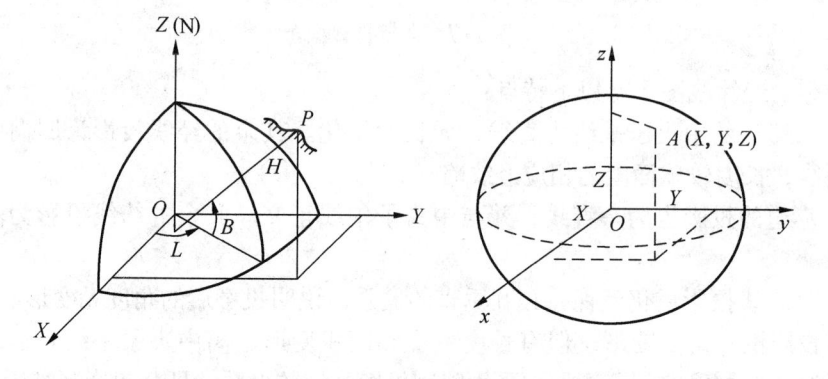

图 1-6　地心空间直角坐标系和地心大地坐标系

（1）地心空间直角坐标系：坐标系原点 $O$ 与地球质心重合，$Z$ 轴指向地球北极，$X$ 轴指向格林尼治子午面与地球赤道的交点，$Y$ 轴垂直于 $XOZ$ 平面构成右手坐标系。

（2）地心大地坐标系：椭球体中心与地球质心重合，椭球短轴与地球自转轴相合，大地经度 $L$ 为过地面点的椭球子午面与格林尼治子午面的夹角，大地纬度 $B$ 为过地面点的法线与椭球赤道面的夹角，大地高 $H$ 为地面点沿法线至椭球面的距离。

于是，任一地面点 $P$ 在地心坐标系中的坐标，可表示为 $(X, Y, Z)$ 或 $(L, B, H)$。二者之间有一定的换算关系。美国的全球定位系统（GPS）用的 WGS-84 坐标就属于地心空间直角坐标系。

3. 高斯平面直角坐标系

当测区范围较大时，要建立平面坐标系，就不能忽略地球曲率的影响，为了解决球面与平面这对矛盾，则必须采用地图投影的方法将球面上的大地坐标转换为平面直角坐标。目前我国采用的是高斯投影，高斯投影是由德国数学家、测量学家高斯提出的一种横轴等角切椭圆柱投影，该投影解决了将椭球面转换为平面的问题。从几何意义上看，就是假设一个椭圆柱横套在地球椭球体外并与椭球面上的某一条子午线相切，这条相切的子午线称为中央子午线。假想在椭球体中心放置一个光源，通过光线将椭球面上一定范围内的物像映射到椭圆柱的内表面上，然后将椭圆柱面沿一条母线剪开并展成平面，即获得投影后的平面图形，如图 1-7 所示。

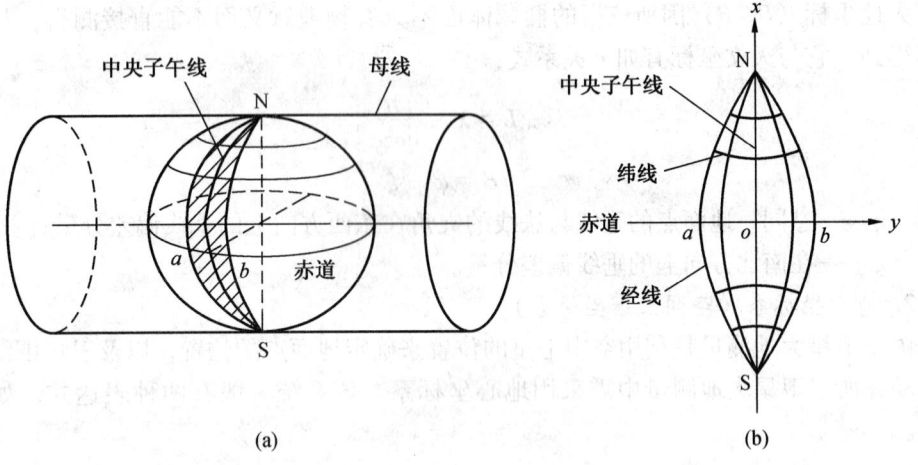

(a)                                    (b)

图 1-7　高斯投影概念

该投影的经纬线图形有以下特点：

（1）投影后的中央子午线为直线，无长度变化。其余的经线投影为凹向中央子午线的对称曲线，长度较球面上的相应经线略长。

（2）赤道的投影也为一直线，并与中央子午线正交。其余的纬线投影为凸向赤道的对称曲线。

（3）经纬线投影后仍然保持相互垂直的关系，说明投影后的角度无变形。

高斯投影没有角度变形，但有长度变形和面积变形，离中央子午线越远，变形就越大，为了对变形加以控制，测量中采用限制投影区域的办法，即将投影区域限制在中央子午线两侧一定的范围，这就是所谓的分带投影。投影带一般分为 6°带和 3°带两种，如图 1-8所示。

6°带投影是从英国格林尼治起始子午线开始（东经 0°开始），自西向东，每隔经差 6°分为一带，将地球分成 60 个带，其编号分别为 1、2、…、60。每带的中央子午线经度可用下式计算：

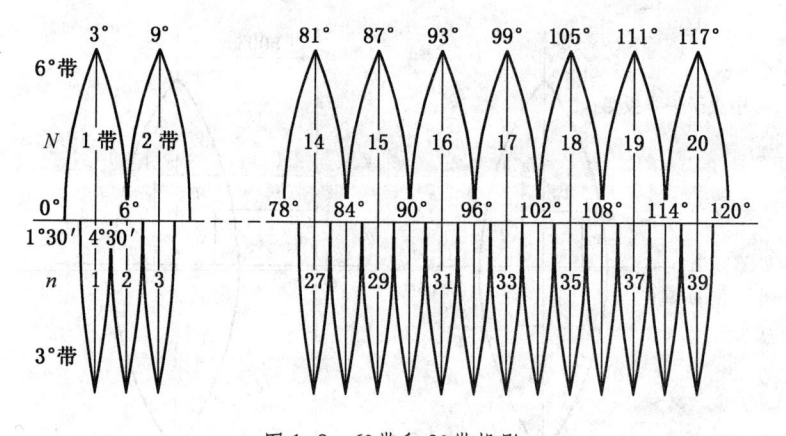

图 1-8　6°带和 3°带投影

$$L_6 = (6N \sim 3)° \qquad (1-7)$$

式中　$N$——6°带的带号。6°带的最大变形在赤道与投影带最外一条经线的交点上，长度
变形为 0.14%，面积变形为 0.27%。

3°投影带是在 6°带的基础上划分的。每 3°为一带，共 120 带，其中央子午线在奇数
带时与 6°带中央子午线重合，每带的中央子午线经度可用式（1-8）计算：

$$L_3 = 3°n \qquad (1-8)$$

式中　$n$——3°带的带号。3°带的边缘最大变形现缩小为长度 0.04%，面积 0.14%。

我国领土位于东经 72°~136°，共包括了 11 个 6°投影带，即 13~23 带；22 个 3°投影
带，即 24~45 带。成都位于 6°带的第 18 带，中央子午线经度为 105°。

通过高斯投影，将中央子午线的投影作为纵坐标轴，用 $x$ 表示，将赤道的投影作为横
坐标轴，用 $y$ 表示，两轴的交点作为坐标原点，由此构成的平面直角坐标系称为高斯平面
直角坐标系，如图 1-9 所示。对应于每一个投影带，就有一个独立的高斯平面直角坐标
系，区分各带坐标系则利用相应投影带的带号。

我国位于北半球，在每一投影带内，纵坐标 $x$ 均为正值，$y$ 坐标值有正有负，这对计
算和使用均不方便，为了使 $y$ 坐标都为正值，故将纵坐标轴向西平移 500 km（半个投影
带的最大宽度不超过 500 km），并在 $y$ 坐标前加上投影带的带号。如图 1-9 中的 $A$、$B$ 点
位于 18 投影带，其自然坐标分别为 $X_A = 34250.240$ m，$Y_A = +36210.140$ m，$X_B =$
64220.230 m，$Y_B = -41613.070$，它在 18 带中的高斯通用坐标则为 $X_A = 34250.240$ m，
$Y_A = 18536210.140$ m，$X_B = 64220.230$ m，$Y_B = 18458386.930$。

高斯平面直角坐标系的应用大大简化了测量计算工作，它把椭球体面上的观测元素全
部改化到高斯平面上进行计算，这比在椭球面上计算球面图形要简单很多。在公路等线路
工程中也经常用到高斯平面直角坐标。

4. 平面直角坐标系

在实际测量工作中，若用以角度为度量单位的球面坐标来表示地面点的位置是不方便
的，通常是采用平面直角坐标系。测量工作中所用的平面直角坐标系与数学上的直角坐标
系基本相同，只是测量工作以 $x$ 轴为纵轴，一般表示南北方向，以 $y$ 轴为横轴一般表示东
西方向，象限为顺时针编号，直线的方向都是从纵轴北端按顺时针方向度量的，如图

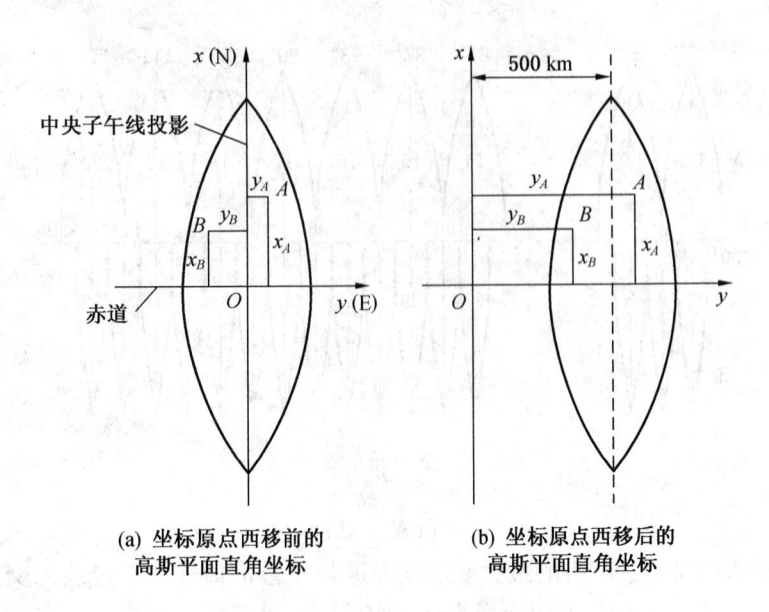

(a) 坐标原点西移前的
高斯平面直角坐标

(b) 坐标原点西移后的
高斯平面直角坐标

图 1-9　高斯平面直角坐标

1-10所示。这样的规定，使数学中的三角公式在测量坐标系中完全适用。

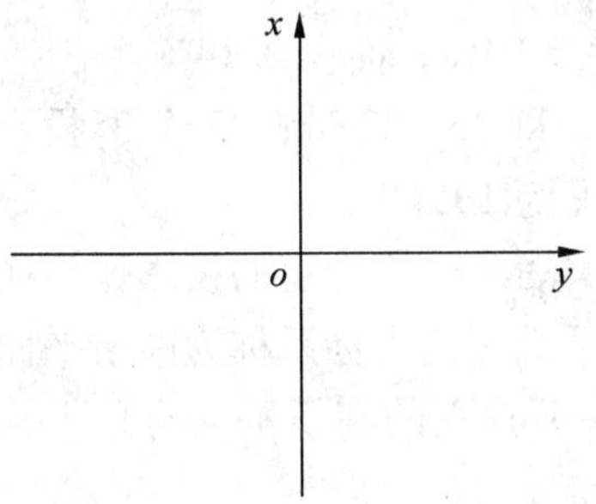

1）独立测区的平面直角坐标系

当测区的范围较小，能够忽略该区地球曲率的影响而将其当作平面看待时，可在此平面上建立独立的直角坐标系。一般选定子午线方向为纵轴，即 $x$ 轴，原点设在测区的西南角，以避免坐标出现负值。测区内任一地面点用坐标（$x$，$y$）来表示，它们与本地区统一坐标系没有必然的联系而为独立的平面直角坐标系。如有必要可通过与国家坐标系联测而纳入统一坐标系。经过估算，在面积为 300 km² 的多边形范围内，可以忽略地球曲率影响而建立独立的平面直角坐标系，当测量精度要求较

图 1-10　测量平面直角坐标系

低时，这个范围还可以扩大数倍。

2）建筑坐标系（施工坐标系）

在建筑工程中，为了计算和施工的放样方便，使所采用的平面直角坐标系的坐标轴与建筑物主轴线重合、平行或垂直，此时建立起来的坐标系，因为是为建筑物施工放样而设立的，故称为建筑坐标系或施工坐标系。施工坐标系与测量坐标系往往不一致，在计算测设数据时需要进行坐标换算。

施工控制测量的建筑基线和建筑方格网一般采用施工坐标系，而施工坐标系与测量坐标系往往不一致，因此施工测量前常常需要进行施工坐标系与测量坐标系的坐标换算。坐标换算的要素 $X_0$、$Y_0$、$\alpha$ 一般由设计单位给出。

如图 1-11 所示，$xoy$ 为测量坐标系，$x'o'y'$ 为施工坐标系，$X_{o'}$、$Y_{o'}$ 为施工坐标系的原点 $o'$ 在测量坐标系中的坐标，$\alpha$ 为施工坐标系的纵轴 $o'x'$ 在测量坐标系中的坐标方位角。

$$\begin{cases} x_p = x_{o'} + x_p\cos\alpha - y_p\sin\alpha \\ y_p = y_{o'} + x_p\sin\alpha + y_p\cos\alpha \end{cases} \quad (1-9)$$

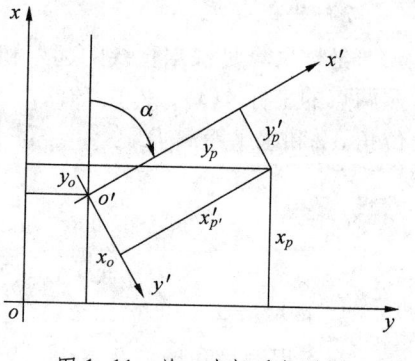

图 1-11　施工坐标系与测量
坐标系的换算

（三）确定地面点平面位置的方法

1. 地面点的相对平面位置

任意两点在平面直角坐标系中的相对位置（图 1-12）可以用以下两种方法确定。

1）直角坐标表示法

直角坐标表示法为用两点间的坐标增量 $\Delta x$、$\Delta y$ 表示，例如图 1-12 中 $AB$ 两点的坐标增量分别表示为

$$\begin{cases} \Delta x_{AB} = x_B - x_A \\ \Delta y_{AB} = y_B - y_A \end{cases} \quad (1-10)$$

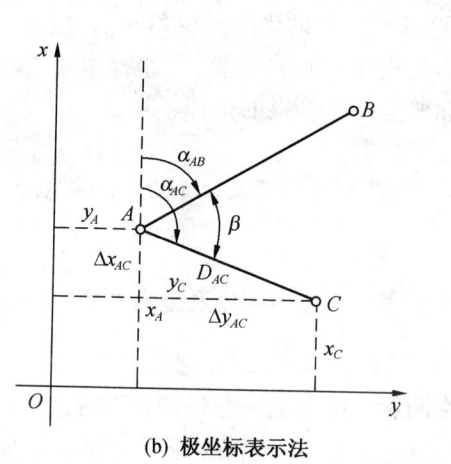

| (a) 直角坐标表示法 | (b) 极坐标表示法 |

图 1-12　地面点的相对位置的确定

某点的坐标也可以看作是坐标原点至该点的坐标增量。

2）极坐标表示法

极坐标表示法是用两点连线（边）的坐标方位角 $\alpha$ 和水平距离（边长）$D$ 表示。例如图 1-12 中 $A$ 点至 $B$ 点的坐标方位角 $\alpha_{AB}$ 和水平距离 $D_{AB}$。某点的坐标也可以用坐标原点至该点的坐标方位角和水平距离表示。

2. 坐标正算和反算

1）坐标正算

坐标正算就是根据直线的边长、坐标方位角和一个端点的坐标，计算直线另一个端点的坐标的工作，即依据两点间的坐标方位角 $\alpha_{AB}$ 和水平距离 $D_{AB}$，用式（1-11）计算两点间的坐标增量 $\Delta x_{AB}$ 和 $\Delta y_{AB}$：

$$\begin{cases} \Delta x_{AB} = x_A + D_{AB} \cdot \cos\alpha_{AB} \\ \Delta y_{AB} = y_A + D_{AB} \cdot \sin\alpha_{AB} \end{cases} \quad (1-11)$$

$$\begin{cases} x_B = x_A + \Delta x_{AB} \\ y_B = y_A + \Delta y_{AB} \end{cases} \quad (1-12)$$

2）坐标反算

坐标反算是根据直线的起点和终点的坐标，计算直线的水平距离和坐标方位角，即按照两点的坐标 $A(x_A，y_A)$、$B(x_B，y_B)$，用式（1-13）和式（1-14）计算两点间的坐标方位角 $\alpha_{AB}$ 和水平距离 $D_{AB}$：

$$\alpha_{AB} = \arctan \frac{\Delta y_{AB}}{\Delta x_{AB}} = \arctan \frac{y_B - y_A}{x_B - x_A} \tag{1-13}$$

$$D_{AB} = \sqrt{\Delta x_{AB}^2 + \Delta y_{AB}^2} = \sqrt{(y_B - y_A)^2 + (x_B - x_A)^2} \tag{1-14}$$

3. 极坐标法定点位

在工程测量和地形测量中，用极坐标法确定地面点的平面位置是最常用的方法。如图1-12b 所示，设 $AB$ 为坐标已知的点（简称已知点），$C$ 为待测定其坐标的点（简称待定点）。测量 $AC$ 点之间的水平距离 $D_{AC}$ 和 $AB/AC$ 方向间的水平角 $\beta$。首先，按坐标反算公式（1-13）计算 $AB$ 的坐标方位角 $\alpha_{AB}$，按 $\alpha_{AB}$ 和水平角 $\beta$ 计算 $AC$ 边的坐标方位角 $\alpha_{AC}$；按坐标正算公式（1-11）计算 $AC$ 坐标增量 $\Delta x_{AC}$ 和 $\Delta y_{AC}$；然后，按已知点 $A$ 的坐标和 $A$、$C$ 总的坐标增量计算 $C$ 点的坐标：

$$\alpha_{AC} = \alpha_{AB} + \beta \tag{1-15}$$

$$\begin{cases} x_C = x_A + \Delta x_{AC} = x_A + D_{AC} \cdot \cos\alpha_{AC} \\ y_C = y_A + \Delta y_{AC} = y_A + D_{AC} \cdot \sin\alpha_{AC} \end{cases} \tag{1-16}$$

### 三、测量工作的程序及基本内容

#### （一）测量工作程序的基本原则

在测量工作中，一般将其分为两大类：地球表面自然形成的高低起伏等变化，例如山岭、溪谷、平原、河海等，称为地貌；地面上由人工建造或由自然力形成的固定附着物，例如房屋、道路、桥梁、界址等，称为地物；地物和地貌总称为地形。

测绘地形图时，要在某一个测站上用仪器测绘该测区所有的地物和地貌是不可能的。同样。某一厂区或住宅区在建筑施工中的放样工作也不可能在一个测站上完成。如图1-13所示，在 $A$ 点设测站，只能测绘附近的地物和地貌，对位于小山后面的部分以及较远的地区就观测不到。因此，需要在若干点上分别施测最后才能拼接成一幅完整的地形图。图中 $P$、$Q$、$R$ 为设计的房屋位置，也需要在实地从 $A$、$F$ 两点进行施工放样，因此，进行某一个测区的测量工作时，首先要用较严密的方法和较精密的仪器测定分布在全区的少量控制点（图中的 $A$、$B$、…、$F$）的坐标，作为测图或施工放样的框架和依据，以保证测区的整体精度，称为控制测量。然后在每个控制点上施测其周围的局部地形或放样需要施工的点位，称为细部测量。

以上例子说明：在测量的布局上，是由整体到局部；在测量的次序上，是先控制后细部；在测量的精度上，是从高级到低级。这是测量工作程序应遵循的基本原则。

#### （二）基本观测量

点与点之间的相对空间位置可以根据其距离、角度和高差来确定。因此，这些量称为基本观测量。例如，图1-14 所示为空间的 $A$、$B$、$C$ 3 点，为确定它们之间的相对位置，需要测定下列基本观测量。

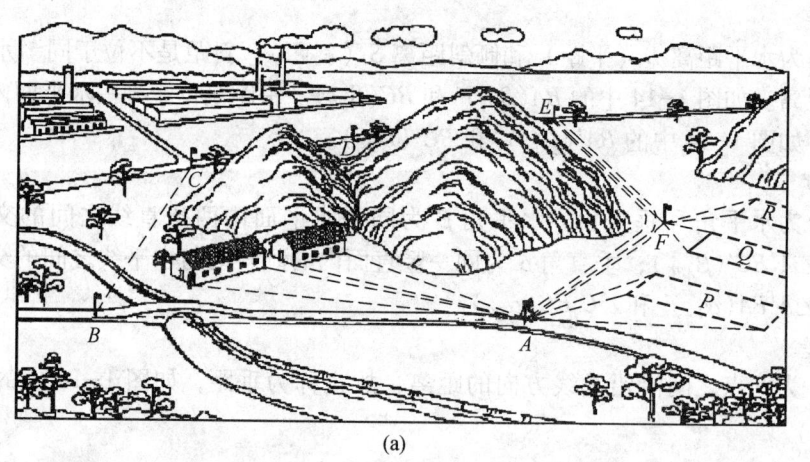

(a)

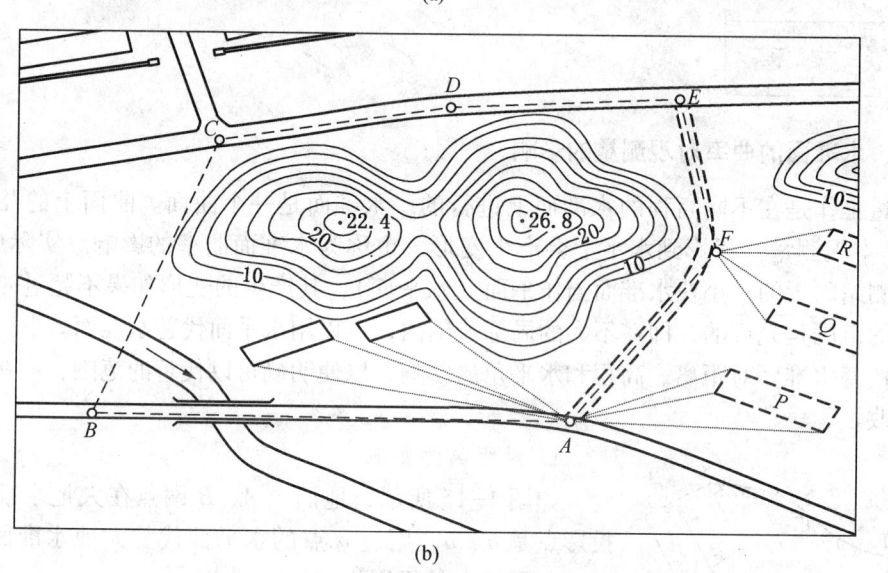

(b)

图 1-13  控制测量与细部测量

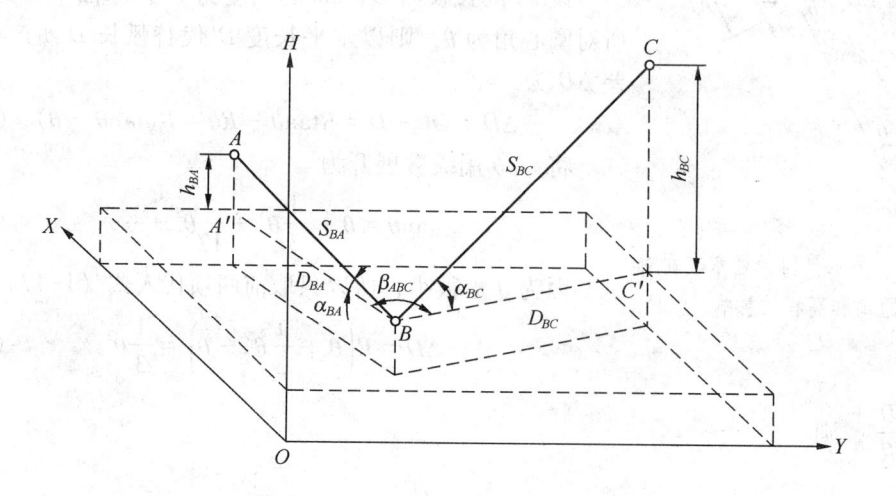

图 1-14  基本观测量

**1. 距离**

距离分为水平距离 $D$（平距）和倾斜距离 $S$（斜距）。斜距是不位于同一水平面内的两点间的距离。如图 1-14 中的 $BA$（$S_{BA}$）和 $BC$（$S_{BC}$）。平距是位于同一水平面内的两点之间的距离，如图 1-14 中的 $BA'$（$D_{BA}$）和 $BC'$（$D_{BC}$）。

**2. 角度**

角度分为水平角和垂直角。水平角 $\beta$ 为同一水平面内两条直线之间的交角，如图 1-14 中的 $\angle A'BC'$（$\beta_{ABC}$）；垂直角 $\alpha$ 为同一竖直面内的倾斜线与水平线之间的交角。如图 1-14 中的 $\angle A'BA$（$\alpha_{BA}$）和 $\angle C'BC$（$\alpha_{BC}$）。

**3. 高差**

高差 $h$ 为两点之间沿铅垂线方向的距离，故也称为垂距，如图 1-14 中的 $AA'$（$h_{BA}$）和 $CC'$（$h_{BC}$）。

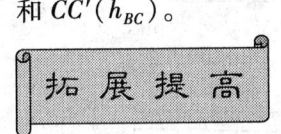
拓 展 提 高

**一、水准面的曲率对观测量的影响**

测量工作是在不同高程的水准面上进行的。水准面是一个曲面。曲面上的几何图形（包括基本观测量）投影到水平上会产生变形，也称为水准面曲率的影响。实际应用中，如果把测站附近的一小块水准面当作平面（水平面），其产生的变形如果不超过测量或制图误差的范围是允许的，即在不大的局部范围内，可以用水平面代替水准面。下面讨论用水平面代替水准面对距离、高程和水平角的影响，以便明确可以代替的范围，或在必要时加以更改。

图 1-15 用水平面代替水准面对
距离和高程的影响

**1. 对距离的影响**

如图 1-15 所示，地面上 $A$、$B$ 两点在大地水准面上的投影点是 $a$、$b$，用过 $a$ 点的水平面代替大地水准面，则 $B$ 点在水平面上的投影为 $b'$。

设 $ab$ 的弧长为 $D$，$ab'$ 的长度为 $D'$，球面半径为 $R$，$D$ 所对圆心角为 $\theta$，则以水平长度 $D'$ 代替弧长 $D$ 所产生的误差 $\Delta D$ 为

$$\Delta D = D' - D = R\tan\theta - R\theta = R(\tan\theta - \theta) \quad (1-17)$$

将 $\tan\theta$ 用级数展开为

$$\tan\theta = \theta + \frac{1}{3}\theta^3 + \frac{5}{12}\theta^5 + \cdots \quad (1-18)$$

因为 $\theta$ 角很小，所以只取前两项代入式（1-17）得

$$\Delta D = R\left(\theta + \frac{1}{3}\theta^3 - \theta\right) = \frac{1}{3}\theta^3 \quad (1-19)$$

又因 $\theta \dfrac{D}{R}$，则

$$\Delta D = \frac{D^3}{3R^2} \quad (1-20)$$

$$\frac{\Delta D}{D} = \frac{D^2}{3R^2} \tag{1-21}$$

取地球半径 $R = 6371$ km，并以不同的距离 $D$ 值代入式（1-20）和式（1-21），则可求出距离误差 $\Delta D$ 和相对误差 $\Delta D/D$（表1-2）。

表1-2　水平面代替水准面的距离误差和相对误差

| 距离 $D$/km | 距离误差 $\Delta D$/mm | 相对误差 $\Delta D/D$ |
|---|---|---|
| 10 | 8 | 1∶1220000 |
| 20 | 128 | 1∶200000 |
| 50 | 1026 | 1∶49000 |
| 100 | 8212 | 1∶12000 |

结论：在半径为 10 km 的范围内，进行距离测量时，可以用水平面代替水准面，而不必考虑地球曲率对距离的影响。

2. 对水平角的影响

从球面三角学可知，同一空间多边形在球面上投影的各内角和比在平面上投影的各内角和大一个球面角超值 $\varepsilon$。

$$\varepsilon = \rho \frac{P}{R^2} \tag{1-22}$$

式中　$\varepsilon$——球面角超值，($''$)；

$P$——球面多边形的面积，km$^2$；

$R$——地球半径，km；

$\rho$——一弧度的秒值，$\rho = 206265''$。

以不同的面积 $P$ 值代入式（1-22），可求出球面角超值，见表1-3。

表1-3　水平面代替水准面的水平角误差

| 球面多边形面积 $P$/km$^2$ | 球面角超值 $\varepsilon$/($''$) | 球面多边形面积 $P$/km$^2$ | 球面角超值 $\varepsilon$/($''$) |
|---|---|---|---|
| 10 | 0.05 | 100 | 0.51 |
| 50 | 0.25 | 300 | 1.52 |

结论：当面积 $P$ 为 100 km$^2$ 以内时，进行水平角测量时，可以用水平面代替水准面，而不必考虑地球曲率对水平角的影响。

3. 对高程的影响

如图 1-15 所示，地面点 $B$ 的绝对高程为 $H_B$，用水平面代替水准面后，$B$ 点的高程为 $H_B'$，$H_B$ 与 $H_B'$ 的差值即为水平面代替水准面产生的高程误差，用 $\Delta h$ 表示，则

$$(R + \Delta h)^2 = R^2 + D'^2 \tag{1-23}$$

$$\Delta h = \frac{D'^2}{2R + \Delta h} \tag{1-24}$$

可以用 $D$ 代替 $D'$，$\Delta h$ 相对于 $2R$ 很小，可略去不计，则

$$\Delta h = \frac{D^2}{2R} \tag{1-25}$$

以不同的距离 $D$ 值代入式（1-25），可求出相应的高程误差 $\Delta h$，见表1-4。

表1-4　水平面代替水准面的高程误差

| 距离 $D$/km | 0.1 | 0.2 | 0.3 | 0.4 | 0.5 | 1 | 2 | 5 | 10 |
|---|---|---|---|---|---|---|---|---|---|
| $\Delta h$/mm | 0.8 | 3 | 7 | 13 | 20 | 78 | 314 | 1962 | 7848 |

结论：用水平面代替水准面，对高程的影响是很大的，因此，在进行高程测量时，即使距离很短，也应顾及地球曲率对高程的影响。

### 二、测量常用计量单位

1. 长度单位

国际通用长度基本单位为 m，我国法定长度计量单位采用的米（m）制与其他长度单位关系如下：

1 m(米) = 10 dm(分米) = 100 cm(厘米) = 1000 mm(毫米) = $10^6$ μm(忽米) = $10^9$ nm(纳米)

1 km(公里或千米) = 1000 m(米)

2. 面积与体积单位

我国法定的面积单位，当面积较小时用 $m^2$（平方米），当面积较大时用 $km^2$（平方公里或平方千米），而 1 $km^2$ = $10^6$ $m^2$。体积单位规定用 $m^3$（立方米或方）。

3. 平面角单位

测量上常用的平面角单位有60进制的度、100进制的新度和弧度。我国法定平面角单位为60进制的度，其换算关系如下：

（1）60进制的度：1圆周角 = 360°(度)，1°(度) = 60(分) = 3600(秒)。

（2）100进制的新度：1圆周角 = 400 g(新度，称为"冈")，1 g(新度) =100 c(新分) = 10000 cc(新秒)。

（3）弧度制：以与半径等长的弧长所对的圆心角为度量角度的单位，称为1弧度。用"ρ"表示。它与60进制的度的关系为：1圆周角 = 2πρ(弧度) = 360°(度)，1ρ° ≈ 57.30°(度)，1ρ° ≈ 3438′(分)，1ρ° ≈ 206265″(秒)。

4. 测量数据计算的凑整规则

测量数据在成果计算过程中，往往涉及凑整问题。为了避免凑整误差的积累而影响测量成果的精度，通常采用以下凑整规则：

（1）被舍去数值部分的首位大于5，则保留数值最末位加1。

（2）被舍去数值部分的首位小于5，则保留数值最末位不变。

（3）被舍去数值部分的首位等于5，则保留数值最末位凑成偶数。

综合上述原则，可表述为：大于5则进，小于5则舍，等于5视前一位数而定，奇进偶不进。例如：下列数字凑整后保留三位小数时，3.14159→3.142（奇进），2.64575→2.646（进1），1.41421→1.414（舍去），7.14256→7.142（偶不进）。

任 务 实 施

根据所学知识完成下列任务：

**一、填空**

1. 大地水准面是_____中与_____重合并向大陆、岛屿延伸而形成的封闭面。

2. 地面点到_____的铅垂距离，称为该点的_____。

3. 地面点到某一假定水准面的铅垂距离，称为_____。

4. 高斯投影中，离中央子午线近的部分变形____，离中央子午线愈远变形愈_____。

5. 在高斯平面直角坐标中，有一点的坐标为 $x = 685923$ m，$y = 20637680$ m，其中央子午线在 6°带中的经度为_____。

6. 我国地形图采用全国统一规定的_____坐标，有一点的坐标为 $x = 685923$ m，$y = 20637680$ m，位于 6°带的第_____带内。

7. 某地面点的经度为 118°50′，它所在 6°带带号为_____，其 6°带的中央子午线的经度是_____。

8. 某地面点的经度为 118°50′，它所在 3°带带号为_____，其 3°带的中央子午线的经度是_____。

9. 确定地面相对位置的 3 个基本要素是_____、_____及高程。

10. 测量工作的基准面是_____，基准线是_____。

**二、问答题**

1. 什么叫大地水准面？高斯平面直角坐标系是如何建立的？

2. 测量学的平面直角坐标系与数学的平面直角坐标系有何不同？为什么？

3. 进行测量工作应遵守什么基本原则？为什么？

4. 测量的基本工作是什么？确定地面点位的三要素是什么？

5. 在多大范围内，可以不考虑地球曲率对水平距离的影响，可以用水平面代替水准面？

# 项目二　地形图的识读

任 务 概 述

选择一幅内容要素比较全面或典型地区的 1∶2000 地形图，借助直尺、脚规等读图工具进行阅读，并写出阅读报告，以理解地形图所表示诸要素的内容，建立符号与表示对象的联系，加深对地形图特点的认识。

## 一、地形图的基本概念

地形图是按照一定的数学法则，运用符号系统表示地表上的地物、地貌平面位置及基本的地理要素且高程用等高线表示的一种普通地图。地形图示例如图1-16所示。

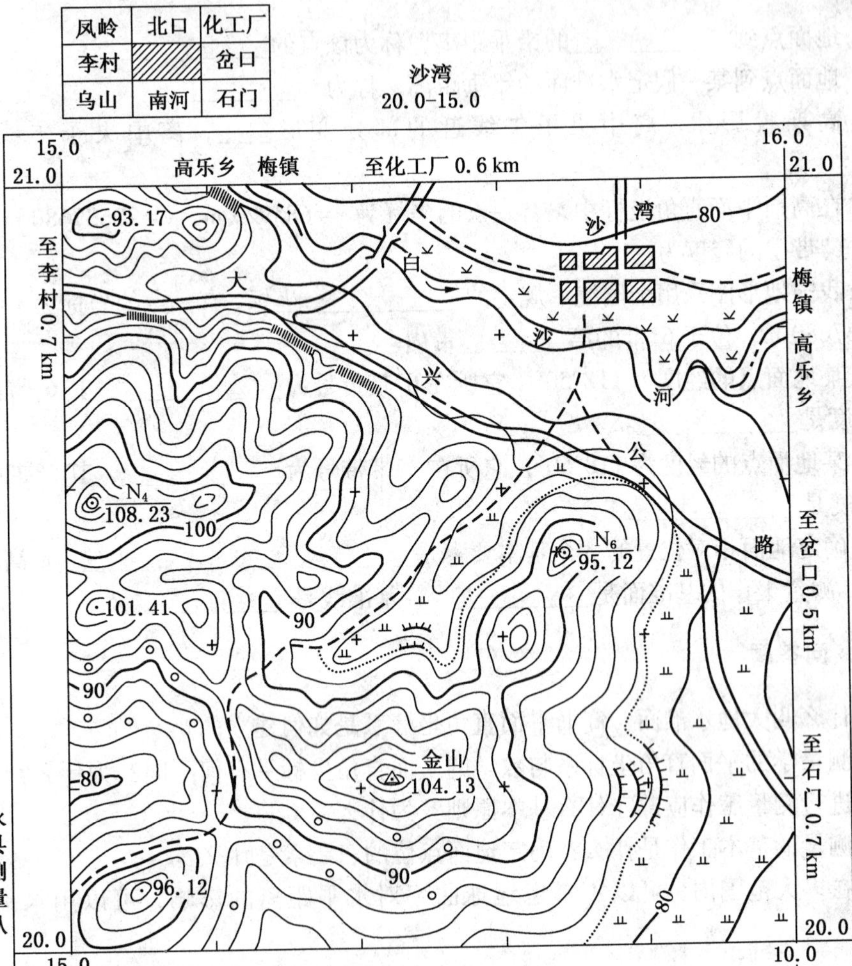

| 凤岭 | 北口 | 化工厂 |
|------|------|--------|
| 李村 |      | 岔口 |
| 乌山 | 南河 | 石门 |

沙湾
20.0-15.0

图 1-16　地形图示例

图1-17是某幅比例尺地形图的一部分，图中主要表示了城市街道、居民区等。

图1-18是某幅比例尺地形图的一部分，图中主要表示了农村居民地和地貌。

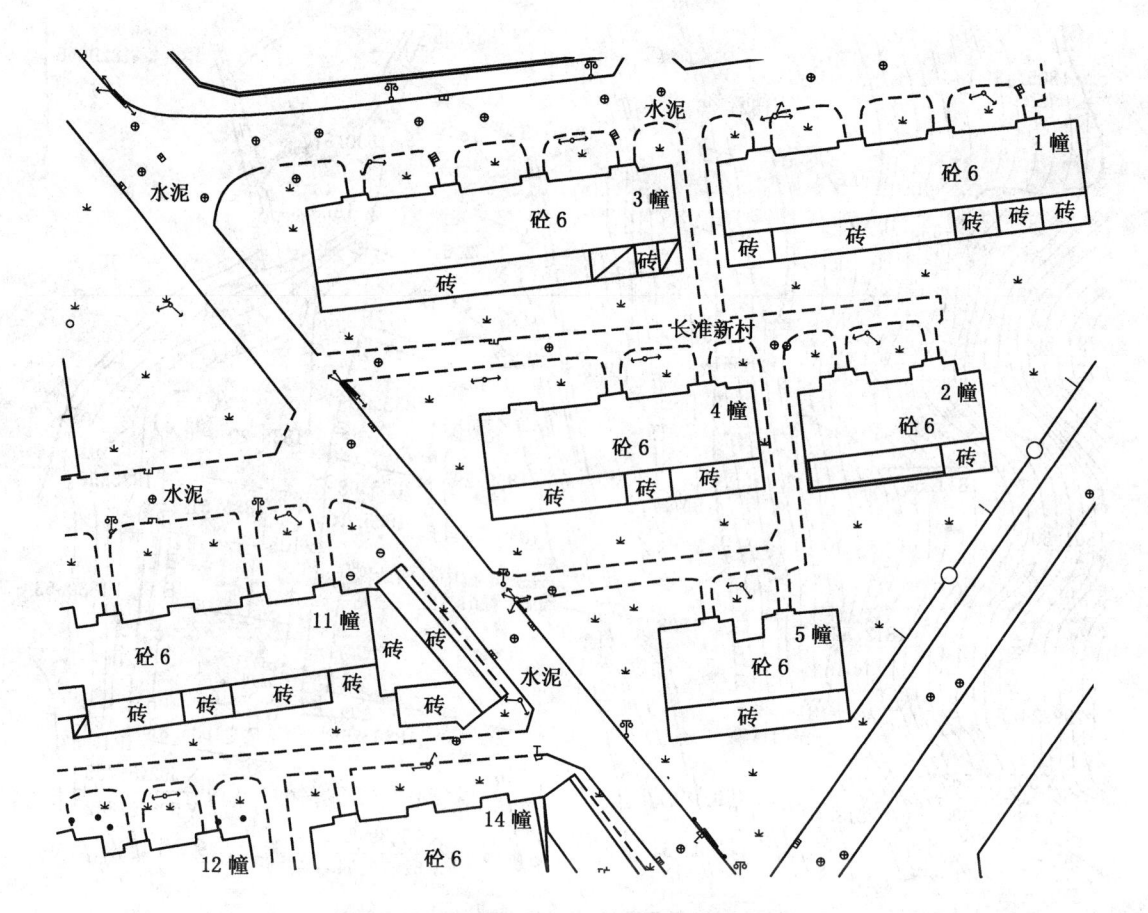

图 1-17　地形图示例（城市街道、居民区等）

这两张地形图各反映了不同的地面状况。在城镇市区，图上必然显示出比较多的地物而反映地貌较少；在丘陵地带及山区，地面起伏较大，除在图上表示地物外，还应较详细地反映地面高低起伏状况。图 1-18 中有很多曲线，称为等高线，是表示地面起伏的一种符号。

地形图的内容丰富，归纳起来大致可分为 3 类：数学要素，如比例尺、坐标格网等；地形要素，即各种地物、地貌；注记和整饰要素，包括各类注记、说明资料和辅助图表。

**二、地形图图廓外的基本要素**

1. 图名与图号

图名是指本图幅的名称，一般以本图幅内最重要的地名或主要单位名称来命名，注记在图廓外上方的中央。如图 1-19 所示，地形图的图名为"王家湾"。

图号，即图的分幅编号，注在图名下方。如图 1-19 所示，图号为 10.0-21.0，它由左下角纵、横坐标组成。

2. 接图表与图外文字说明

为便于查找、使用地形图，在每幅地形图的左上角都附有相应的图幅接图表，用于说明本图幅与相邻八个方向图幅位置的相邻关系。如图 1-19 所示，中央为本图幅的位置。

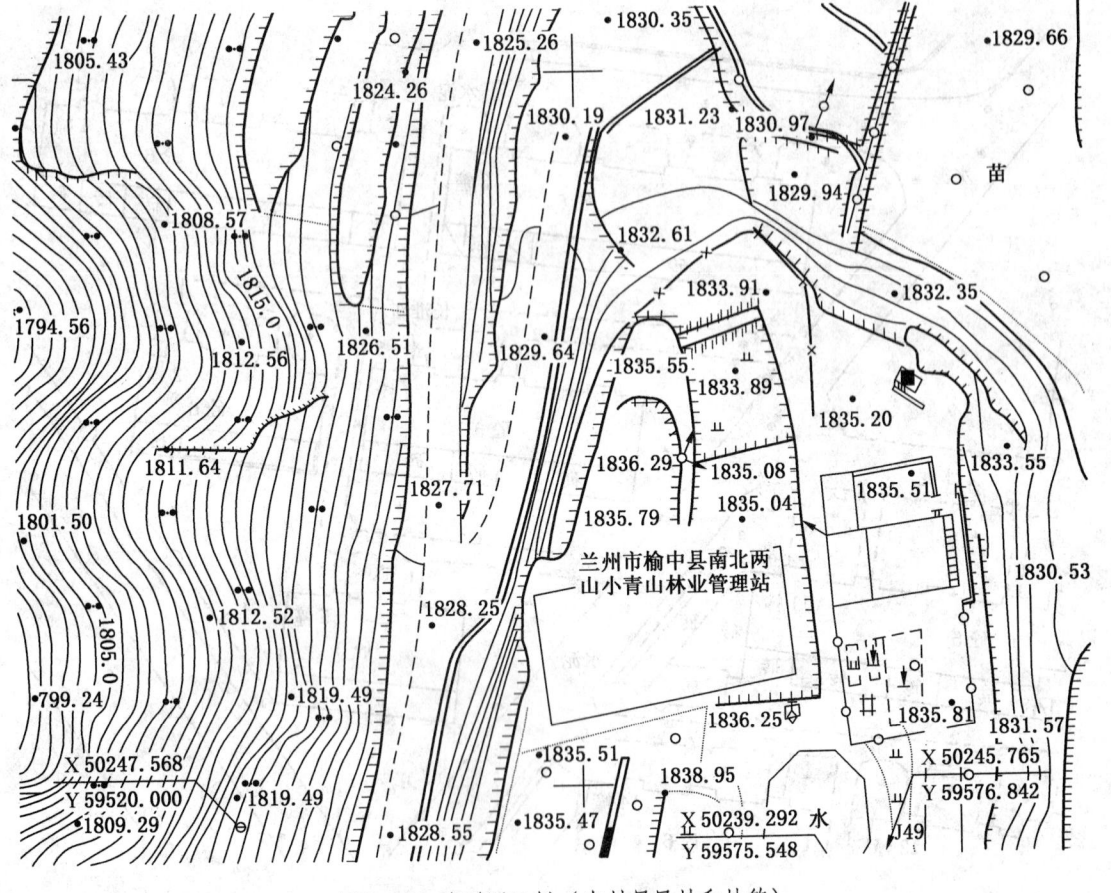

图 1-18　地形图示例（农村居民地和地貌）

文字说明是了解图件来源和成图方法的重要资料。如图 1-19 所示，通常在图的下方或左、右两侧注有文字说明，内容包括测图日期、坐标系、高程基准、测量员、绘图员和检查员等。在图的右上角标注图纸的密级。

3. 图廓与坐标格网

图廓是地形图的边界，正方形图廓只有内、外图廓之分。内图廓为直角坐标格网线，外图廓用较粗的实线描绘。外图廓与内图廓之间的短线用来标记坐标值。

由经纬线分幅的地形图，内图廓呈梯形，如图 1-20 所示。西图廓经线为东经 128°45′，南图廓纬线为北纬 46°50′，两线的交点为图廓点。内图廓与外图廓之间绘有黑白相间的分度带，每段黑白线长表示经纬差 1′。连接东西、南北相对应的分度带值便得到大地坐标格网，可供图解点位的地理坐标用。分度带与内图廓之间注记了以 km 为单位的高斯直角坐标值。图 1-20 中左下角从赤道起算的 5189 km 为纵坐标，其余的 90、91 等为省去了百位、千位的公里数。横坐标为 22482 km，其中 22 为该图所在的投影带号，482 km 为该纵线的横坐标值。纵横线构成了公里格网。在四边的外图廓与分度带之间注有相邻接图号，供接边查用。

4. 比例尺与坡度尺

1）比例尺

地形图上任意一线段的长度与地面上相应线段的实际水平长度之比，称为地形

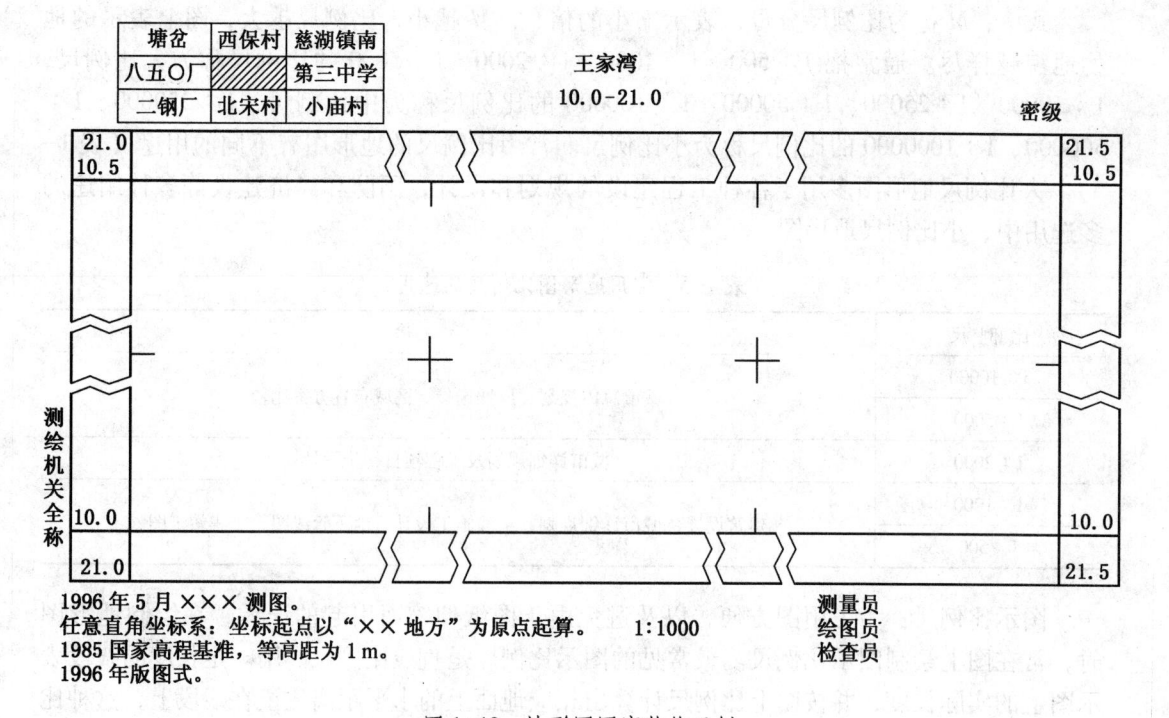

图 1-19  地形图图廓整饰示例

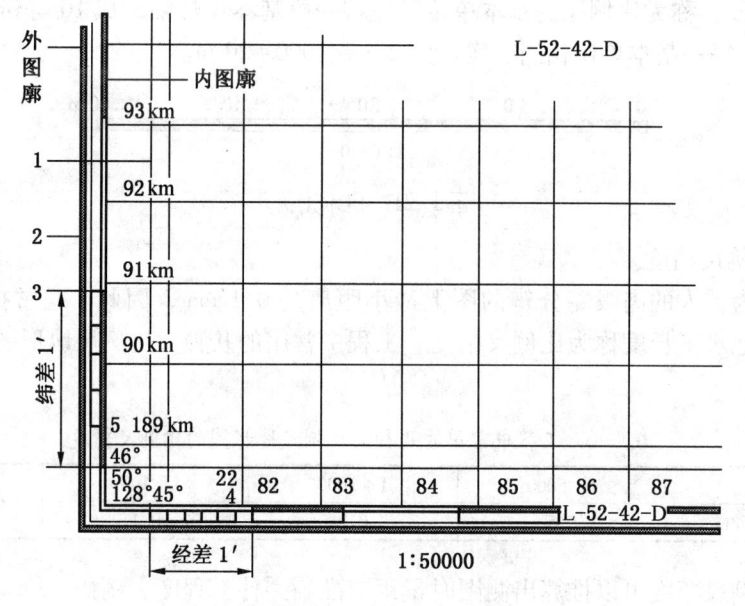

图 1-20  图廓与坐标格网

图的比例尺。

（1）比例尺种类。

数字比例尺：一般用分子为 1 的分数式来表示的比例尺，称为数字比例尺，即

$$\frac{d}{D} = \frac{1}{M}$$

式中，*M* 称为比例尺分母，表示缩小的倍数。*M* 越小，比例尺越大，图上表示的地物地貌越详尽。通常把 1：500、1：1000、1：2000、1：5000 的比例尺称为大比例尺，1：10000、1：25000、1：50000、1：100000 的比例尺称为中比例尺，1：250000、1：500000、1：1000000 的比例尺称为小比例尺。常用比例尺的地形图有不同的用途（表 1-5）。大比例尺地形图多用于各种工程建设的规划和设计，国防和经济建设等多种用途的多选用中、小比例尺地形图。

表1-5 常用地形图比例尺的选用

| 比 例 尺 | 用　　　　途 |
|---|---|
| 1：10000 | 城市总体规划、厂址选择、区域布置方案比较 |
| 1：5000 | |
| 1：2000 | 城市详细规划及工程项目初步设计 |
| 1：1000 | 建筑设计、城市详细规划、工程施工设计、地下管线图、工程竣工图 |
| 1：500 | |

图示比例尺：为了用图方便，以及避免由于图纸伸缩而引起的误差，在绘制地形图时，常在图上绘制图示比例尺。最常见的图示比例尺是直线比例尺。用一定长度的线段表示图上的实际长度，并按图上比例尺计算出相应地面上的水平距离注记在线段上，这种比例尺称为直线比例尺。图 1-21 所示为 1：1000 的图示比例尺，在两条平行线上分成若干 2 cm 长的线段，称为比例尺的基本单位，左端一段基本单位细分成 10 等份，每等份相当于实地 2 m，每一基本单位相当于实地为 2 cm×1000＝20 m。

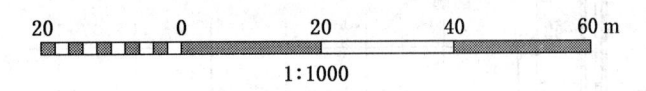

```
20        0        20        40        60 m
```
1：1000

图 1-21　图示比例尺

（2）比例尺精度。

一般认为，人的肉眼能分辨的图上最小距离是 0.1 mm，因此，通常把图上 0.1 mm 所表示的实地水平长度称为比例尺精度。工程中常用的几种大比例尺地形图的比例尺精度见表 1-6。

表1-6 工程中常用的几种大比例尺地形图的比例尺精度

| 比例尺 | 1：5000 | 1：2000 | 1：1000 | 1：500 |
|---|---|---|---|---|
| 比例尺精度/m | 0.5 | 0.2 | 0.1 | 0.05 |

根据比例尺精度可以推算出测图时量距应准确到什么程度。例如，绘制 1：1000 地形图时，其比例尺精度为 0.1 m，故测图时量距的精度只需 0.1 m，小于 0.1 m 的距离在图上表示不出来。另外，当设计规定需要图上能量出的实地最短长度时，根据比例尺精度，可以确定测图比例尺。例如，欲表示实地最短线段长度为 0.5 m，则测图比例尺不得小于 1：5000。但是应该指出，同一测区，采用比例尺越大，采集的数据信息越详细，精度要求就越高，测图工作量和投资往往成倍增加，因此使用何种比例尺测图，应从工程规划、施工实际需要出发，不应盲目追求更大比例尺的地形图。

2）坡度尺

为了便于在地形图上量测两条等高线（首曲线或计曲线）间两点直线的坡度，通常在中、小比例尺地形图的南图廓外绘有图解坡度尺，如图 1-22 所示。坡度尺是按等高距与等高线平距的关系 $d=h/\tan\alpha \cdot M$ 制成的。

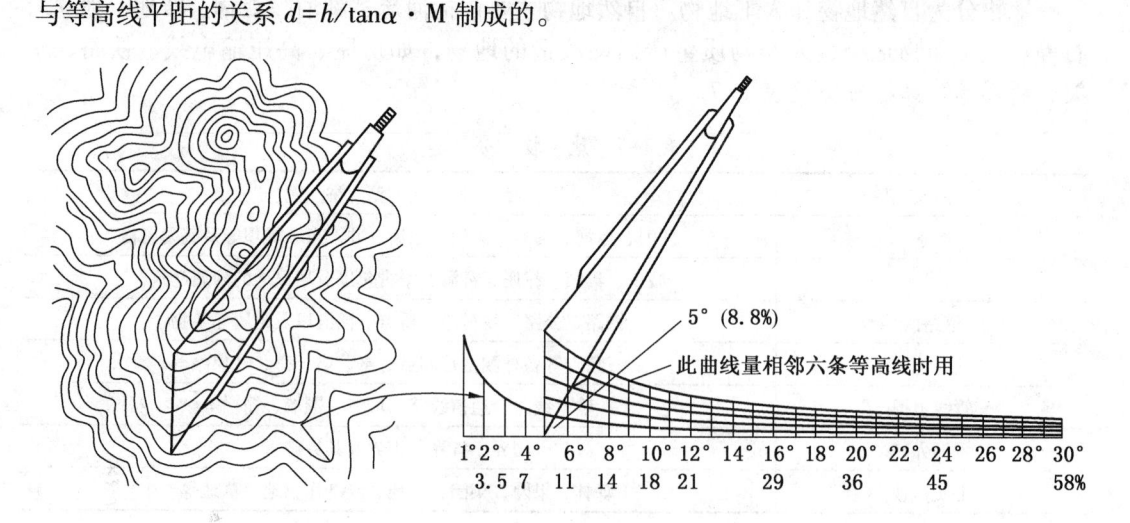

图 1-22　坡度尺

应用时，用卡规在地形图上量取等高线 $a$、$b$ 点平距 $ab$，在坡度尺上比较，即可查得 $ab$ 的角值约为 5°。

5. 三北方向

中、小比例尺地形图的南图廓线右下方，通常绘有如图 1-23 所示的真子午线、磁子午线和坐标纵线之间的角度关系。利用三北方向图，可对图上任一方向的真方位角、磁方位角和坐标方位角进行相互换算。

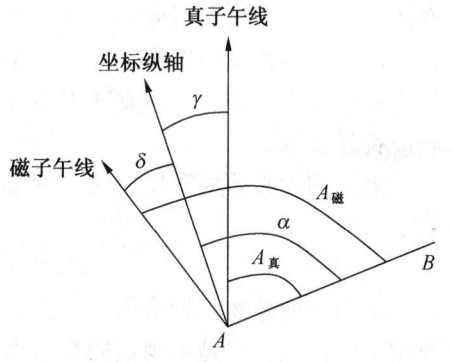

图 1-23　三北方向

6. 坐标系统和高程系统

在外图廓的左下角注有本图幅所采用的坐标系统和高程系统。我国基本比例尺地形图在 1980 年前一直采用"1954 年北京坐标系"和"1956 年黄海高程系"，以后改用"1980 年（西安）大地坐标系"和"1985 年国家高程基准"。其他地形图也有采用城市坐标系、独立平面直角坐标系及独立高程系的情况。

7. 成图方法

在外图廓的右下角注有本图的成图方法。一般分航测成图、平板仪测图、经纬仪测图和数字化测图等。

8. 其他

除以上内容外，图上还标注有制图所依据的图示、测图单位、成图日期、出版日期、等高距、测图员、绘图员和检查员及地形图的密级等。

### 三、地物的表示方法

**1. 地物的分类**

地物分为自然地物和人工地物。自然地物主要包括河流、湖泊、森林、草地、独立岩石等。人工地物是经过人类物质生产活动改造的地物，如房屋、高压输电线、铁路、水渠、桥梁等。地物分类见表1-7。

表1-7 地 物 分 类

| 地 物 类 型 | 地 物 类 型 举 例 |
|---|---|
| 水系 | 江河、运河、沟渠、湖泊、池塘、井、泉、堤坝等及其附属物 |
| 居民地 | 城市、集镇、村庄、窑洞、蒙古包以及居民地的附属建筑物 |
| 道路网 | 铁路、公路、乡村路、桥梁、涵洞以及附属建筑物 |
| 独立地物 | 三角点等各种测量控制点、亭、塔、碑、气象站等 |
| 管线垣栅 | 输电线路、通信线路、城墙、围墙、栅栏等 |
| 境界界碑 | 国界、省界、市界及其界碑等 |
| 土质植被 | 森林、果园、菜园、耕地、经济作物地、草地等 |

地物在地形图上表示的原则：凡能按比例尺表示的地物，则将它们的水平投影位置的几何形状按照比例尺描绘在地形图上，如房屋、双线河等，或将其边界位置按比例尺表示在图上，边界内绘上相应的符号，如果园、森林、耕地等；不能按比例尺表示的地物，在地形图上是用相应的地物符号表示在地物的中心位置上，如水塔、烟囱、纪念碑等；凡是长度能按比例尺表示，而宽度不能按比例尺表示的地物，则其长度按比例尺表示，宽度以相应符号表示。

地物测绘必须根据规定的比例尺，按规范和图式的要求，进行综合取舍，将各种地物表示在地形图上。

**2. 地物符号**

地面上的地物，如房屋、道路、河流、森林、湖泊等，其类别、形状和大小及其在地形图上的位置，都是用规定的符号来表示的，图1-24所示为非比例等号示例。根据地物的大小及描绘方法的不同，地物符号分为以下5类：

1）比例符号

凡按照比例尺能将地物轮廓缩绘在图上的符号称为比例符号，如房屋、运动场、湖泊、森林、田地等，这些符号与地面上实际地物的形状相似，可以在图上量测地物的面积。当用比例符号仅能表示地物的形状和大小，而不能表示表示出其类别时，应在轮廓内加绘相应符号，以指明其地物类别。

2）非比例符号

当地物的轮廓很小或无轮廓，以致不能按测图比例尺缩小，但因其重要性又必须表示时，可不管其实际尺寸，均用规定的符号表示。这类地物符号称为非比例符号，如测量控制点、独立树、里程碑、钻孔、烟囱等。这种地物符号和有些比例符号随着比例尺的不同是可以相互转换的。

非比例符号不仅其形状和大小不能按比例尺去描述，而且符号的中心位置与该地物实地中心的位置关系也将随各类地物符号不同而不同，其定位规则如下：

（1）规则的几何图形符号，如圆形、正方形、三角形等，以图形几何中心点为实地地物的中心位置。

（2）底部为直角的符号，如独立树、路标等，以符号的直角顶点为实地地物的中心位置。

（3）宽底符号，如烟囱、岗亭等，以符号底部中心为实地地物的中心位置。

（4）几种图形组合符号，如路灯、消火栓等，以符号下方图形的集合中心为实地地物的中心位置。

（5）下方无底线的符号，如山洞、窑洞等，以符号下方两端点连线的中心为实地地物的中心位置。

| 名称 | 房屋 | 体育场 | 湖泊 | 林地 | 稻田 |
|---|---|---|---|---|---|
| 图例 | | 体育场 | 青湖 | 松 | |
| 名称 | 三角点 | 独立树 | 岗亭、岗楼 | 路灯 | 窑洞 |
| 图例 | △ J1. 二级 587.476 | | | | |
| 名称 | 常年河 | 电气化铁路 | 架空输电线 | 有墩架的架空管道 | 垣栅 |
| 图例 | | | | 热 | |

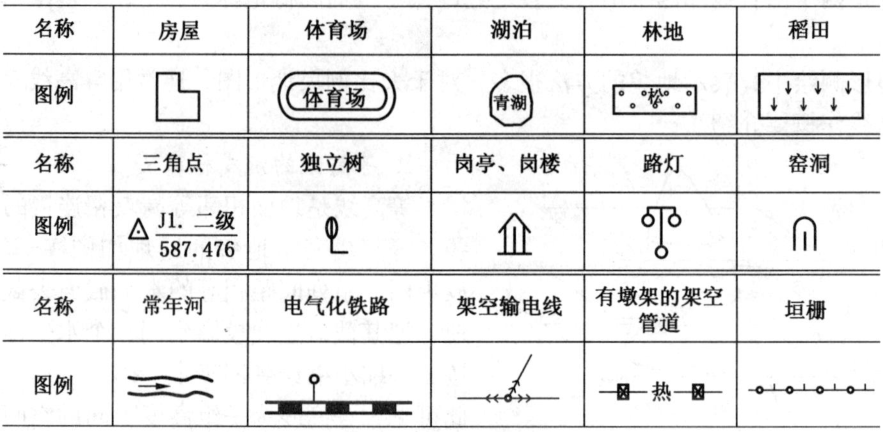

图 1-24 非比例符号示例

3）半比例符号

对于一些带状延伸地物，如河流、道路、通信线、管道、垣栅等，其长度可按测图比例尺缩绘，而宽度无法按比例表示的符号称为半比例符号，这种符号一般表示地物的中心位置，但是城墙和垣栅等，其准确位置在其符号的底线上。

3. 地物注记

用文字、数字等对地物的性质、名称或者数量等在图上加以说明，称为地物注记。地物注记可以分为如下 3 类：

（1）地理名称注记，如居民点、山脉、河流、湖泊、水库、铁路、公路和行政区的名称等均须用各种不同大小、不同的字体注记说明。

（2）说明文字注记，在地形图上为了表示地物的实质或某种重要特征，可用文字说明进行注记。如咸水井除用水井符号表示外，还应加注"咸"字说明其水质；石油井、天然气井等符号相同，必须在符号旁边加注"油""气"以示区别。

（3）数字注记，在地形图上为了补充说明地物的数量和地物的特征，可用数字进行注记。如三角点的注记，其分子是点号或点名，其分母的数字表示三角点的高程。

在地形图上对于某个具体地物的表示是采用比例符号还是非比例符号，主要由测图比例尺和地物的大小而定，在《地形图图式》中有明确规定。但一般而言，测图比例尺越大，用比例符号描绘的地物就越多；相反，比例尺越小，用非比例符号表示的地物就越多。随着比例尺的增大，说明文字注记和数字注记的数量也相应增加。

**四、地貌的表示方法**

地貌是地形图要表示的重要信息之一。地貌尽管千姿百态、错综复杂，但其基本形态可以归纳为几种典型地貌，如山头、山脊、山谷、山坡、鞍部、洼地、绝壁等。

凸起而高于四周的高地称为山地。山的最高部分称为山头。山头下来隆起的凸棱称为山脊。山脊上的最突出的棱线称为山脊线。山脊的侧面为山坡。近于垂直的山坡称为峭壁或绝壁。上部凸出、底部凹入的绝壁称为悬崖。两山脊之间的山体凹陷部称为山谷，山谷中最低点的连线称为山谷线。相邻两个山头之间的最低处、形似马鞍状的地形称为鞍部。它的位置是两个山脊线和两个山谷交会之处，低于四周的低地称为洼地，大范围的洼地称为盆地。

在地形测绘中，表示地貌的方法很多，对于大比例尺地形图，通常用等高线表示，下面就等高线作概要介绍。

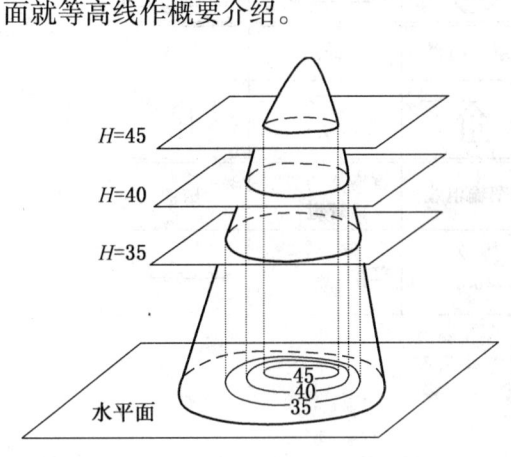

图 1-25 等高线原理

**1. 等高线的形成和定义**

等高线是地面相邻等高点相连接的闭合曲线。等高线表示地貌的原理如图 1-25 所示，设想用一系列间距相等的水平截面去截某一高地，把其截口边线投影到同一个水平面上，且按比例缩小缩绘到图纸上，即得等高线图。因此可见，等高线为一组高度不同的空间平面曲线，地形图上表示的仅是它们在投影面上的投影，在没有特别指明时，通常简称地形图上的等高线为等高线。一簇等高线在图上不仅能表达地面起伏变化的形态，而且还具有一定立体感。如图 1-25 所示，设有一座小山头的山顶被水恰好淹没时的水面高程为 50 m，水位每退 5 m，则坡面与水面的交线即为一条闭合的等高线，其相应高程为 45 m、40 m、35 m。

**2. 等高距**

从上述介绍中可以知道，等高线是一定高度的水平面与地面相截的截线。水平面的高度不同，等高线表示地面的高程也不同。地形图上相邻两高程不同的等高线之间的高差 $h$，称为等高距。在同一幅地形图上，等高距是相同的。等高距越小，则图上等高线越密，地貌显示就越详细、准确。等高距越大，则图上等高线越稀，地貌显示就越粗略。但不能由此认为等高距越小越好。事物总是一分为二的，如果等高距很小，等高线非常密，不仅影响地形图图面的清晰，而且使用也不方便，同时使测绘工作量大大增加。因此，等高距的选择必须根据地形高低起伏程度（通常把地面倾斜角在 3° 以下的，称为平地；倾斜角在 3°~10° 的，称为丘陵；倾斜角在 10°~25° 的，称为山地；超过 25°，称为高山地）、测图比例尺的大小和使用地形图的目的等因素来决定。因此，应根据地形和比例尺参照表 1-8 选用等高距。

表 1-8　地形图的基本等高距　　　　　　　　　　　　　　　　　m

| 地形类别 | 比 例 尺 | | | | 备 注 |
|---|---|---|---|---|---|
| | 1：500 | 1：1000 | 1：2000 | 1：5000 | |
| 平地 | 0.5 | 0.5 | 1 | 2 | 等高距为 0.5 m 时，特征点高程可 |
| 丘陵 | 0.5 | 1 | 2 | 5 | 注至厘米，其余均为注至分米 |
| 山地 | 1 | 1 | 2 | 5 | |

地形图上相邻等高线间的水平间距称为等高线平距。由于同一地形图上的等高距相同，故等高线平距的大小与地面坡度的陡缓有直接的关系。

3. 等高线的分类

为了更好地显示地貌特征，便于识图和用图，地形图上主要采用以下 4 种等高线。

（1）首曲线：按规定的等高距（表 1-8 选定的等高距称为基本等高距）描绘的等高线称为首曲线，亦称基本等高线，用细实线描绘。

（2）计曲线：为了识图和用图时等高线计算方便起见，通常将基本等高线从 0 起算每隔 4 条加粗描绘，称为计曲线，也称加粗等高线。在计曲线的适当位置上要断开，注记其高程。

（3）间曲线：当用首曲线不能表示某些微型地貌而又需要表示时，可加绘等高距为 1/2 基本等高距的等高线称为间曲线（又称半距等高线）。常用长虚线表示。在平地当首曲线间距过稀时，可加绘间曲线。间曲线可不闭合而绘至坡度变化均匀处为止，但一般应对称。

（4）助曲线：当用间曲线仍不能表示应该表示的微型地貌时，还可在间曲线的基础上再加绘等高距为 1/4 基本等高距的等高线，称为助曲线。常用短虚线表示。助曲线可不闭合而绘至坡度变化均匀处为止，但一般应对称。

4. 典型地貌的等高线

地貌形态繁多，但主要由一些不同的典型地貌组合而成。要用等高线表示地貌，关键在于掌握等高线表达典型地貌的特征。典型地貌有：

（1）山头和洼地（盆地）：如图 1-26 所示，表示山头和洼地的等高线。其特征等高线表现为一组闭合曲线。在地形图上区分山头或洼地可采用高程注记或示坡线的方法。高程注记可在最高点或最低点上注记高程，或通过等高线的高程注记字头朝向确定山头（或高处）；示坡线是从等高线起向下坡方向垂直于等高线的短线，示坡线从内圈指向外圈，说明中间高，四周低。由内向外为下坡，故为山头或山丘；示坡线从外圈指向内圈，说明中间低，四周高，由外向内为下坡，故为洼地或盆地。

（2）山脊和山谷：山脊是沿着一定方向延伸的高地，其最高棱线称为山脊线，又称分水线，如图 1-27 所示山脊的等高线是一组向低处凸出为特征的曲线。山谷是沿着一方向延伸的两个山脊之间的凹地，贯穿山谷最低点的连线称为山谷线，又称集水线，如图 1-27 所示，山谷的等高线是一组向高处凸出为特征的曲线。

山脊线和山谷线是显示地貌基本轮廓的线，统称为地性线，在山脊上，雨水必然以山脊线为分界线而流向山脊的两侧，所以，山脊线又称为分水线。而山谷中，雨水必然从两侧山坡汇集到谷底，然后再沿山谷线流出，所以，山谷线又称为集水线。在地区规划及建

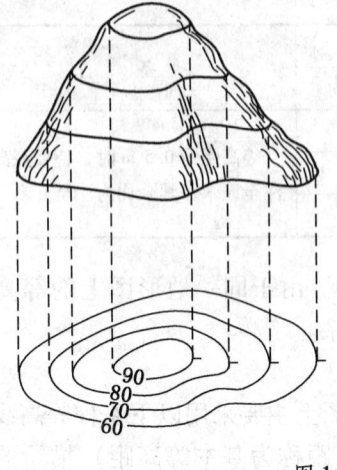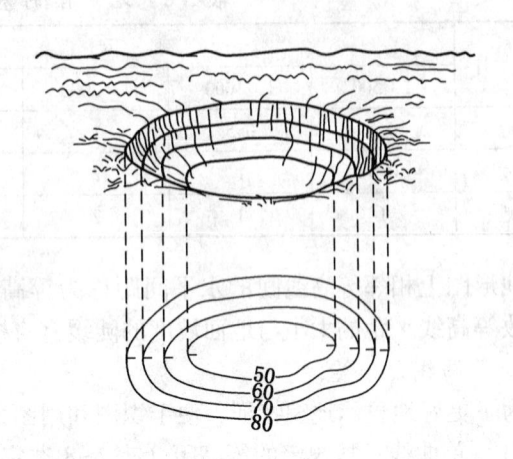

图 1-26　山头和洼地的等高线图

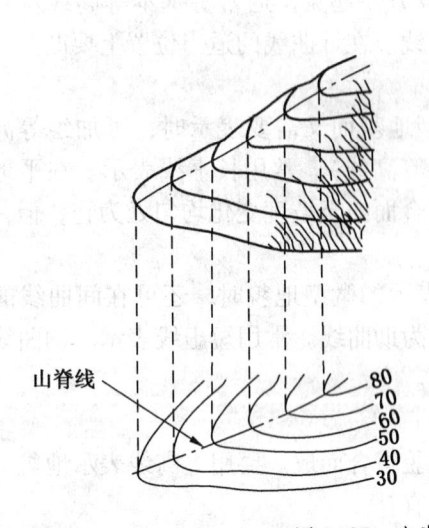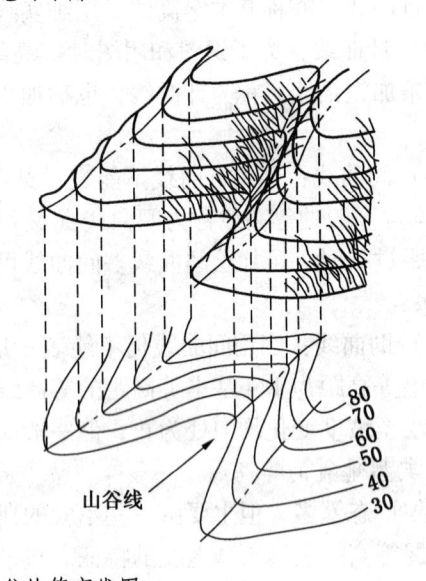

图 1-27　山脊和山谷的等高线图

筑工程设计时，要考虑到地面的水流方向、分水线、集水线等问题。因此，山脊线和山谷线在地形图测绘和地形图应用中具有重要的意义。

（3）鞍部：鞍部是相邻两山头之间低凹部位呈马鞍形的地貌，如图 1-28 所示。鞍部（S 点处）俗称垭口，是两个山脊与两个山谷的会合处，等高线由一对山脊和一对山谷的等高线组成。

（4）陡崖和悬崖：陡崖是坡度在 70°以上的陡峭崖壁，有石质和土质之分，图 1-29a 是石质陡崖的等高线。悬崖是上部突出中间凹进的地貌，这种地貌等高线如图 1-29b 所示。

识别了典型地貌用等高线表示的方法后，就基本上能够认识地形图上等高线表示的复杂地貌。图 1-30 是某地区综合地貌示意图及其对应的等高线图。

5. 高程注记

地形图上仅用等高线及特殊地貌符号还不能清楚地表示地表的高低，还应该用数字来

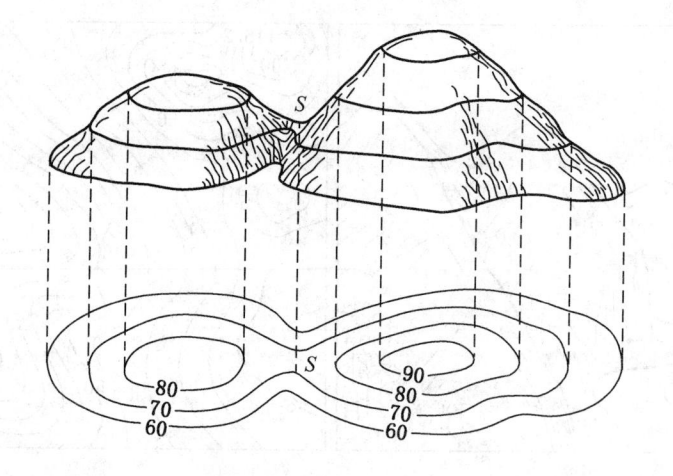

图1-28  鞍部的等高线

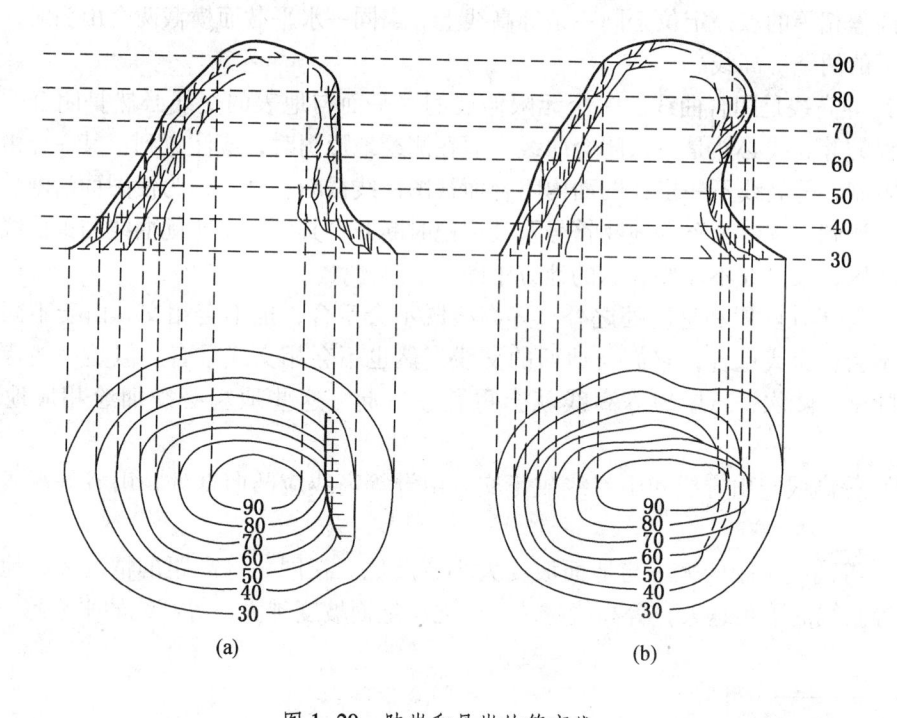

(a)                    (b)

图1-29  陡崖和悬崖的等高线

说明等高线及其某些特殊的点位的高程。高程注记分等高线高程注记和高程点高程注记两种，前者沿等高线排列，字头朝向高处，后者一般在相应点位右侧直立注写，以不压盖其他符号为原则，若点位右侧不便注写时，也可注写在点位的左侧。

6. 等高线的特征

根据等高线的原理，可归纳出等高线的特征如下：

（1）在同一条等高线上的各点的高程都相等。因为等高线是水平面与地表面的交线，而在同一个水平面的高程是一样的，所以等高线的这个特征是显然的。但是不能得出结论

图 1-30　地貌与等高线

说：凡高程相等的点一定位于同一条等高线上。当同一水平截面横截两个山头时，会得出同样高程的两条等高线。

（2）等高线是闭合曲线。一个无限伸展的水平面与地表的交线必然是闭合的。所以某一高程的等高线必然是一条闭合曲线。但在测绘地形图时，应注意到：其一，由于图幅的规范限制，等高线不一定在图面内闭合而被图框线截断；其二，为使图面清晰易读，等高线应在遇到房屋、公路等地物符号及其注记时断开；其三，由于间曲线与助曲线仅应用于局部地区，故可在不需要表示的地方中断。

（3）除了在陡崖和悬崖处之外，等高线既不会重合，也不会相交。由于不同高程的水平面不会相交或重合，它们与地面的交线当然也不会相交或重合。但是一些特殊的地貌，如陡壁、陡坎、悬崖的等高线就会重叠在一起，这些地貌必须加绘相应地貌符号表示。

（4）等高线与山脊线和山谷线成正交。山脊等高线应凸向低处，山谷等高线应凸向高处。

（5）等高线平距的大小与地面坡度大小成反比。在同一等高距的情况下，地面坡度越小，等高线的平距越大，等高线越疏；反之，地面坡度越大，等高线的平距越小，等高线越密。

　　为便于测绘、印刷、保管、检索和使用，所有的地形图均须按规定的大小进行统一分幅并进行系统的编号。地形图的分幅方法有两种：一种是按经纬线分幅的梯形分幅法；另一种是按坐标格网线分幅的矩形分幅法。

### 一、梯形分幅与编号

　　我国基本比例尺地形图（1：1000000～1：5000）采用经纬线分幅，地形图图廓由经纬线构成。它们均以 1：1000000 地形图为基础，按规定的经差和纬差划分图幅，行列数和图幅数成简单的倍数关系。经纬线分幅的主要优点是每个图幅都有明确的地理位置概念，适用于很大范围（全国、大洲、全世界）的地图分幅。其缺点是图幅拼接不方便，随着纬度的升高，相同经纬差所限定的图幅面积不断缩小，不利于有效地利用纸张和印刷机版面；此外，经纬线分幅还经常会破坏重要地物（如大城市）的完整性。

1. 1∶1000000 比例尺地形图的分幅和编号

1∶1000000 地形图分幅和编号是采用国际标准分幅的经差6°、纬差4°为一幅图。如图 1-31 所示，从赤道起向北或向南至纬度88°止，按纬差每4°划作22个横列，依次用 A、B、…、V 表示；从经度180°起向东按经差每6°划作一纵行，全球共划分为60纵行，依次用1、2、…、60表示。每幅图的编号由该图幅所在的"列号-行号"组成。例如，北京某地的经度为116°26′08″、纬度为39°55′20″，所在 1∶1000000 地形图的编号为J-50。

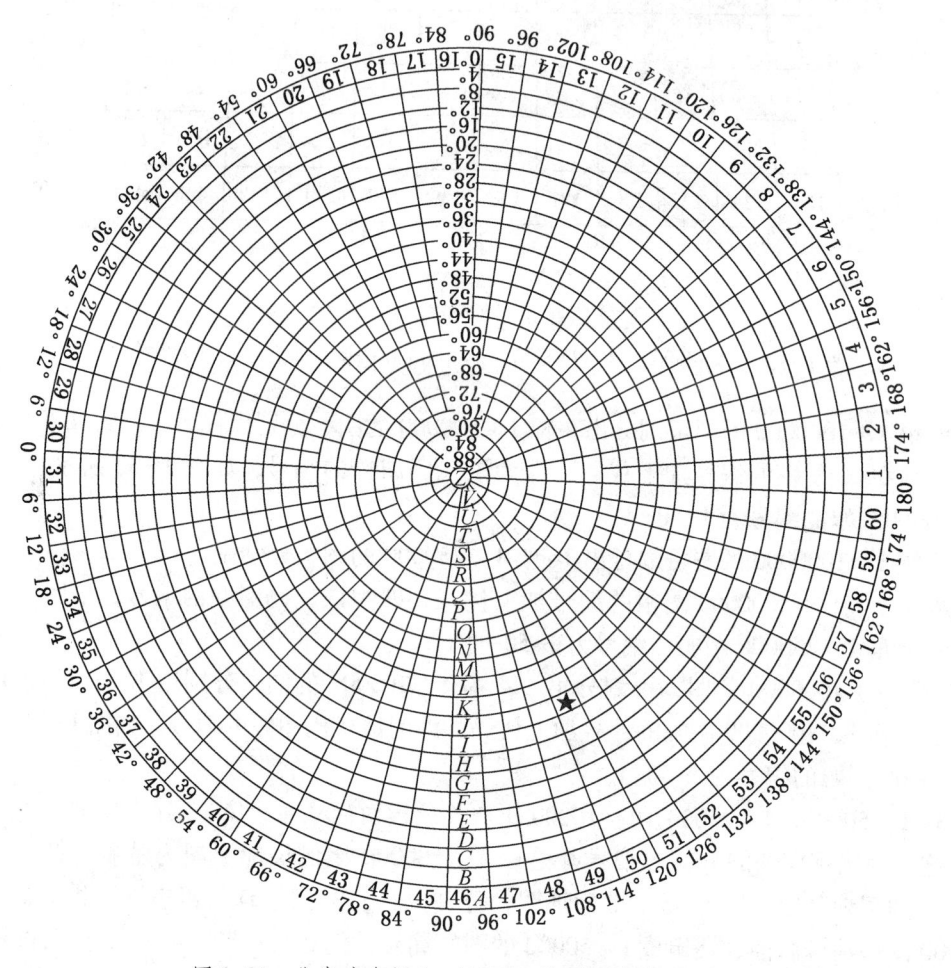

图 1-31　北半球东侧 1∶1000000 地形图的国际分幅

2. 1∶500000、1∶250000、1∶100000 比例尺地形图的分幅和编号

这三种例尺地形图都是在 1∶1000000 地形图的基础上进行分幅编号的，如图 1-32 所示。

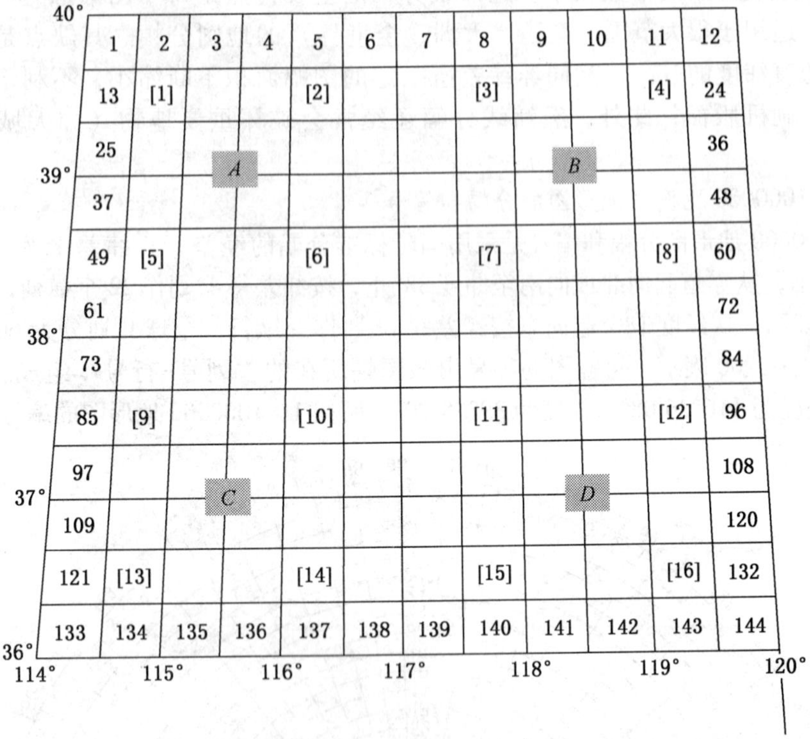

图 1-32　1：500000、1：250000、1：100000 比例尺地形图的分幅和编号

　　一幅 1：1000000 的图可划分出 4 幅 1：500000 的图，分别以代码 A、B、C、D 表示。将 1：1000000 图幅的编号加上代码，即为该代码图幅的编号，如图 1-32 所示，左上角 1：500000图幅的编号为 J-50-A。

　　一幅 1：1000000 的图可划分出 16 幅 1：250000 的图，分别用〔1〕、〔2〕、…、〔16〕代码表示。将 1：1000000 图幅的编号加上代码，即为该代码图幅的编号，如图 1-32 所示，左上角 1：250000 图幅的编号为 J-50-〔1〕。

　　一幅 1：1000000 的图，可划分出 144 幅 1：100000 的图，分别用 1、2、…、144 代码表示。将 1：1000000 图幅的编号加上代码，即为该代码图幅的编号，如图 1-32 左上角 1：100000 图幅的编号为 J-50-1。

　　3. 1：50000、1：25000、1：10000 比例尺地形图的分幅和编号

　　这三种比例尺图的分幅、编号都是以 1：100000 比例尺地形图为基础。将一幅 1：100000 的图划分成 4 幅 1：50000 地形图，分别以 A、B、C、D 数码表示，将其加在 1：100000 图幅编号后面，便组成 1：50000 的图幅编号，例如，J-50-144-A。如果再将每幅 1：50000 的图幅划分成 4 幅 1：25000 地形图，并以 1、2、3、4 数码表示，将其加在 1：50000图幅编号后面便组成 1：25000 图幅的编号，例如，J-50-144-A-2。将 1：100000 图幅进一步划分成 64 幅 1：10000 地形图，并用（1）、（2）、…、（64）带括号的数码表示，将其加在 1：100000 图幅编号后面，便组成 1：10000 图幅的编号。例如，J-50-144-（62）。

**4. 1：5000、1：2000 比例尺地形图的分幅和编号**

这两种比例尺图是在 1：10000 比例尺地形图图幅的基础上进行分幅和编号的。将一幅 1：10000 的图幅划分成 4 幅 1：5000 图幅，分别在 1：10000 的编号后面写上代码 a、b、c、d，例如，J-50-144-(62)-b。每幅 1：5000 的图再划分成 9 幅 1：2000 的图，其编号是在 1：5000 图的编号后面再写上数字 1、2、…、9，如 J-50-144-(62)-b-8。

上述各种比例尺地形图的分幅与编号方法综合列入表 1-9。

表 1-9　梯形分幅的图幅规格与编号

| 地形图比例尺 | 图　幅　大　小 | | 图幅包含关系 | 图幅编号示例 |
|---|---|---|---|---|
| | 经度差 | 纬度差 | | |
| 1：1000000 | 6° | 4° | | J-50 |
| 1：500000 | 3° | 2° | 1：1000000 图幅包含 4 幅 | J-50-A |
| 1：250000 | 1°30′ | 1° | 1：1000000 图幅包含 16 幅 | J-50-[1] |
| 1：100000 | 30′ | 20′ | 1：1000000 图幅包含 144 幅 | J-50-1 |
| 1：50000 | 15′ | 10′ | 1：100000 图幅包含 4 幅 | J-50-144-A |
| 1：25000 | 7′30″ | 5′ | 1：50000 图幅包含 4 幅 | J-50-144-A-2 |
| 1：10000 | 3′45″ | 2′30″ | 1：100000 图幅包含 64 幅 | J-50-144-(62) |
| 1：5000 | 1′52.5″ | 1′15″ | 1：10000 图幅包含 4 幅 | J-50-144-(62)-b |
| 1：2000 | 37.5″ | 25″ | 1：5000 图幅包含 9 幅 | J-50-144-(62)-b-8 |

## 二、国家基本地形图的分幅与编号

根据《国家基本比例尺地形图分幅和编号》（GB/T 13989—2012）标准，分幅与编号方法如下。

**1. 分幅**

1：1000000 地形图的分幅标准仍按国际分幅法进行。其余比例尺的分幅均以 1：1000000 地形图为基础，按照横行数纵列数的多少划分图幅，详见表 1-10、图1-33。

表 1-10　我国基本比例尺地形图分幅

| 地形图比例尺 | 图幅大小 | | 行号与列号范围 | 1：1000000 图幅包含关系 | | | 编号示例 |
|---|---|---|---|---|---|---|---|
| | 纬差 | 经差 | | 行数/行 | 列数/列 | 图幅数/幅 | |
| 1：1000000 | 4° | 6° | A~V, 1~60 | 1 | 1 | 1 | J50 |
| 1：500000 | 2° | 3° | 001~002 | 2 | 2 | 4 | J50B001001 |
| 1：250000 | 1° | 1°30′ | 001~004 | 4 | 4 | 16 | J51C001003 |
| 1：100000 | 20′ | 30′ | 001~012 | 12 | 12 | 144 | J50D009011 |
| 1：50000 | 10′ | 15′ | 001~024 | 24 | 24 | 576 | H50E020021 |
| 1：25000 | 5′ | 7′30″ | 001~048 | 48 | 48 | 2304 | J51F001001 |
| 1：10000 | 2′30″ | 3′45″ | 001~096 | 96 | 96 | 9216 | G49G081091 |
| 1：5000 | 1′15″ | 1′52.5″ | 001~192 | 192 | 192 | 36864 | K50H189178 |

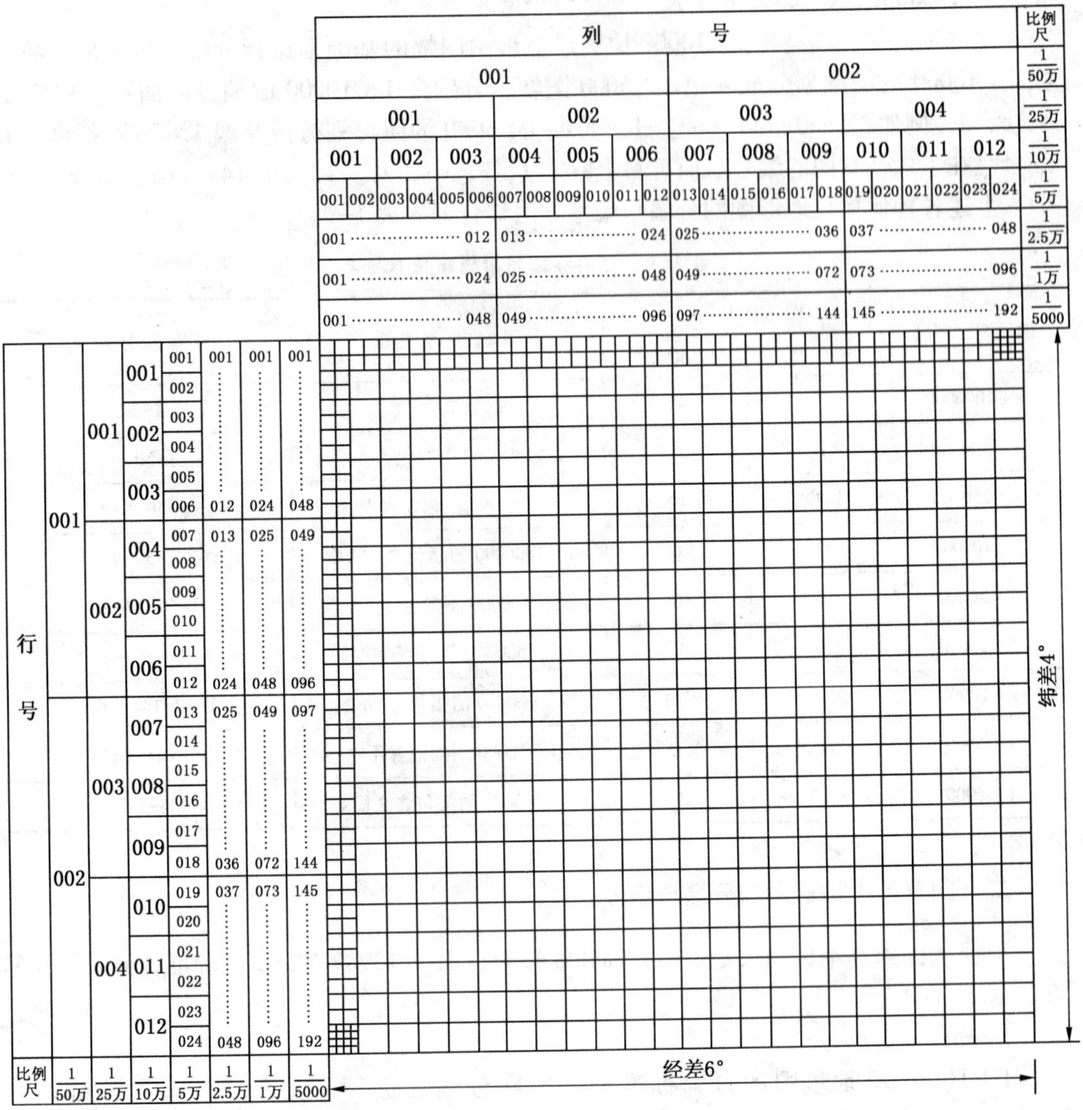

図

| 列 号 | | | | | | | | | | | | 比例尺 |
|---|---|---|---|---|---|---|---|---|---|---|---|---|
| 001 | | | | | | 002 | | | | | | $\frac{1}{50万}$ |
| 001 | | | 002 | | | 003 | | | 004 | | | $\frac{1}{25万}$ |
| 001 | 002 | 003 | 004 | 005 | 006 | 007 | 008 | 009 | 010 | 011 | 012 | $\frac{1}{10万}$ |
| 001 002 003 004 005 006 | | | 007 008 009 010 011 012 | | | 013 014 015 016 017 018 | | | 019 020 021 022 023 024 | | | $\frac{1}{5万}$ |
| 001……012 | | | 013……024 | | | 025……036 | | | 037……048 | | | $\frac{1}{2.5万}$ |
| 001……024 | | | 025……048 | | | 049……072 | | | 073……096 | | | $\frac{1}{1万}$ |
| 001……048 | | | 049……096 | | | 097……144 | | | 145……192 | | | $\frac{1}{5000}$ |

左侧纵向（行号）：

| 行 号 | | | | | | | | |
|---|---|---|---|---|---|---|---|---|
| 001 | 001 | 001 | 001 | 001 | 001 | 001 | 001 | 001 |
| | | 001 | 002 | 002 | | 003 002 | | |
| | | | | | | … | | |
| | | 006 | 012 | 024 | 048 | | | |
| | | 007 | 013 | 025 | 049 | | | |
| | | | | … | | | | |
| | | 018 | 036 | 072 | 144 | | | |
| | | 019 | 037 | 073 | 145 | | | |
| | | | | … | | | | |
| | | 024 | 048 | 096 | 192 | | | |

纬差 4°　经差 6°

比例尺: $\frac{1}{50万}$　$\frac{1}{25万}$　$\frac{1}{10万}$　$\frac{1}{5万}$　$\frac{1}{2.5万}$　$\frac{1}{1万}$　$\frac{1}{5000}$

图 1-33　1：1000000～1：5000 地形图行列分幅与编号

2. 编号

1：1000000 图幅的编号，由图幅所在的"行号列号"组成。与国际编号基本相同，但行与列的称谓相反。如北京所在 1：1000000 图幅编号为 J50。

1：500000 与 1：5000 图幅的编号，由图幅所在的"1：1000000 图行号（字符码）1 位，列号（数字码）2 位，比例尺代码（字符码见表 1-11）1 位，该图幅行号 3 位，列号（数字码）3 位"共 10 位代码组成。

表 1-11　我国基本比例尺代码

| 比例尺 | 1：500000 | 1：250000 | 1：100000 | 1：50000 | 1：25000 | 1：10000 | 1：5000 |
|---|---|---|---|---|---|---|---|
| 代 码 | B | C | D | E | F | G | H |

### 三、地形图的正方形（或矩形）分幅与编号方法

为了适应各种工程设计和施工的需要，对于大比例尺地形图，大多按纵横坐标格网线进行等间距分幅，即采用正方形分幅与编号方法。图幅规格与面积大小见表1-12。

表1-12　正方形分幅的图幅规格与面积大小

| 地形图比例尺 | 图幅大小/cm | 实际面积/km² | 1：5000图幅包含数 |
| --- | --- | --- | --- |
| 1：5000 | 40×40 | 4 | 1 |
| 1：2000 | 50×50 | 1 | 4 |
| 1：1000 | 50×50 | 0.25 | 16 |
| 1：500 | 50×50 | 0.0625 | 64 |

图幅的编号一般采用坐标编号法。由图幅西南角纵坐标 $x$ 和横坐标 $y$ 组成编号，1：5000坐标值取至 km，1：2000、1：1000取至0.1 km，1：500取至0.01 km。例如，某幅1：1000地形图的西南角坐标为 $x=6230$ km、$y=10$ km，则其编号为6230.0-10.0。也可以采用基本图号法编号，即以1：5000地形图作为基础，较大比例尺图幅的编号是在它的编号后面加上罗马数字。例如，一幅1：5000地形图的编号为20-60，则其他图的编号如图1-34所示。

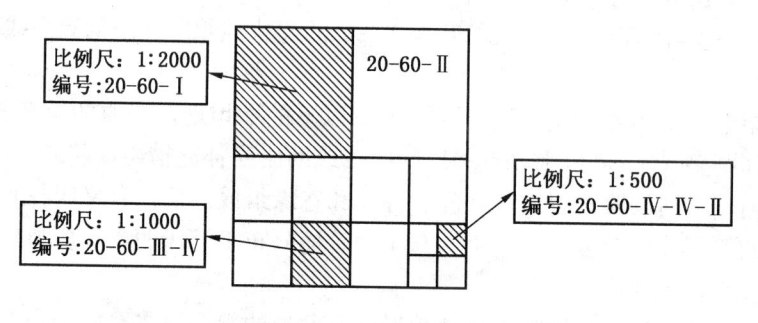

图1-34　坐标编号法

### 一、读图程序

读图程序通常是首先了解工作区域的地理概况，然后再分地区、分要素详细研究，最后根据读图目的、要求，提出如何利用有利条件，改造不利条件。了解概况是先根据地形图判明工作区域地貌形态的基本类型，再了解主要居民地、道路、水系等的分布状况和一般规律，从而对工作区域的地理概况有一个整体概念，并进一步确定详细研究的内容和方法。详细研究是根据读图的目的、任务和要求，分要素或分地区进行。

分要素研究的程序是：

1. 位置和范围

首先说明地形图的图名和编号，其次指出研究区域在整个图幅内的地理位置（经、纬度），行政区划（所属的省、县），幅员范围（东西长、南北宽各多少千米），以及该区

域包括的主要内容要素（山脉、河流与居民地等）。

2. 水系

先从图内水系分布，了解都有哪些类型，如河、湖、海、库、渠、井、泉等；然后，按类型逐个研究其图形，分析其形态、分布、流向、河宽、水深、通航和沿岸情况等。水系是地貌的骨架，河流是改变地貌的外动力，流向又是地面倾斜的标志，因此应特别重视河流的研究。如由水系的排列和类型，可推知地层走向、分水岭和各种地貌的分布。从河流的发育规律，可以推断出上、中、下游地貌的基本情况。从水系的形态，又可分析出许多特殊地貌。研究河流的内容有各河流的从属关系；每条河流的特征，水流性质；河谷的特征包括河谷各组成部分如河床、阶地、谷坡、坡脚、坡缘、谷源等情况；河床宽度，谷坡的坡形和坡度，有无阶地、陡崖、新的堆积物、河漫滩、河漫滩阶地、沼泽地，它们的分布、高程和比高，河曲的发育情况等。

3. 地貌判读的步骤和方法

(1) 根据等高线的疏密程度及其图形结构特征，确定其地貌类型——山地、丘陵、平原、河谷、盆地等。

山地是指高差（从山脚起算）在 200 m 以上，坡度一般在 6°以上的起伏地貌。山地的等高线非常密集，往往汇集在一起，间距小于 1~2 mm，并常有陡崖、崩崖、滑坡、陡石山等地貌符号出现。

丘陵是指高差在 200 m 以下，坡度为 2°~6°的起伏地貌。丘陵的等高线间距较小，且多呈闭合图形。

平原是指地面平坦或稍有起伏，坡度在 2°以下的平坦地。平原的等高线平直、弯小、分布稀疏，间距多在 1 cm 以上，且多以间曲线或助曲线补充描绘地貌的细部。

河谷由河床、河漫滩、阶地、坡麓、谷坡和谷缘组成。前三者又叫谷底，后三者统称谷坡。谷底的等高线间距较大、平直、弯小。阶地分布于河床两岸，多为陡崖符号。谷坡等高线间距较小，类似山坡。

盆地是指中间低洼、周围较高的地貌形态。盆地的等高线多呈闭合圆形。等高线间距盆底与谷底相近，盆坡与谷坡相近。

(2) 根据大地貌形态与水系分布的相互关系，研究地势起伏的一般规律及其分布系统。首先，确定研究区域的最高点和最低点；其次，确定山脊分水线（用细实线，箭头指向高处）和山谷集水线（用细虚线、箭头指向低处），以及主岭和支岭的位置和形状，建立起总体和细部的连接关系。

(3) 研究各中地貌形态的类型和分布规律，分析各个山坡的坡向、坡形和坡度，以及分布特征与各种地物的关系。

(4) 如有可能还要读出地貌与地质构造的关系。在地貌起伏变化比较复杂的地区，可以作出山岳略图、水系略图以及必要数量的地势断面图，作为分析地势起伏变化的资料。

4. 土质、植被

从地形图上的土质、植被符号，可以了解森林、草地、沼泽、果园、水田、旱地、沙地、盐碱地、龟裂地和残丘地等地理分布、面积大小，以及与水系、地貌、居民地的关系等。

5. 居民地

从地形图上居民地的大小、类型、密度、分布特点，居民地内外的地名标志（如机关、学校、工矿、公园、医院、名胜古迹、车站、机场、码头、渡口等），以及居民地与水系、地貌、交通的关系，可以看出居民地的大小、行政等级、人口分布、物资供应，及其在政治、经济、文化、军事上的重要意义。

6. 交通与通信

研究陆路交通和通航水道的种类、分布和对本地区各居民地之间运输联系的保证程度，地貌和水系对道路方向和曲率的影响及其通信情况。

7. 土地利用和工矿分布情况

了解各种工农业用地的分布特点、面积大小，农业用地占总面积的百分比，工矿分布的位置等。

上述分要素的研究，不能孤立地进行，必须把各要素联系起来，研究和分析它们之间的关系。如研究地貌时，从河流分布和水流方向，可以了解地势起伏的一般规律和判读出分水岭、阶地、冲积扇等的分布。又如地形图上阔叶林、稻田较多，以及江河、湖泊密布的地区多为黏土地；混交林多生于沙质黏土地；采石场较多，则土质多系岩石等。

通过了解概况到详细研究，对地区情况具有较正确而全面的掌握，即可根据任务，研究如何利用有利条件，改造不利条件和决定应采取的措施。

## 二、读图举例

下面我们以图名为新塘镇、图号为 H-51-134-C-a 的地形图图幅东南隅的新塘镇地区为例（图 1-35），概略地分析该地区自然条件及其与人类社会经济活动的关系。该图幅的比例尺为 1:25000。

1. 全区概况

新塘镇地区位于北纬 28°05′00″~28°07′30″，东经 120°35′30″~120°37′30″，地处亚热带。南北长 4.6 km，东西宽 3.3 km，面积 15.18 km²。北部为丘陵地区，南部有瓯江，两岸为冲积平原。境内居民地较多，河曲、湖塘分散，水田广布，盛产柑橘。新塘镇位居江滨，为新兴城镇，工矿企业较多，陆地交通便利，水上航运条件较好。总的看来，本区地势起伏不大，平地较多，自然条件优越，发展前景广阔。

2. 水系

水系以河流与湖泊为主。瓯江为主流，河宽 595~600 m，水深 3~5 m，流向由西向东，从水情看，可以通航，但无码头。新塘镇与江南连系，仅有人渡两处。南岸西部有滩陡岸一段，长约 1 km；地上河、沟 3 条，堤高 1.5 m；东部有防洪主堤 4 条，均在新塘镇东西两侧：西侧 1 条，长约 350 m；东侧 3 条，总长约 2500 m，堤高均为 5 m。本区东北部，另有一条小河，流向东北。境内湖塘分散，约有 80 个。从河、湖分布和形态看，该区距海较近，很可能原属浅海地区，由海湾沉积和海水后退形成。

3. 地貌

全区地势，北高南低。制高点为四望岗，高程 110.1 m。最低点在瓯江东端，高程约27 m，地貌可分为丘陵和平原两部分。

丘陵分布在中部和北部，面积约 9 km² 以上，占全区总面积 60%。区内岗丘分散孤

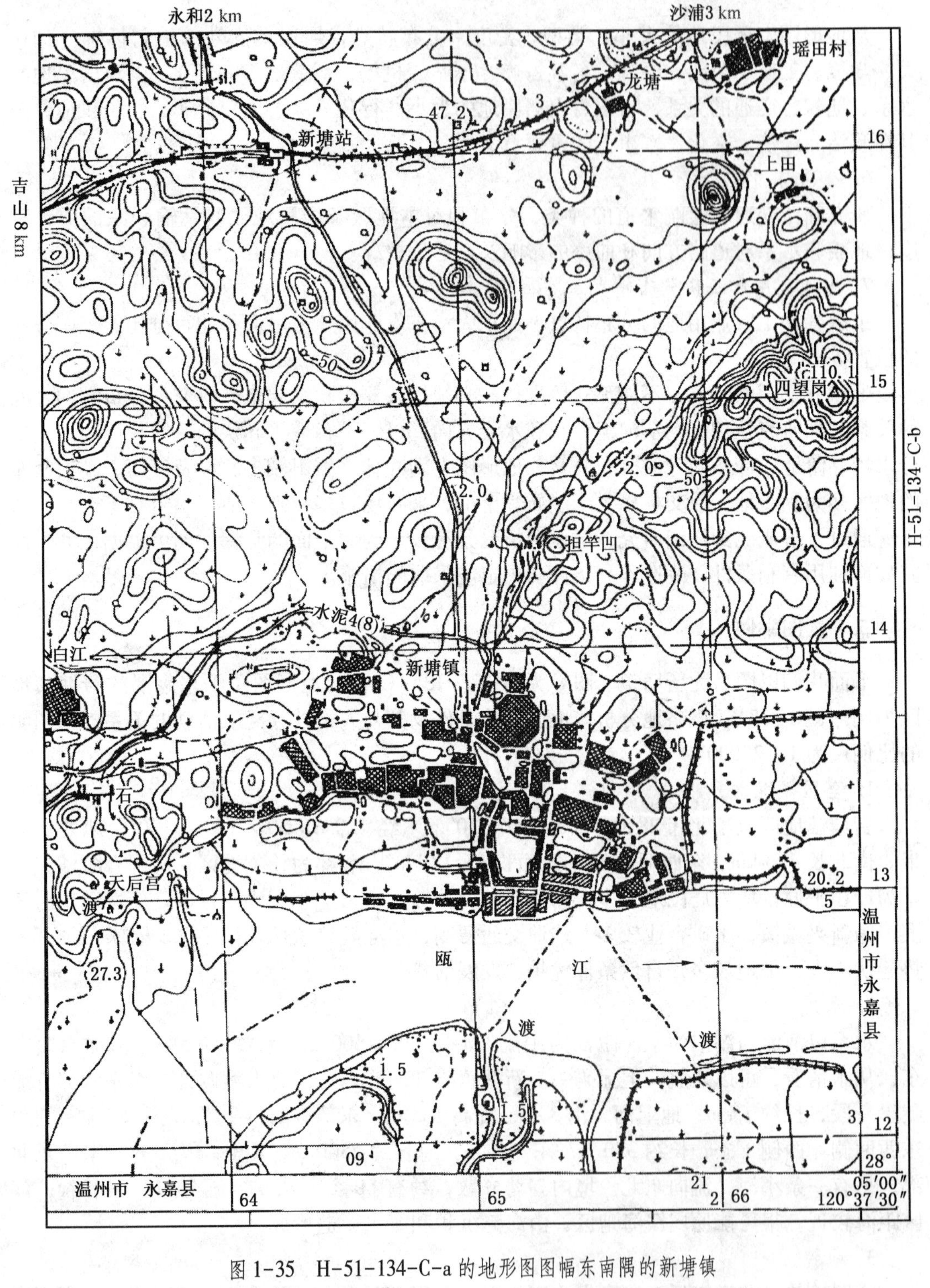

图1-35 H-51-134-C-a 的地形图图幅东南隅的新塘镇

立，形状浑圆，高程多在100 m以下，比高20~50 m；坡度较缓，一般4°~18°；多数顶部光秃，植被极少，无冲沟、陡崖，仅有小面积石块地一处，位于新塘镇正西，证明为石质丘陵，坡面岩屑覆盖较厚；坡脚线不甚明显，岗峦起伏，频率较大，脉络不清。仅新塘镇东北，由担竿凹至四望岗一线，呈岭状分布，走向东北—西南，长约 2 km，平均宽度 0.5 km，高程 78.0～110.1 m，比高 48～80 m。岭脊明显，西北坡陡，一般 10°～18°，有宽谷两条，长约 300 m；东南坡缓，一般 6°～16°，有沟谷 5 条，长度 120～800 m。丘间多系宽谷，宽度 200～500 m，地形平坦，水源充足，土层较厚，质地肥沃。

平原分布在瓯江两岸，面积约 6 km²，占全区总面积 40%。瓯江南岸滩地广阔平展，高程 27 m 左右。北岸滩地较窄，宽 400～950 m，由江岸向北渐高，27.5 m 间曲线以下为河漫滩，以上为阶地。

4. 植被

本区农业比较发达，人工植被种类较多，但自然植被较少。耕地以稻田为主，主要分布在瓯江两岸和宽谷平地，约 7181 亩。其中江南约 1329 亩，江北沿岸 1525 亩，白江村东北谷地 1774 亩，新塘镇至瑶田村谷地 1643 亩，新塘站附近宽谷平地 809 亩。

橘园 3 处：一是龙塘村北，面积 27 亩；二是瑶田村旁，面积 31 亩；三是新塘镇东北，面积 41 亩。

竹林 3 处：一是白江村东南，面积 39 亩；另二处为独立竹林，一在白江村与新塘镇之间，一在四望岗正南山麓，面积均在 24 亩以下。

树林仅龙塘村一处，属矮林，面积 45 亩。

疏林分布很广，多散生于丘陵坡麓，面积约 1126 亩。

小面积树林分布在白江村和新塘镇以北，稻田与疏林之间，面积约 63 亩。

防护林两条：一条在上田村东南，长约 500 m；另一条在新塘镇东，长约 800 m。

独立灌木丛 5 处：4 处位于瓯江南岸江边，由于受洪水与地下水影响，属不宜农作地块，面积 209 亩。另一处在新塘镇西北，沿公路南北两侧，面积约 72 亩。

有方位意义的阔叶树 3 处：一在新塘镇正北公路与电话线交汇处；一在镇东北隅，一在本区最南面，在纵坐标（21）264 至 65 之间，为独立树丛。

草地 4 处：一在新塘站西北，面积约 32 亩；一在四望岗，面积 563 亩；第三处在上田村西，面积 64 亩；第四处在白江村与新塘镇之间，面积 60 亩。

5. 居民地

本区有新塘镇、白江、新塘站、龙塘、瑶田村和上田 6 个居民地。新塘镇为新兴城镇，街区较齐整，按地形、水系，因地制宜修建，除沿江和中间南北街外，其余均为坚固建筑。镇区大小湖塘 50 多个，几乎等于现有建筑面积。因此，充分利用湖塘水面是一项应当重视研究的问题，例如养殖水产，修建公园等。城镇四周多独立小屋。其西南约 900 m 处有一庙宇，叫天后宫。庙西和人渡南北各有亭子一座，可游览或途经休息。镇西南和镇东北各有一工业用窑，地处平原与丘陵交界，据此推断，可能为烧制砖、瓦，其他 5 个居民地都属一般村庄，规模不大，但均为坚固建筑。村庄周围都有湖塘，养鱼条件很好，且有果园、竹林，树木较多，环境优越，交通方便。

6. 道路和通信

瓯江以南，仅有小路两条。

江北交通方便。铁路有一条为单轨，仅有新塘站一处火车站，西去吉山，东到沙浦；路堤两处：一处高 4 m，另一处高 3 m；路堑 4 处，分别深 5、6、3、5 m；信号灯 4 处，涵洞 1 个。

公路有一条。新塘镇至白江，长约 2 km，水泥路面，铺面宽 4 m，路宽 8 m；桥梁一座，位于白江村南，石料建筑，长 21 m，宽 6 m，载重 10 t；涵洞 7 个；公路两侧，西段有行树，东段为独立灌木丛。

简易公路有一条。由新塘镇北丁字路口，经新塘站，至永和，长约 5 km，路宽 6 m。沿途有 4 处方位物：南段西侧有一旧碉堡；中段路西侧有一墩（碑）；墩的西北山顶又有一旧碉堡，能控制交通，位置重要；新塘站南有一涵洞。

有乡村路一条。由镇北独立树至镇东北防洪主堤，路宽 3~4 m。

有小路十多条，通向西方。

通信线 4 条：一条由镇西至白江村南公路桥，沿路西进；另外 3 条，均由镇内向北，至突出树（公路向西转折处），一条通往正北方向，另两条直通东北方向。

总体看，江北交通运输和通信联络具有一定保证，江南条件较差。

7. 未利用地

未利用地包括江滨低河漫滩地、荒坡、荒丘和墓地等。低河漫滩未利用地约 227 亩。荒坡、荒丘地约 5000 余亩。墓地 20 多处，多分布于村镇丘坡和丘麓。

# 模块二　图根高程测量

为了测绘地形图和建筑工程的设计与施工放样，必须测定一系列地面点的高程。高程测量按使用的仪器和方法分为水准测量、三角高程测量和全球导航卫星系统高程测量（简称 GNSS 高程测量）。水准测量是用水准仪和水准尺根据水平视线测定点与点之间的高差，推算点的高程，是高程测量最常用的方法，一般适用于平坦地区。

三角高程测量是确定两点间高差的简便方法，不受地形条件限制，传递高程迅速，但精度低于水准测量。其主要用于计算大地点高程。在山区或地形起伏较大的地区测定地面点高程时，采用水准测量进行高程测量一般难以进行，故实际工作中常采用三角高程测量的方法施测。

气压高程测量是根据大气压力随高度变化的规律，用气压计测定两点的气压差，推算高程的方法。由于大气压力受气象变化的影响较大，因此气压高程测量比水准测量和三角高程测量的精度都低，主要用于低精度的高程测量。但它的优点是在观测时点与点之间不需要通视，使用方便、经济和迅速。最常用的仪器为空盒气压计和水银气压计。前者便于携带，一般用于野外作业；后者常用于固定测站或用以检验前者。

为了统一全国的高程系统，我国采用黄海平均海水面作为全国高程系统的基准面，即我国采用的大地水准面。在该面上的任一点，其高程为零。为确定这个基准面，在青岛设立验潮站和国家水准原点。根据青岛验潮站从 1952—1979 年的验潮资料，确定黄海平均海水面为高程零点，并据此测定青岛水准原点的高程为 72.2604 m，这个高程零点和原点高程称为"1985 国家高程基准"。根据这个基准，测定全国各地的高程，如 2005 年国家测绘局测定珠穆朗玛峰巅的高程为 8843.43 m。

从青岛水准原点出发，用一、二等水准测量在全国范围内沿一定的水准路线测定一系列"水准点"（缩写为 BM）的高程，作为全国各地的高程基准。各地方按建设需要在国家一、二等水准点的基础上，用二、三、四等水准测量布设更多的水准点，进行加密。为地形测量而进行的水准测量称为图根水准测量，为某项工程建设而进行的水准测量称为工程水准测量。

各学习小组的测区范围大约为 200 m×250 m，进行高程控制测量是地形图测绘工作所必需的一项测量工作；测区的大部分地势平坦，因此图根高程控制测量采用等外水准测量是合适的，只有个别地区高差比较大，可以采用高程测量的方法进行；等外水准测量路线可以根据实际情况采用闭合水准路线、附合水准路线等形式；测区首级高程控制测量应采用三四等水准测量的方法由测区外已知高程控制点引测。

## 项目一　普通水准测量

任务概述

如图 2-1 所示，某市政工程三号路 15 号井开槽完毕，为了确保管道流水面高程符合设计，现要检核其槽底高程，已知水准点 $BM_A$ 高程为 21.358 m，作为一名优秀的测量人员，你将如何实施测量？应该用到哪些仪器和设备？所用的仪器设备应该满足什么样的条件？

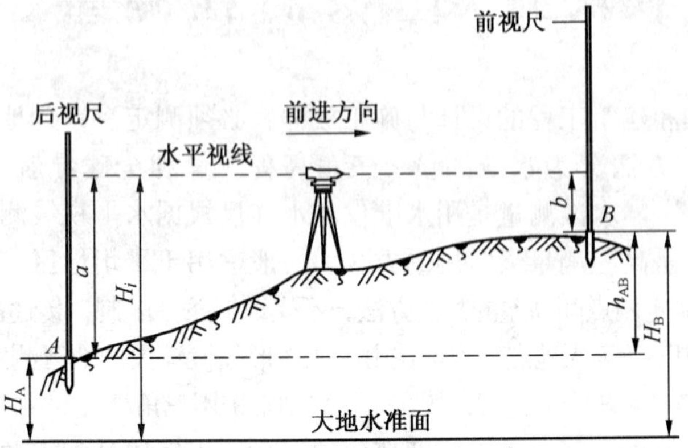

图 2-1  水准测量原理

# 任务一  水准仪的认识与使用

## 任务概述

　　DS₃ 型水准仪的各部件及有关螺旋的名称和作用，水准测量的原理的理解，水准测量工具、水准仪基本结构的认识，水准仪的安置和使用方法；练习用水准仪读水准尺的方法及计算两点间高差的方法。

## 相关知识

### 一、水准测量原理

1. 水准测量的基本概念

水准测量的基本原理：利用水准仪提供一条水平视线。对竖立在两地面点的水准尺分别进行瞄准和读数，以测定两点间的高差；再根据已知点的高程，推算待定点的高程。如图 2-1 所示，设已知 $A$ 点的高程为 $H_A$，求 $B$ 点的高程 $H_B$，在 $A$、$B$ 两点之间安置一架水准仪，并在 $A$、$B$ 上竖立水准尺（尺的零点在底端）；根据水准仪望远镜的水平视线，$A$ 尺上读数为 $a$，$B$ 尺上的读数为 $b$，则 $A$ 点至 $B$ 点的高差为

$$h_{AB} = a - b \tag{2-1}$$

设水准测量是从 $A$ 点向 $B$ 点方向进行的，规定：称 $A$ 点为后视点，其水准尺上读数 $a$ 为后视读数；称 $B$ 点为前视点，其水准尺上读数 $b$ 为前视读数。由此可见，两点间的高差为"后视读数"减去"前视读数"。如果后视读数大于前视读数，则高差为正，表示 $B$ 点比 $A$ 点高；如果后视读数小于前视读数，则高差为负，表示 $B$ 点比 $A$ 点低。为了避免将

两点间高差的正负号搞错，规定了高差 $h$ 的写法：$h_{AB}$ 为从 $A$ 点至 $B$ 点的高差，$h_{BA}$ 为从 $B$ 点至 $A$ 点的高差，二者的绝对值相等而符号相反。

如果 $A$、$B$ 两点的距离不远，而且高差不大（小于一支水准尺的长度），则安置一次水准仪就能测定其高差，如图 2-1 所示，设已知 $A$ 点的高程为 $H_A$，则 $B$ 点的高程为

$$H_B = H_A + h_{AB} \tag{2-2}$$

$B$ 点的高程也可以按水准仪的视线高程 $H_i$（简称仪器高程）来计算，即

$$H_i = H_A + a \tag{2-3}$$
$$H_B = H_i - b$$

在一般情况下，用式（2-1）和式（2-2）计算待定点的高程。当安置一次水准仪需要测定若干前视点的高程时，则用式（2-3）计算较为方便。

2. 地球曲率对水准测量的影响

按照定义，两点间的高差是分别通过这两点的水准面之间的铅垂距离。因此从理论上讲，用水准仪在水准尺上读数也应该是根据通过仪器的水准面。如图 2-2 所示，在 $A$、$B$ 水准尺上的应有读数为 $a'$ 和 $b'$，$A$、$B$ 两点的高差应为

$$h_{AB} = a' - b' = (a - aa') - (b - bb') \tag{2-4}$$

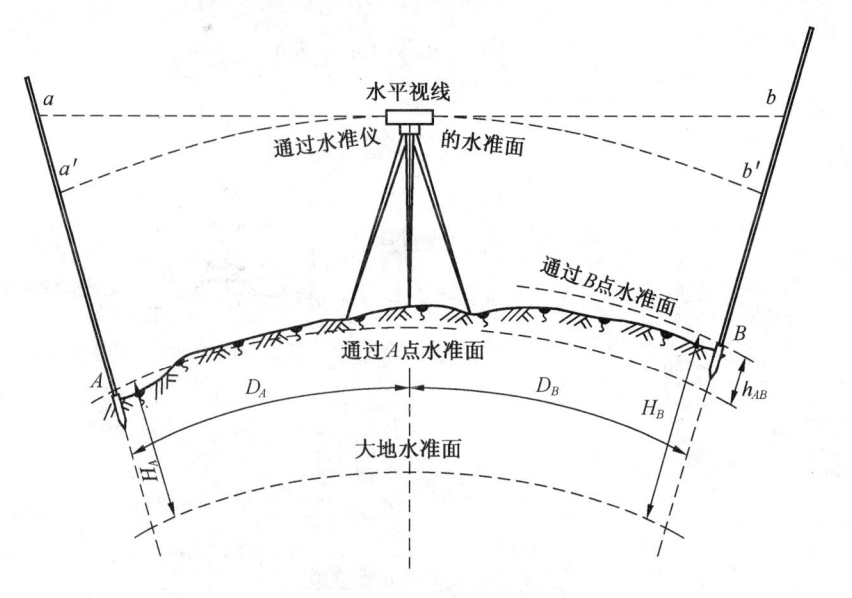

图 2-2　水准曲面率对水准测量的影响

$aa'$ 和 $bb'$ 是用仪器的水平视线代替通过仪器的水准面的读数差。设仪器至 $A$、$B$ 两点的距离分别为 $D_A$ 和 $D_B$，按地球曲率影响的读数差为

$$aa' = \frac{D_A^2}{2R}$$
$$bb' = \frac{D_B^2}{2R} \tag{2-5}$$

如果水准测量时前视、后视的距离相等（即 $D_A = D_B$），则 $aa' = bb'$，式（2-4）可改写为

$$h_{AB} = a' - b' = a - b \qquad (2-6)$$

此时按水平视线或按水准面测定高差已无区别。

虽然，水准面曲率对近距离的水准尺读数影响较小，但水准仪的轴系误差等在前视、后视距离不等时有较大的影响。因此，使前视、后视的距离保持大致相等，是水准测量的基本原则，称为中间法水准测量。每一测站容许的前视距、后视距的差和各测站的前视距、后视距的积累差，在各种等级的水准测量都有明确的规定。

3. 水准测量和水准线路

设两点间的距离较远或高差较大，或不能直接通视，则不可能安置一次水准仪即测定其高差。此时，可沿一条路线进行水准测量，中间加设若干个临时立尺点，称为转点（缩写为 TP）。依次安置水准仪，测定相邻点间的高差，最后取各高差的代数和，得到起、终两点间的高差。水准测量所进行的路线称为水准路线。

如图 2-3 所示，在 $A$、$B$ 两个水准点之间，由于距离较远或高差太大，在水准路线中间需设置 4 个转点（$\text{TP}_1 \sim \text{TP}_4$），相邻两点间依次测定高差为

$$h_1 = a_1 - b_1 \quad h_2 = a_2 - b_2 \quad \cdots \quad h_5 = a_5 - b_5 \qquad (2-7)$$

$A$、$B$ 两点高差的一般公式为

$$h_{AB} = \sum_{i=1}^{n} h_i = \sum_{i=1}^{n} (a_i - b_i) \qquad (2-8)$$

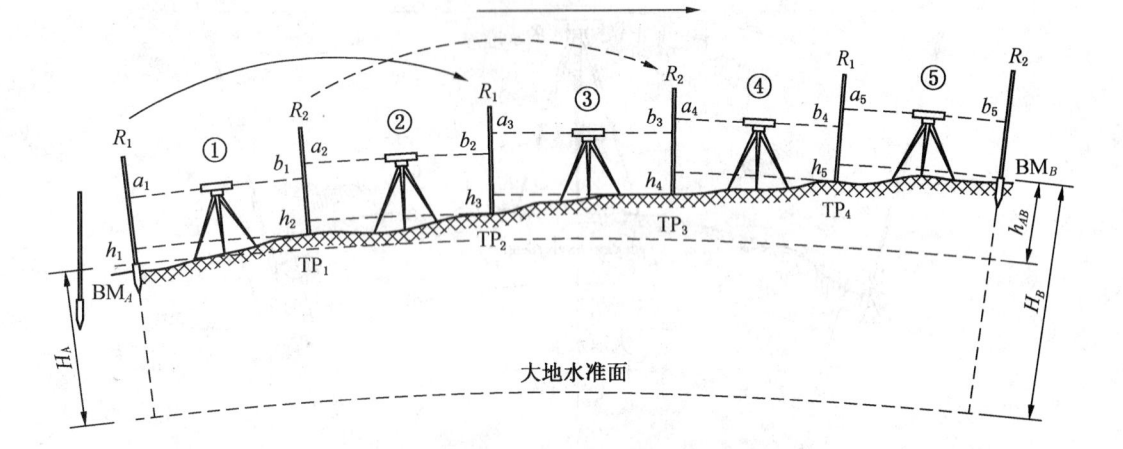

图 2-3　连续水准测量

由此可见。在水准路线中，转点是起高程传递的作用，在相邻两测站的观测过程中必须保持转点的稳定（高程不变）。

**二、水准仪和水准尺**

（一）水准尺和尺垫

水准测量所使用的仪器为水准仪，与其配套的工具为水准尺和尺垫。水准尺是用干燥优质的木材、铝合金或玻璃钢等材料制成，长度有 2、3、5 m 等。根据其构造分为整尺和套尺（塔尺），如图 2-4 所示。整尺和套尺中又分为单面分划（单面尺）和双面分划（双面尺）。

水准尺的尺面上每隔 1 cm 印刷有黑白或红白相间的分划。每分米处注有分米数，其数字有正与倒两种，分别与水准仪的正像望远镜或倒像望远镜相配合。双面水准尺的一面为黑白分划，称为黑色面；另一面为红白分划，称为红色面。双面尺的黑色面分划的零是从尺底开始。红色面的尺底是从某一数值（一般为 4687 或 4787）开始，称为零点差。水准仪的水平视线在同一根水准尺上的红、黑面读数差应等于双面尺的零点差，可作为水准测量时读数的检核。

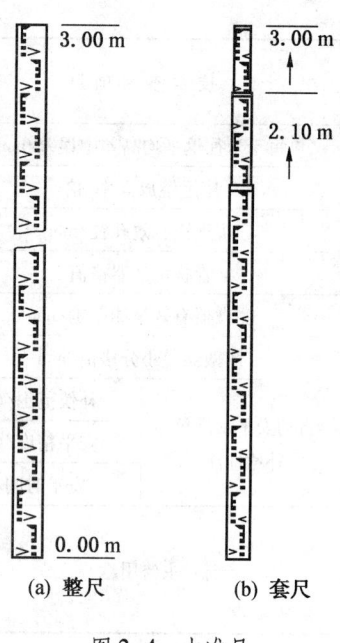

套尺一般由三节尺管套接而成，长度可达 5 m。不用时，可缩在最下一节的内部，长度不超过 2 m，便于携带，但连接处易于产生长度误差。一般用于精度要求不高的水准测量。水准尺上一般装有圆水准器，据此可以使水准尺垂直竖立。

另外，还有铟瓦合金带水准尺和条纹码水准尺，将在"精密水准仪"和"电子水准仪"等节中介绍。

图 2-4　水准尺

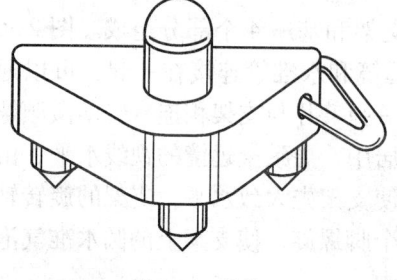

图 2-5　尺垫

水准线路中需要设置转点之处，为防止观测过程中立尺点的下沉影响正确读数，应在转点处放一尺垫，如图 2-5 所示。尺垫上平面为三角形的铸铁制成，下面三个脚尖可以安置在任何不平的硬性地面，或把脚尖踩入土中，使其稳定；尺垫上面有一突起的半球，水准尺立于尺垫上时，底面与球顶的最高点接触。当水准尺转动方向时（如由后视转为前视），尺底的高程不会改变。

（二）水准仪及其构造

1. 水准仪的等级及用途

水准仪是进行水准测量的主要仪器，它可以提供水准测量所必需的水平视线。目前通用的水准仪从构造上可分为两大类：一类是利用水准管来获得水平视线的水准管水准仪，其主要形式称"微倾式水准仪"；另一类是利用补偿器来获得水平视线的"自动安平水准仪"。这些仪器均由人工通过望远镜对水准尺分划进行读数和数据记录。现代的电子水准仪是利用条纹码水准尺和用仪器的光电扫描进行自动读数的水准仪，其置平方式也属自动安平式。

水准仪按其高程测量精度分为 $DS_{05}$、$DS_1$、$DS_3$、$DS_{10}$ 共 4 种等级。D 和 S 是"大地"和"水准仪"汉语拼音的第一个字母，后续的数字为每千米水准测量的高差中误差（单位 mm，05 代表 0.5 mm，1 代表 1 mm 等），$DS_{05}$ 和 $DS_1$ 级水准仪属于精密水准仪，$DS_3$ 和 $DS_{10}$ 级水准仪属于普通水准仪。如果 DS 改为 DSZ，则表示该仪器为自动安平水准仪。表 2-1 列出了各等级水准仪的主要技术参数和用途。本节介绍 $DS_3$ 和 $DSZ_3$ 级水准仪，以后再分别介绍精密水准仪和电子水准仪。

表 2-1　水准仪系列技术参数及用途

| 技术参考项目 | | 水准仪系列型号 | | | |
|---|---|---|---|---|---|
| | | DS$_{05}$ | DS$_1$ | DS$_3$ | DS$_{10}$ |
| 每千米往返平均高差中误差/mm | | 0.5 | ≤1 | ≤3 | ≤10 |
| 望远镜放大率/倍 | | ≥40 | ≥40 | ≥30 | ≥25 |
| 望远镜有效孔径/mm | | ≥60 | ≥50 | ≥42 | ≥35 |
| 管状水准器格值 | | 10″/2 mm | 10″/2 mm | 20″/2 mm | 20″/2 mm |
| 测微器有效量测范围/mm | | 5 | 5 | | |
| 测微器最小分格值/mm | | 0.05 | 0.05 | | |
| 自动安平水准仪补偿性能 | 补偿范围/(′) | ±8 | ±8 | ±8 | ±10 |
| | 安平精度/(″) | ±0.1 | ±0.2 | ±0.5 | ±2 |
| | 安平时间/s | ≥2 | ≥2 | ≥2 | ≥2 |
| 主要用途 | | 国家一等水准测量 | 国家二等水准测量及精密水准测量 | 国家三、四等水准测量及工程测量 | 工程及图根水准测量 |

### 2. 水准仪的构造

水准仪主要由测量望远镜、水准管（或补偿器）、支架和基座 4 个部分组成。图 2-6 所示为属于 DS$_3$ 级的 S$_3$ 水准仪的外形和外部构件。望远镜和水准管连接在一起，可以通过校正螺丝改变其相对位置；在靠近望远镜物镜一端用一弹簧片与支架相连，转动微倾螺旋，可以通过顶针升降望远镜的目镜一端使水准管气泡居中，导致望远镜的视线水平；由于用微倾螺旋上、下转动望远镜的角度有限，因此必须使支架先大致水平，支架的旋转轴即水准仪的纵轴，它插在基座的轴套中，转功基座的三个脚螺旋，使支架上的圆水准气泡居中，这样微倾螺旋才能在它的范围内使水准管气泡居中。

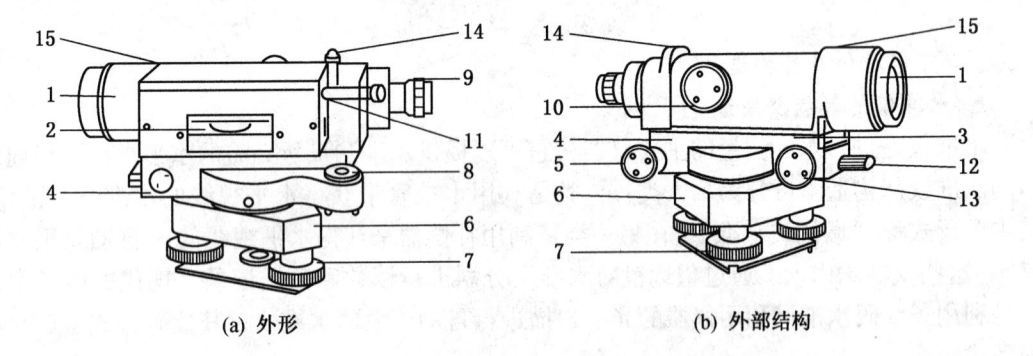

(a) 外形　　　　　　　　　　(b) 外部结构

1—望远镜物镜；2—水准管；3—簧片；4—支架；5—微倾螺旋；6—基座；7—脚螺旋；8—圆水准器；
9—望远镜目镜；10—物镜调焦螺旋；11—气泡观察镜；12—制动螺旋；13—微动螺旋；14—缺口；15—准星
图 2-6　S$_3$ 型水准仪

从水准管气泡观察镜中，可以看出水准管气泡是否居中；水平制动螺旋能控制望远镜在水平方向的转动，撂紧它再旋转水平微动螺旋，可使望远镜在水平方向做微小的转动，便于精确瞄准目标。望远镜上方的缺口和准星，用于在望远镜外寻找目标。

**3. 望远镜的构造及其成像和瞄准原理**

测量仪器上的望远镜用于瞄准远处目标和读数，如图 2-7 所示。$CC_1$ 是物镜光心与十字丝交点的连线，称为视准轴。转动目镜调焦螺旋，可使十字丝像清晰。转动物镜调焦螺旋，可使目标在十字丝平面上成像，再经过目镜放大，便能精确地瞄准目标。

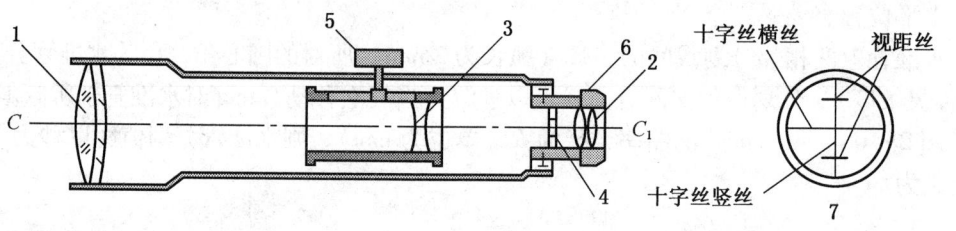

1—物镜；2—目镜；3—调焦透镜；4—十字丝分划板；5—物镜调焦螺旋；6—目镜调焦螺旋；7—十字丝放大像

图 2-7 望远镜剖面图

DS$_3$ 级水准仪望远镜中的十字丝分划板为刻在玻璃板上的三根横丝及一根纵丝，如图 2-7 所示中的 7。中间的长横丝称为中丝，用于读取水准尺上分划的读数。上、下两根较短的横丝分别称为上丝和下丝，总称为视距丝，用以测定水准仪至水准尺的距离（视距）。物镜与十字丝分划板之间的距离是固定不变的，而由目标发出光线通过物镜后，在望远镜内所成实像的位置随着目标的远近而改变。因此，需要转动物镜调焦螺旋移动调焦透镜，使目标像与十字丝平面相重合，如图 2-8a 所示。此时，若观测者的眼睛作上、下（或左、右）移动（如在图中 1、2、3 位置移动），不会发觉目标像与十字丝有相对的移动。如果目标像与十字丝平面不重合（图 2-8b），则观测者的眼睛作移动时就会发觉目标像与十字丝之间有相对移动，这种现象称为"视差"。

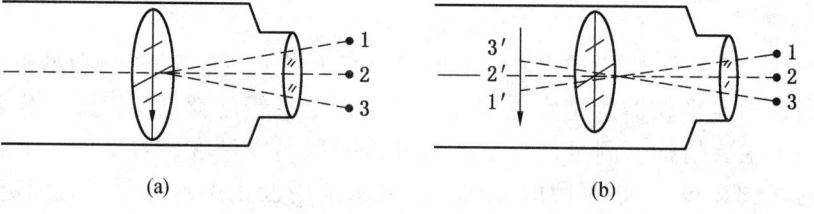

(a)  (b)

图 2-8 测量望远镜的瞄准与视差

有了视差，就不可能进行精确地瞄准和读数，因此必须消除视差。消除视差的方法是：先转动目镜调焦螺旋，使十字丝十分清晰；然后转动物镜调焦螺旋，使目标像（水准测量时，为水准尺尺面的分划和注字）十分清晰；上、下（或左、右）移动眼睛，如果目标像与十字丝之间已无相对移动，则视差已消除；否则，重新进行物镜、目镜调焦，直至目标像与十字丝无相对移动为止。

**（三）水准器及其灵敏度**

根据水准器置平仪器。水准器分为水准管和圆水准器两种。前者精度较高，用于精确置平仪器，称为精平；后者精度较低，用于粗略置平仪器，称为粗平。

**1. 水准管**

水准管是由玻璃圆管制成，其内壁磨成一定半径的圆弧，如图 2-9 所示。管内注满酒精或乙醚，玻璃管加热、封闭、冷却后，管内形成空隙为液体的蒸气所充满，即为水准气泡。气体比重小于液体，受地球重力影响，气泡恒居于水准管内壁圆弧的最高部位。管面上刻有间隔为 2 mm 的分划线，分划的中点称水准管的零点。过零点与管内壁在纵向相切的直线称水准管轴。当气泡的中心点与零点重合时，称气泡居中，气泡居中时水准管轴位于水平位置。

水准管上两相邻分划线间的圆弧（弧长为 2 mm）所对的圆心角，称为水准管分划值$\tau$（或称灵敏度）。分划值的实际意义，可以理解为当气泡移动 2 mm 时水准管轴所倾斜的角度（图 2-10），设水准管的曲率半径为 $R$（单位为 mm），则水准管分划值$\tau$（以秒为单位）可定义为

$$\tau = \frac{2}{R}\rho \tag{2-9}$$

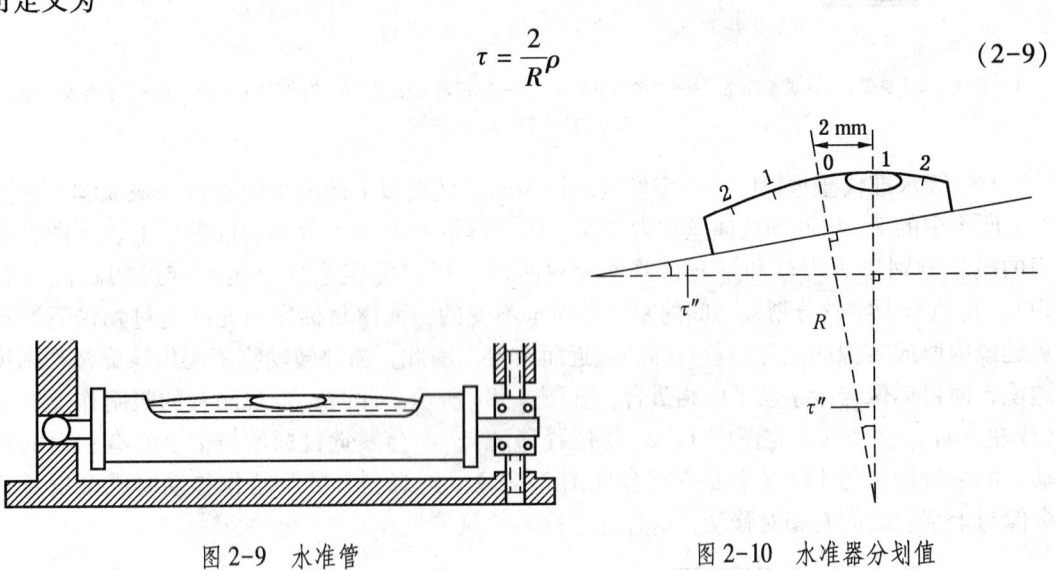

图 2-9　水准管　　　　　　　　　图 2-10　水准器分划值

式（2-9）说明分划值$\tau$与水准管的曲率半径 $R$ 成反比，$R$ 越大则$\tau$越小。水准管的灵敏度越高，则定平仪器的精度也越高；反之，定平精度就低。因此，分划值是水准仪等级的一个主要指标。测量仪器上的水准管一般是安装在圆柱形的、上面开有窗口的金属管内（图 2-9），一端用球形支点，另一端用校正螺封将金属管固定在仪器上。转动校正螺丝，可以使水准管一端做微小的升降，用来校正水准管轴，使它在仪器上处于正确的位置。

2. 符合水准器

为了提高目估水准管气泡居中的精度，近代水准仪的水准管上方都装有符合棱镜（图 2-11），借助棱镜的反射作用把气泡两端的影像转到望远镜旁的水准管气泡观察镜内，当气泡两端的像符合成一个圆弧时，表示气泡居中。

3. 圆水准器

圆水准器是一个封闭的圆形玻璃容器，顶盖的内表面为一球面，半径 0.12～0.86 m，容器内盛乙醚类液体，留有一小圆气泡（图 2-12）。容器顶盖中央刻有一小圈，小圈的中心是圆水准器的零点。通过零点的球面法线是圆水准器的轴，当圆水准器的气泡居中时，圆水准器的轴位于铅垂位置。测量仪器上所用的圆水准器的分划值一般为 $8'/2$ mm～$10'/$mm，灵敏度较低，用于粗略整平仪器，可使水准仪的纵轴大致处于铅垂位置，便于

用微倾螺旋使水准管的气泡精确居中，或便于自动安平水准仪的利用重力精确置平仪器。圆水准器还用于其他各种测量仪器。圆水准器及其安装如图2-13所示。

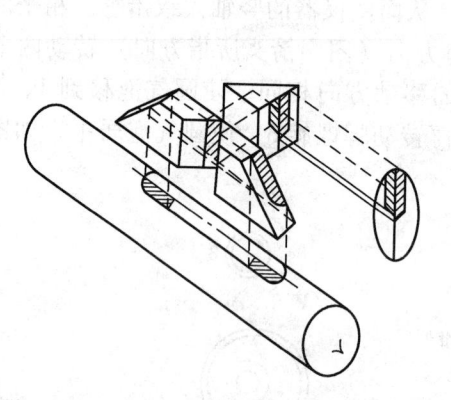

图2-11　水准管与符合棱镜

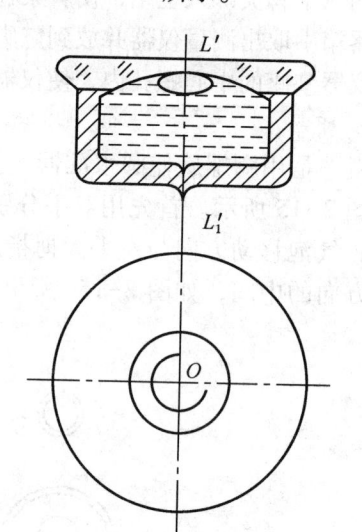

图2-12　圆水准器

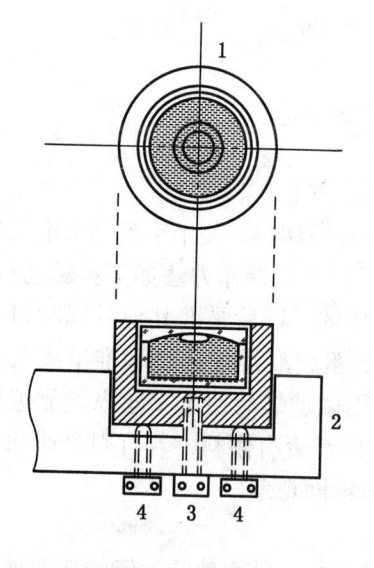

1—圆水准器；2—仪器支架；
3—固定螺丝；4—校正螺丝
图2-13　圆水准器及其安装

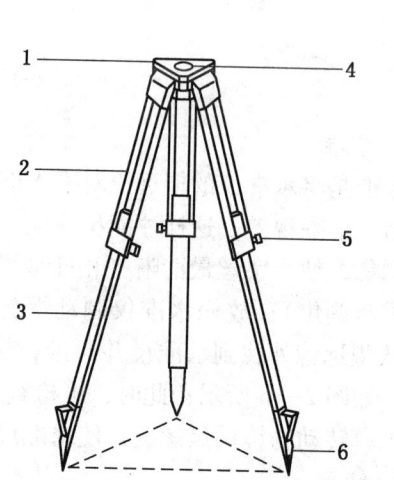

1—架头；2—架腿；3—伸缩腿；4—连接螺旋；
5—伸缩制动螺旋；6—脚尖
图2-14　测量仪器的三脚架

## 三、水准仪的使用

用水准仪进行水准测量的操作步骤为粗平—瞄准—精平—读数。

在安置测量仪器之前，应正确放置仪器的三脚架（图2-14）。松开架腿上的制动螺旋，伸缩架腿，使三脚架头的安置高度约在观测者的胸颈部，旋紧制动蝶旋。三个脚等距分开，使架头大致水平，三个脚尖在地面的位置大致成等边三角形。在泥土地上，应将三脚架的三个脚尖踩入土中，使脚架稳定；在硬性地面上，也应将三脚尖与地面踩实。然后从仪器箱中取出测量仪器并放到三脚架头上，一手握住仪器，一手将三脚架上的连接螺旋转入仪器基座的中心螺孔内，使仪器与三脚架连接牢固。

### 1. 粗平

粗平是用脚螺旋使圆水准器气泡居中，从而使仪器的竖轴大致铅垂。粗平的操作步骤如图 2-15 所示。首先用双手分别以相对方向（图中箭头所指方向）转动两个脚螺旋 1、2，气泡移动方向与左手大拇指旋转时的移动方向相同，使圆气泡移到 1、2 脚螺旋连线方向的中间，如图 2-15a 所示；然后再转动脚螺旋 3，使圆气泡居中，如图 2-15b 所示。

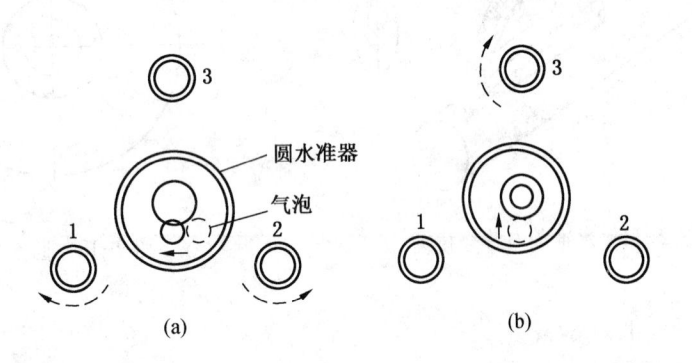

1、2、3—脚螺旋

图 2-15　圆水准器气泡居中

### 2. 瞄准

瞄准是将水准仪的望远镜对准水准尺，进行目镜和物镜调焦。使十字丝和水准尺像十分清晰，消除视差，这样才能精确地在水准尺上读数。其具体操作方法如下：转动目镜，进行调焦，使十字丝最清晰（由于观测者的视力是不变的，以后瞄准其他目标时目镜不需要重新调焦）；放松水准仪制动螺旋，用望远镜上的粗瞄准器（缺口和准星或其他形式）从望远镜外找到水准尺并对准，旋紧制动螺旋；用微动螺旋使十字丝纵丝靠近尺上分划，如图 2-16 所示；此时，可检查水准尺在左右方向是否有倾斜，若有则要通知立尺者纠正；转动物镜调焦螺旋，使水准尺的像最清晰，以消除视差。

### 3. 精平

精平是转动水准仪的微倾螺旋，使水准管气泡严格居中，从而使望远镜的视准轴处于精确的水平位置。有符合棱镜的水准管，可以在水准管气泡观察镜中看到气泡两端的半边影像，图 2-17a 所示为气泡居中（符合）；图 2-17b 和图 2-17c 所示为气泡不居中，此时可按图中虚线箭头方向转动微倾螺旋使气泡两端的像符合。有水平补偿器的自动安平水准仪的"精平"是自动完成的，故不需要这项操作。

### 4. 读数

仪器已经精平后即可在水准尺上读数。为了保证读数的准确性，并提高读数的速度，可以首先看好厘米的估读数（即毫米数），然后再将全部读数报出。一般习惯上是报 4 个数字（即 m、dm、cm、mm），并以 mm 为单位，如图 2-18 所示。

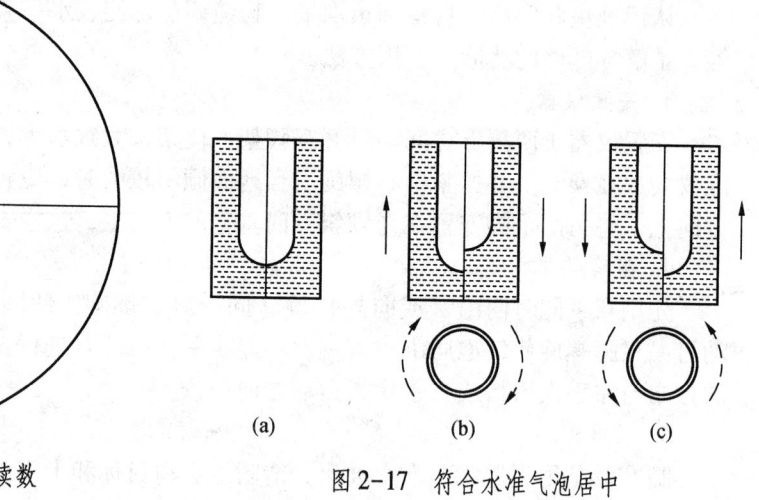

图 2-16  瞄准水准尺与读数

图 2-17  符合水准气泡居中

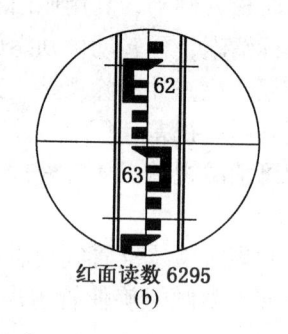

黑面读数 1608
(a)

红面读数 6295
(b)

图 2-18  水准仪读数

## 一、技能目标

（1）了解水准仪的构造。

（2）熟悉各个部件的功能。

（3）熟练掌握水准仪的安置、整平、瞄准水准尺、精平和读数等操作步骤。

（4）读数及高差的计算。

## 二、实训器具

每组 DS$_3$ 型水准仪 1 台、尺垫 1 对、水准尺 1 对、两支 2H 铅笔、记录板 1 块、草稿纸数张。

## 三、实训步骤

1. 演示

教师现场演示，直观教学，讲解水准仪各部件的名称及作用。

## 2. 认识仪器各部件

认识准星和照门、目镜调焦螺旋、物镜调焦螺旋、水平微动螺旋、脚螺旋、圆水准器等。了解各部件的功能和使用方法。

## 3. 安置仪器

安置仪器于两测点之间。打开三脚架，使架头大致水平，高度适中，踏实脚架后将水准仪安放在架头上并拧紧中心螺旋。当地面倾斜较大时，应将三脚架的一个脚安置在倾斜方向上，将另两个脚安置在与倾斜方向垂直的方向上，这样安置的仪器比较稳固。

## 4. 粗略整平

先用双手同时向内（或向外）旋转同一对脚螺旋，使圆水准器泡移动到中间，再转动另一只脚螺旋使气泡居中。若一次不能居中，可反复进行。旋转螺旋时应注意气泡移动的方向与左手大拇指或右手食指运动方向一致。

## 5. 瞄准

瞄准就是用望远镜照准水准尺，清晰地看清目标和十字丝。

其做法是：粗瞄时松开制动，利用照门和准星瞄准水准尺，旋紧制动螺旋；精瞄时转动物镜调焦螺旋使目标清晰，再转动微动螺旋使十字丝竖丝照准尺面中央。

此项操作注意事项：检查并消除视差。其方法包括：眼睛靠近目镜上下微微晃动，若目标也上下晃动，则表明有视差；仔细、反复交替地调节目镜和物镜对光螺旋，使十字丝和目标同时清晰，即可消除视差。

## 6. 精平

精平就是转动微倾螺旋将水准管气泡居中，使视线精确水平。

其做法是：慢慢转动微倾螺旋使管水准器的符合水准气泡两端的影像符合（抛物线闭合）。

此项操作注意事项：左侧影像移动方向与右手大拇指转动方向相同；转动微倾螺旋时要慢、稳、轻，以免气泡上下不停错动；望远镜由一个目标转瞄另一目标时，必须重新精平，才能读数。

## 7. 读数

用十字丝横丝在水准尺上读取 4 位数字，读数时应以 m、dm、cm、mm 的次序，一次报出 4 位读数。

此项操作注意事项：水准尺在望远镜内呈倒像，读数时要从上到下，要先估计 mm 值，再读出 m、dm、cm 数，即使是"0"也要读出并作记录；读数前务必检查符合气泡使之居中。

## 四、注意事项

（1）三脚架安置高度适当，承台大致水平。三脚架确实安置稳妥后，才能把仪器连接于承台，水准仪与三脚架之间的中心连接螺旋必须旋紧，防止仪器摔落。

（2）调节各种螺旋均应有轻重感，仪器操作时不应用力过猛，脚螺旋、水平微动螺旋等均有一定的调节范围，使用时不宜旋到顶端。

（3）掌握正确的操作方法，操作应轮流进行，每人操作一次，严禁几人同时操作仪器。竖立水准尺与 A 点上，用望远镜瞄准 A 点上的水准尺，精平后读取后视读数，并记入手簿；再将水准尺立于 $B$ 点上，瞄准 $B$ 点上的水准尺，精平后读取前视读数，并记入手簿。计算 $A$、$B$ 两点的高差 $H_{AB}$ =后视读数-前视读数。

（4）读数前水准管气泡必须居中，读数后一定要检查气泡是否居中，若不居中则必须重新读取读数。

**五、请按照要求完成下列题目**

（1）请在下列图 a 和图 b 中画出脚螺旋转动后，圆水准气泡的移动方向。

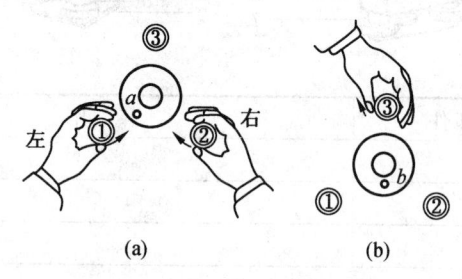

（a）　　　　　　　　　　（b）

（2）下列图 a 中水准尺的读数是（　　　）mm，图 b 中水准尺的读数是（　　　）mm。

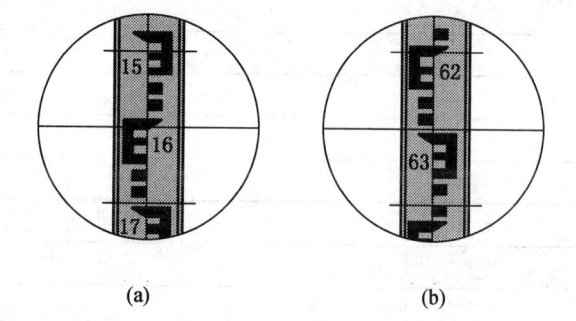

（a）　　　　　　　　　　（b）

（3）眼睛在目镜端上下移动，有时可看见十字丝的中丝与水准尺影像之间相对移动，这种现象叫视差，下列图（　　）中没有视差。

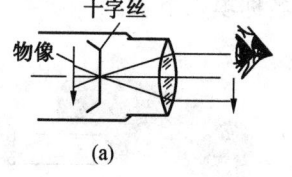
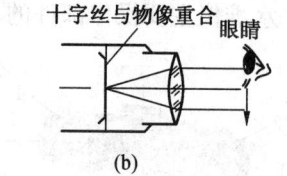

（a）　　　　　　　　　　（b）

（4）望远镜的视准轴是（　　）。

A. 目镜光心与物镜光心的连线　　　　B. 十字丝交点与物镜中心的连线

C. 十字丝交点与物镜光心的连线　　　　D. 目镜中心与物镜中心的连线

（5）应用水准仪时，使圆水准器和水准管气泡居中，作用是分别达到（　　）。

A. 视线水平和竖轴铅直　　　　B. 精确水平和粗略水平

C. 竖轴铅直和视线水平　　　　D. 粗略水平和横丝水平

（6）水准测量时，当后视读数为 1.223 m，前视读数为 1.974 m，则两点的高差为

（　　）。

  A. 0. 751 m      B. −0. 751 m      C. 3. 198 m      D. −3. 198 m

（7）将倾式水准仪主要操作部件的名称填入下表中。

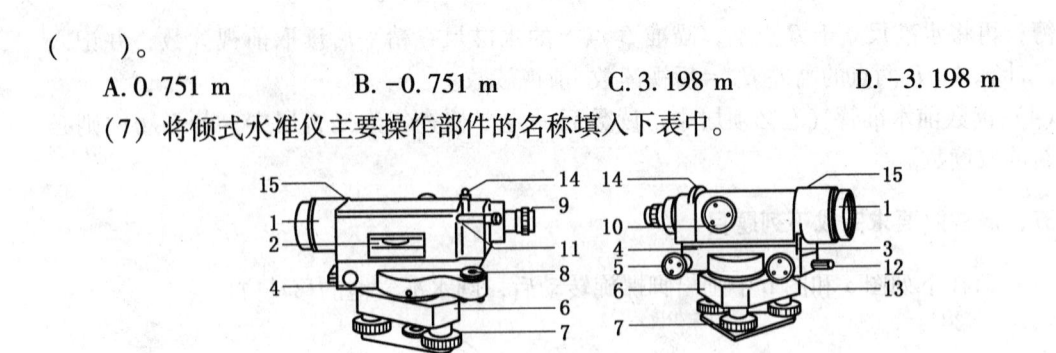

| 序　号 | 操作部件 | 作　　用 |
|---|---|---|
| 1 | | |
| 2 | | |
| 3 | | |
| 4 | | |
| 5 | | |
| 6 | | |
| 7 | | |
| 8 | | |
| 9 | | |
| 10 | | |
| 11 | | |
| 12 | | |
| 13 | | |
| 14 | | |
| 15 | | |

（8）将自动安平水准仪主要操作部件的名称填入下表。

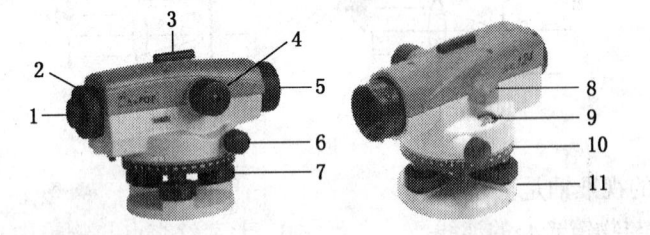

| 序　号 | 操作部件 | 作　　用 |
|---|---|---|
| 1 | | |
| 2 | | |
| 3 | | |

（续）

| 序 号 | 操作部件 | 作 用 |
|---|---|---|
| 4 | | |
| 5 | | |
| 6 | | |
| 7 | | |
| 8 | | |
| 9 | | |
| 10 | | |
| 11 | | |

（9）记录水准尺上读数。

| A 尺 | B 尺 | C 尺 |
|---|---|---|
| | | |
| | | |

（10）计算：

$A$ 点比 $B$ 点（高、低）_____ m；

$A$ 点比 $C$ 点（高、低）_____ m；

$B$ 点比 $C$ 点（高、低）_____ m；

假设 $C$ 点的高程 $H_C = 1.537$ m，则 $A$ 点和 $B$ 点的高程 $H_A =$ _____ m，$H_B =$ _____ m，在 $A$、$B$、$C$ 三点的高程分别为_____ m、_____ m、_____ m。

# 任务二　水准测量的方法及成果整理

任 务 概 述

各小组选择一条水准路线，水准仪安置在离前、后视点距离大致相等处，用中丝读取水准尺上的读数至毫米；独立完成观测、记录和计算，计算高差闭合差，并对观测成果进行整理，推算出待定点的高程。

相 关 知 识

## 一、水准点和水准路线

### （一）水准点

水准点是埋设稳固并通过水准测量测定其高程的点。水准测量一般是在两水准点之间进行，从已知高程的水准点出发测定待定水准点的高程。水准点有永久性水准点和临时性水准点两种。

永久性水准点一般用混凝土制成标石（图2-19），标石顶部嵌有半球形的耐腐蚀金属或其他材料制成的标芯，其顶部高程即代表该点的高程。水准点标石的埋设地点应选在地基稳固、地点隐蔽、能长期保存而又便于观测之处。标石有顶盖，一般露出地表；但等级较高的水准点应埋设于地表之下，使用时按指示标记开挖，用后再盖上。永久性水准点的金属标芯也可直接埋设在坚固稳定的永久性建筑物的墙脚上，称为墙上水准点。图2-20所示为其中的一种，其金属标芯为螺栓形式，使用时旋入基座螺母中；不用时，旋出并加盖以保护螺母孔。

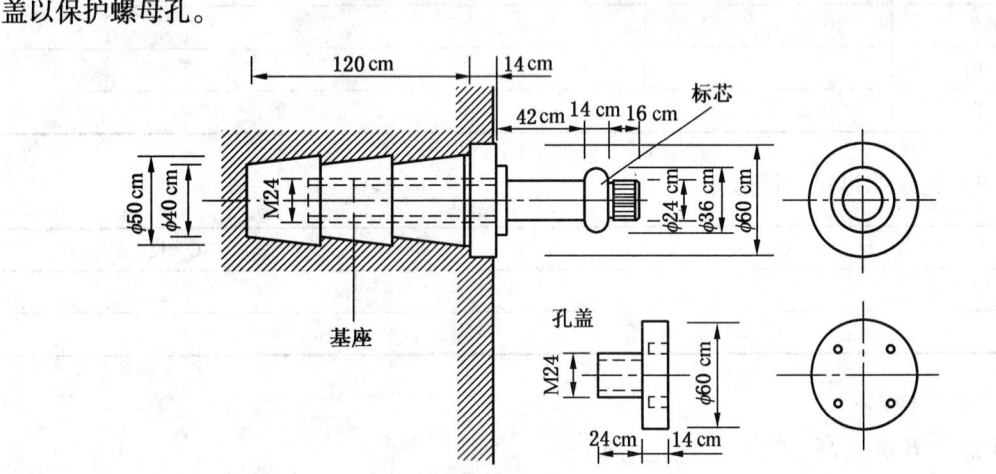

图2-19　墙上水准点埋设

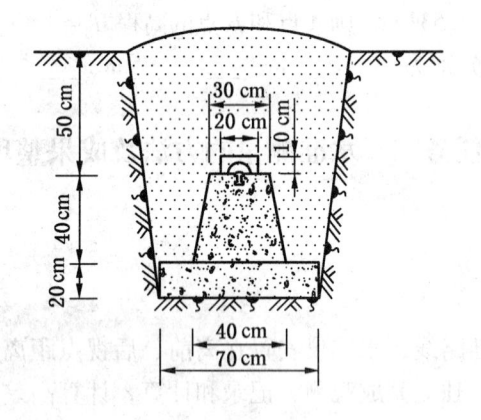

图2-20　水准点标石埋设

**（二）水准路线**

在水准点之间进行水准测量所经过的路线称为水准路线，两水准点之间的一段路线称为测段。按照已知高程水准点及待定点的分布情况和实际需要，水准路线有以下几种形式。

**1. 闭合水准路线**

例如，从某一已知高程的水准点 $BM_A$ 出发，沿高程待定水准点 1、2、3、4 的路线进行水准测量，最后仍回到 $BM_A$，称为闭合水准路线。如图2-21所示，沿这种线路进行水准测量，测得各相邻水准点之间的测段高差的总和在理论上应等于零，可以作为观测正确性的检核。闭合水准路线的高差观测值应满足条件：

$$\sum h_{理} = 0 \qquad (2\text{-}10)$$

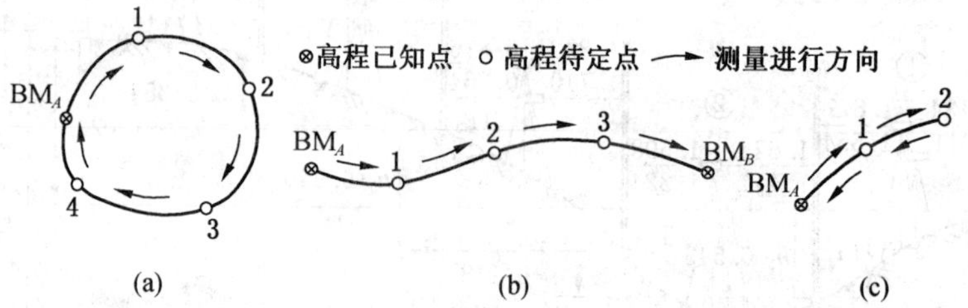

图 2-21　水准路线

2. 附合水准路线

例如，从一已知高程的水准点 $BM_A$ 出发，沿高程待定水准点 1、2、3 的路线进行水准测量，最后附合到另一高程已知的水准点 $BM_B$，称为附合水准路线，如图 2-21b 所示。沿这种路线进行的水准测量所测得各相邻水准点间的测段高差总和，应等于两端已知点的高差，可以作为观测正确性的检核。附合水准路线的高差观测值应满足条件：

$$\sum h_{理} = H_{终} - H_{始} \qquad (2\text{-}11)$$

3. 支水准路线

例如，从一个已知高程的水准点 $BM_A$ 出发，沿高程待定水准点 1、2 路线进行水准测量，其路线既不闭合又不附合，称为支水准路线，如图 2-21c 所示。支水准路线因为缺少检核，水准测量需要进行往返观测，则往测高差总和与返测高差总和在理论上其绝对值应该相等而符号相反，可以作为观测正确性的检核。支水准路线往、返测高差总和应满足条件：

$$\sum h_{往} + \sum h_{返} = 0 \qquad (2\text{-}12)$$

## 二、水准测量方法

水准点之间有一定距离（如城市三、四等水准点的间距一般为 2～4 km），因此从一个已知高程的水准点出发，必须用"连续水准测量"的方法，才能测定另一个待定水准点的高程。在进行连续水准测量时，若在其中任何一个测站上仪器操作有失误，或任何一次前视或后视水准尺上读数有错误，都会影响高差观测值的正确性。因此，在每一个测站的观测中，为了能及时发现观测中的错误，通常用两次仪器高法或双面尺法进行水准测量。

（一）两次仪器高法

在连续水准测量中，每一测站上用两次不同的高度（相差 10 cm）安置水准仪来测定前视、后视两点间的高差。据此检查观测和读数是否正确。

图 2-22 所示为用两次仪器高法进行水准测量的观测实例示意图。设已知水准点 $BM_A$ 的高程 $H_A = 13.428$ m，需要测定 $BM_B$ 的高程 $H_B$。观测数据的记录和计算见表 2-2。

水准测量从 $BM_A$ 出发至 $BM_B$，其中 $TP_1 \sim TP_4$ 为临时设置的转点。第一站，水准仪安

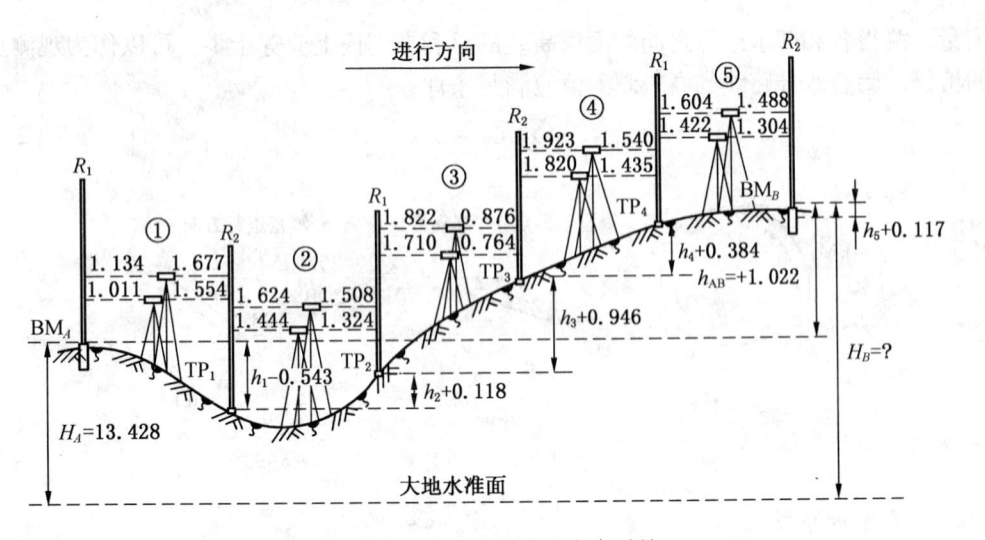

图 2-22　两次仪器高法水准测量

置在 $A$—1 两点之间，瞄准作为后视点 $BM_A$ 上的水准尺 $R_1$，仪器精平后，得后视读数 $a_1 =$ 1134，记入表 2-2 中 $BM_A$ 行的后视读数一栏；然后瞄准作为前视点 $TP_1$ 上的水准尺 $R_2$，重新精平仪器后，得前视读数 $b_1 = 1677$，记入 $TP_1$ 行中前视读数一栏，则第一次仪器高测得 $A$—1 间的高差 $h' = a_1 - b_1 = -0.543$ m，记入高差栏。重新安置水准仪（改变仪器高度 10 cm 以上），先瞄准前视点 $TP_1$，精平仪器后读数得 $b_2 = 1554$；再瞄准后视点 $BM_A$，精平仪器后读数得 $a_2 = 1011$，分别记入 $TP_1$ 的前视栏和 $BM_A$ 的后视栏；则第二次仪器高测得高差 $h'' = a_2 - b_2 = -0.543$ m，记入高差栏中。如果两次测得高差相差在 5 mm 以内，可取两次高差的平均值 $h_1 = -0.543$ m，记入平均高差栏。这样，完成第一个测站的观测、记录和计算工作。其瞄准水准尺和读数的次序为：后视—前视—前视—后视（可简写为：后—前—前—后）。

在第二测站，安置水准仪在 $TP_1$ 和 $TP_2$ 的中间，并将水准尺 $R_1$ 移置于 $TP_2$ 上；而在 $TP_1$ 上的水准尺 $R_2$ 仍留原处，但将尺面转向第二站的水准仪。观测程序与第一站完全相同，依次观测直至最后一站（本例为第 5 站）。

表 2-2　两次仪器高法水准测量记录

| 测站 | 点号 | 水准尺读数/mm | | 高差/m | 平均高差/m | 高程/m | 备注 |
|---|---|---|---|---|---|---|---|
| | | 后视 | 前视 | | | | |
| 1 | $BM_A$ | 1134 | | | | 13.428 | |
| | | 1011 | | | | | |
| | $TP_1$ | 1677 | | -0.543 | | | |
| | | | 1554 | -0.543 | -0.543 | | |
| 2 | $TP_1$ | 1444 | | | | | |
| | | 1624 | | | | | |
| | $TP_2$ | | 1324 | +0.120 | | | |
| | | | 1508 | +0.116 | +0.118 | | |

表 2-2（续）

| 测站 | 点号 | 水准尺读数/mm 后视 | 水准尺读数/mm 前视 | 高差/m | 平均高差/m | 高程/m | 备注 |
|---|---|---|---|---|---|---|---|
| 3 | $TP_2$ | 1822 | | | | | |
| | | 1710 | | | | | |
| | $TP_3$ | | 0876 | +0.946 | | | |
| | | | 0764 | +0.946 | +0.946 | | |
| 4 | $TP_3$ | 1820 | | | | | |
| | | 1923 | | | | | |
| | $TP_4$ | | 1435 | +0.385 | | | |
| | | | 1540 | +0.383 | +0.384 | | |
| 5 | $TP_4$ | 1422 | | | | | |
| | | 1604 | | | | | |
| | $BM_B$ | | 1304 | +0.118 | | | |
| | | | 1488 | +0.116 | +0.117 | 14.450 | |
| 检核计算 | $\sum_后 = 15.514$ $\sum_前 = 13.470$ $\sum_后 - \sum_前 = +2.044$ $(\sum_后 - \sum_前)/2 = +1.022$ | | | $\sum h = +2.044$ | $\sum h/2 = +1.022$ | | |

进行水准测量时，要求每一页记录纸都要进行检核计算，表 2-2 中最下面一行中的 $\sum_后 - \sum_前 = \sum h = +2.044$ m、$(\sum_后 - \sum_前)/2 = \sum h/2 = +1.022$ m 两式成立，则说明计算正确。最后计算 $BM_B$ 的高程 $H_B = 13.428 + 1.022 = 14.450$ m。

（二）双面尺法

用双面尺法进行水准测量时，需用有红、黑两面分划的水准尺，在每一测站上需要观测后视和前视水准尺的红、黑面读数，并需通过规定的检核。在每一测站上仪器经过粗平后的观测程序如下：

（1）瞄准后视点水准尺黑面分划—精平—读数。

（2）瞄准前视点水准尺黑面分划—精平—读数。

（3）瞄准前视点水准尺红面分划—精平—读数。

（4）瞄准后视点水准尺红面分划—精平—读数。

对于立尺点而言，其观测程序为"后—前—前—后"；对于尺面而言，其观测程序为"黑—黑—红—红"。每支双面水准尺的红面与黑面分划注字有一个零点差，对于后视读数或前视读数都可以进行一次检核，允许差数为 ±3 mm。根据前、后视尺的红黑面读数，分别计算红面高差和黑面高差，两个高差的允许差数为 ±5 mm，这也是一次检核。

表2-3 双面尺法水准测量记录表

| 测站 | 点号 | 水准尺读数/mm 后视 | 水准尺读数/mm 前视 | 高差/m | 平均高差/m | 改正后高差 | 高程/m | 备注 |
|---|---|---|---|---|---|---|---|---|
| 1 | $BM_A$ | 1125 | | | | | 3.688 | |
| | | 5911 | | | | | | |
| | $TP_1$ | | 0876 | +0.249 | | | | |
| | | | 5661 | +0.250 | +0.250 | | | |
| 2 | $TP_1$ | 1318 | | | | | | |
| | | 6103 | | | | | | |
| | $BM_B$ | | 1006 | +0.312 | | | | |
| | | | 5792 | +0.311 | +0.312 | +0.565 | 4.253 | |
| 3 | $BM_B$ | 0938 | | | | | | |
| | | 5724 | | | | | | |
| | $TP_2$ | | 1410 | −0.472 | | | | |
| | | | 6196 | −0.472 | −0.472 | | | |
| 4 | $TP_2$ | 1234 | | | | | | |
| | | 6023 | | | | | | |
| | $TP_4$ | | 1329 | −0.095 | | | | |
| | | | 6119 | −0.096 | −0.096 | −0.565 | 3.688 | |
| 检核计算 | $\sum_后=28.376$ $\sum_前=28.389$ $\sum_后-\sum_前=-0.013$ $(\sum_后-\sum_前)/2=-0.006$ | | | $\sum h=-0.013$ | $\sum h/2=$ −0.006 | | | |

表2-3是用双面尺法进行一条支水准路线的往、返水准测量的记录。从已知水准点 $BM_A$ 测至待定水准点 $BM_B$，所用双面水准尺的零点差为4787 mm；通过测站检核，取往、返测高差总和的平均值；最后计算待定点的高程。

**三、水准测量成果整理**

水准测量的观测记录需要按水准路线进行成果整理，包括高差闭合差计算、高差闭合差的分配和高程计算。

（一）高差闭合差计算

1. 闭合水准路线

如图2-21a所示，起点和终点为同一水准点（$BM_A$），路线的高差总和理论上应等于零，因此高差闭合差为

$$f_h = \sum h_测 - \sum h_理 = \sum h_测 \qquad (2-13)$$

2. 附合水准路线

如图2-21b所示，附合水准路线的起点和终点水准点（$BM_A$、$BM_B$）的高程（$H_始$、

$H_\text{终}$）为已知，则水准测量的高差总和应等于两已知点的高差，故其闭合差为

$$f_\text{h} = \sum h_\text{测} - (H_\text{终} - H_\text{始}) \tag{2-14}$$

3. 支水准路线

如图 2-21c 所示，支水准路线一般需要往、返观测，往测高差和返测高差应绝对值相等而符号相反，故支水准路线往、返观测的高差闭合差为

$$f_\text{h} = \sum h_\text{往} - \sum h_\text{返} \tag{2-15}$$

由于测量仪器的精密程度和观测者的分辨能力都有一定的限制，同时还受观测环境的影响，观测值中含有一定范围内的误差是不可避免的。各种水准路线的高差闭合差是水准测量存在观测误差的反映，如果在规定范围内，则认为精度合格，水准测量成果可用；否则，应返工重测，直至符合要求为止。允许的高差闭合差是根据研究误差产生的规律和实际工作需要而制定的。普通水准测量允许的高差闭合差规定为

$$f_\text{h} = \pm 40\sqrt{L} \tag{2-16}$$

式中　$L$——水准路线长度，km。

在山地或丘陵地区，当每千米水准路线中安置水准仪的测站数超过 16 站时，允许的高差闭合差可改用下式计算，即

$$f_\text{h} = \pm 12\sqrt{n} \tag{2-17}$$

式中　$n$——水准路线中的测站数。

（二）高差闭合差的分配和高程计算

当水准路线中的高差闭合差小于允许值时，可以进行高差闭合差的分配、高差改正和高程计算。对于闭合水准路线或附合水准路线，按与距离（或测站数）成正比的原则将高差闭合差反其符号进行分配，以改正各水准点间测段的高差，使各测段的高差总和满足理论值，然后按改正后的测段高差计算各待定水准点的高程。对于支水准路线，则取往、返测高差绝对值的平均值，而正负号则取往测高差的符号作为改正后的高差，见表 2-4 中的计算。

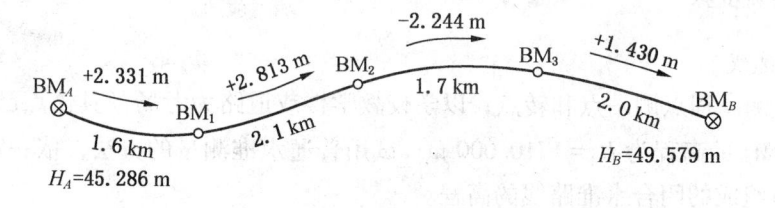

图 2-23　附合水准路线观测成果略图

图 2-23 所示为某附合水准路线观测成果略图。图中 $BM_A$ 和 $BM_B$ 为高程已知的水准点，$BM_1$、$BM_2$ 和 $BM_3$ 为高程待定的水准点，箭头线表示水准测量进行的方向，路线上方的数字为观测的测段高差，下方的数字为测段长度。该水准路线的成果整理在表 2-4 中进行。按式（2-17）计算的高差闭合差为+37 mm，按式（2-16）计算的允许高差闭合差为±109 mm，闭合差在允许范围内可以进行闭合差的分配；按路线的高差闭合差（反其符号）除以路线总长，得到每千米的高差改正数-5 mm/km，再乘以各测段长度得到各测段的高差改正值；按改正后的高差计算各待定水准点的高程。

表 2-4　水准测量成果整理

| 点　号 | 距离/km | 测段观测高差/m | 高差改正值/m | 改正后高差/m | 高程/m |
|---|---|---|---|---|---|
| BM$_A$、BM$_1$、BM$_2$、<br>BM$_3$、BM$_B$ | | | | | 45.286 |
| | 1.6 | +2.331 | −0.008 | +2.333 | 47.609 |
| | 2.1 | +2.813 | −0.011 | +2.802 | 50.411 |
| | 1.7 | −2.244 | −0.008 | −2.252 | 48.159 |
| | 2.0 | +1.430 | −0.010 | +1.420 | 49.579 |
| Σ | 7.4 | +4.330 | −0.037 | +4.293 | |

$$\sum h_{理} = H_B - H_A = 49.579 - 45.286 = +4.293 \text{ m}$$

$$f_h = \sum h - (H_B - H_A) = +4.330 - 4.293 = +37 \text{ mm}$$

$$f_{h允} = \pm 40\sqrt{L} = \pm 40\sqrt{7.4} = \pm 109 \text{ mm}$$

$$每千米路线高差改正值 = f_h/2 = (-37/7.4) = -5 \text{ mm/km}$$

任 务 实 施

**一、技能目标**

进一步熟悉水准仪的构造及使用，学会普通水准测量的操作步骤，掌握普通水准测量的方法和技术要求。施测一闭合水准线路，并计算其闭合差。

**二、实训器具**

DS$_3$ 型水准仪 1 台、水准尺 2 个、记录板 1 块、记录纸 5 张、HB 铅笔 2 支、小刀 1 把、草稿纸若干张。

**三、实训步骤**

（一）选线

选取待测高程点测站点和转点；以学校教学楼或道路为考场（具体点已经给出），已知水准点 BM$_A$ 的高程为 $H_A = 1710.000$ m。试用普通水准测量的方法，依一定顺序测出由 $A$、$B$、$C$ 所组成的闭合水准路线的高程。

（二）观测

1. 第一站观测

（1）在已知点 BM$_A$ 与转点 TP$_1$ 之间选取测站点，安置仪器并粗平。

（2）瞄准后视尺（本站为 BM$_A$ 点上的水准尺），精平后读取中丝读数（即后视读数），记入观测手簿。

（3）瞄准前视尺（本站为 TP$_1$ 点上的水准尺），精平后读取中丝读数（即前视读数），记入观测手簿。

（4）计算测站高差为本站高差，并记入观测手簿。

2. 后续观测

将仪器搬至 TP$_1$ 点和 B 点之间进行第二站观测，方法同上；同法，连续设站观测，最后测至 BM$_B$ 点。

（三）检核计算

$$\sum a - \sum b = \sum h$$

（四）高差闭合差的计算与调整

略。

## 四、注意事项

（1）前后视距差不得大于 3 m，累积视距差不得超过 10 m，仪器按在两水准尺的中间。

（2）水准尺必须立直。尺子的左、右倾斜，观测者在望远镜中根据纵丝可以发觉；而尺子的前后倾斜则不易发觉，立尺者应注意。

（3）瞄准目标时，注意消除视差。

（4）测量的时候，每一站都要得出结果才能迁站；仪器迁站时，应保护前视尺垫。在已知高程点和待定高程点上，不能放置尺垫。

（5）在道路上测量时应避开车辆。

## 五、上交资料

（1）每人上交合格记录成果（表2-5）1 份。

（2）每人上交实训报告 1 份。

表2-5 水准测量成果计算表

| 测点 | 水准尺读数/m | | 高差 h/m | | 高程/m | 备 注 |
|---|---|---|---|---|---|---|
| | 后视 a | 前视 b | + | − | | |
| A | | | — | — | | 起点高程设为 1710.000 m |
| B | | | | | | |
| C | | | | | | |
| A | | | | | | |
| | | | — | — | | |
| Σ | | | | | | |
| 计算校核 | | | $\sum a - \sum b =$ | | $\sum h =$ | |
| 水准路线略图 | | | | | | |

# 任务三　水准仪的检验与校正

**任 务 概 述**

　　根据水准测量的原理，水准仪必须能提供一条水平视线，才能正确地测出两点间的高差，从而由已知点高程推求未知点高程。水准仪出厂时各轴线间所具有的几何关系是经过严格检校的，确保仪器能提供一条水平视线，使仪器处于正常状态；但由于仪器在长期使用和运输过程中受到震动等原因，各轴线间的关系发生变化，使仪器处于非正常使用状态。因此，为了确保仪器观测数据的准确，我国现行建筑法规规定，仪器首次使用之前以及仪器首次进入施工现场之前必须进行检定，两次检定时间间隔不能超过国家规定的强制检定周期。水准仪的强制检定周期为一年。

**相 关 知 识**

　　水准仪检验就是查明仪器各轴线是否满足应有的几何条件，只有这样水准仪才能真正提供一条水平视线，正确地测定两点间的高差。如果不满足几何条件，且超出规定的范围，则应进行仪器校正，所以校正的目的是使仪器各轴线满足应有的几何条件。此外，水准仪还设置了一个便于操作的圆水准器，利用它使水准仪初步安平。水准仪的主要轴线如图 2-24 所示。

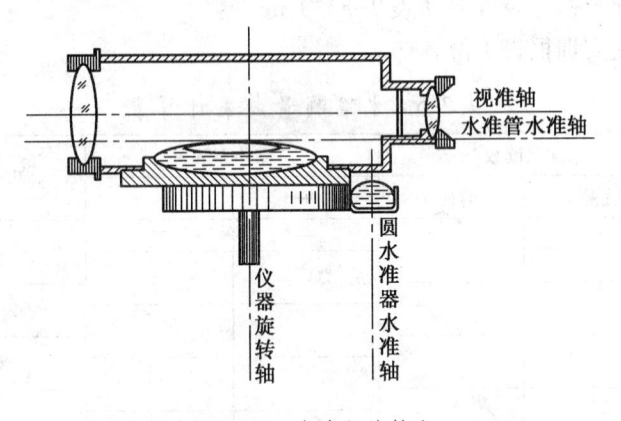

图 2-24　水准仪的轴线

## 一、水准仪应满足的条件

### 1. 主要条件

　　其主要条件包括：一是水准管的水准轴应与望远镜的视准轴平行（微倾式水准仪）或水平视线与望远镜的视准轴平行（自动安平水准仪 DSZ）；二是望远镜的视准轴不因调焦而变动位置。

　　第一个主要条件的要求如果不满足，那么水准测量时水准管气泡居中后，即为水准轴已经水平，而视准轴却未水平，不符合水准测量基本原理的要求。因此，必须严格检校。

第二个主要条件是为满足第一个条件而提出的。如果望远镜在调焦时视准轴位置发生变动，就不能保证所有视线都能够与一条固定不变的水准管轴平行。在水准测量中望远镜的调焦是绝不可免的，因此必须提出此项要求。

2. 次要条件

其次要条件包括：一是圆水准器的水准轴应与水准仪的旋转轴（竖轴）平行；二是十字丝的横丝应当垂直于仪器的旋转轴（竖轴）。

第一个次要条件的目的在于能迅速地安置好仪器，提高作业速度。也就是当圆水准器的气泡居中时，仪器的旋转轴已处于竖直的状态，使仪器旋转至任何位置都易于导致水准管气泡的居中。

第二个次要条件的目的是当仪器旋转轴已经竖直，那么在水准尺上的读数可以不必严格用十字丝的交点，而可以用交点附近的横丝。

### 二、水准仪的检验与校正

上述第二个主要条件，在于装置望远镜的透镜组和十字丝的位置是否正确，其中又以移动调焦透镜的机械结构的质量为主要因素，因此一般由厂方保证。对用于国家三、四等及普通水准测量的水准仪，应经常检验第一个主要条件和两个次要条件。对用于国家一、二等水准测量的精密水准仪尚应定期对第二个主要条件进行检验。本节只讲述第一个主要条件和两个次要条件的检验原理、检验和校正方法。

检验、校正的顺序应按下述原则进行：前面检验的项目不受后面检验项目的影响。

（一）圆水准器的水准轴应与仪器的旋转轴竖轴平行的检验与校正

1. 检验原理

如图 2-25 所示，设圆水准轴 $L'L'$ 不平行于竖轴 $VV$，两者的夹角为 $\alpha$，当转动脚螺旋使圆气泡居中时，则圆水准轴 $L'L'$ 处于铅垂方向，但竖轴 $VV$ 倾斜了一个 $\alpha$ 角，如图 2-25a 所示。当仪器绕竖轴旋转 180° 后，竖轴仍处于倾斜 $\alpha$ 角的位置，水准器中的液体受重力的作用气泡将恒处于最高处，而圆水准轴转到竖轴的另一侧，但与竖轴 $VV$ 的夹角 $\alpha$ 不变，这样圆水准轴 $L'L'$ 相对于铅垂方向就倾斜了 2 倍的 $\alpha$ 角，如图 2-25b 所示。此时，圆气泡偏离圆心（零点）的弧长所对的圆心角为 $2\alpha$，因为仪器竖轴相对于铅垂方向倾斜 $\alpha$ 角，所以此时调节脚螺旋使圆气泡向中心移动偏离值一半的距离时竖轴即处于铅垂位置

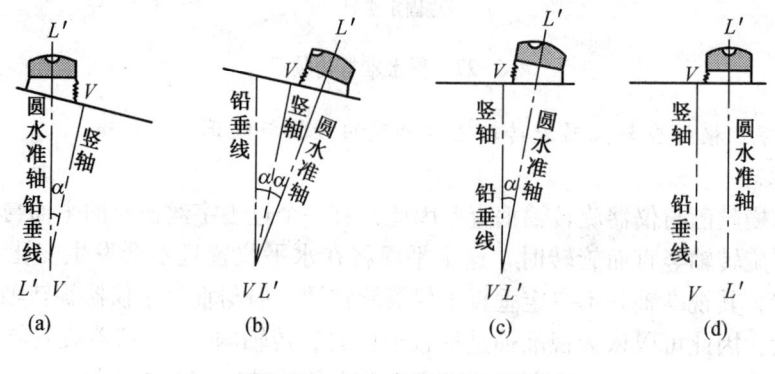

图 2-25　圆水准器的校正原理

（图2-25c），然后再拨动圆水准器校正螺丝校正另一半偏离值使气泡居中，从而使圆水准轴也处于铅垂位置，达到圆水准轴 $L'L'$ 平行于竖轴 $VV$ 的目的，如图2-25d所示。

2. 检验方法

安置水准仪后，先用脚螺旋将圆水准器气泡居中，然后将仪器旋转180°，若气泡仍在居中位置，则表明此项条件满足，不必校正。若圆气泡偏离了中心，则表明该几何条件不满足，需要进行校正。根据上述检验原理可知，气泡偏移的长度代表了仪器旋转轴竖轴和水准轴的交角的2倍。

3. 校正

仪器旋转180°后气泡位置发生偏离（图2-26a），此时水准仪不动，旋转脚螺旋使圆气泡向圆水准器中心方向移动偏离值的一半，如图2-26b所示中粗线圆圈处，然后用校正针先稍松动一下圆水准器底下中间一个大一点的固定螺丝（图2-27），再分别拨动圆水准器底下的三个校正螺丝使圆气泡居中，如图2-26c所示。校正完毕后，应记住把中间一个连接固定螺丝再旋紧。当望远镜瞄准任何方向气泡始终居中时，说明水准轴应与旋转轴已平行，校正工作完成。校正一般需要反复进行几次，直至仪器旋转到任何位置圆水准气泡都居中为止。对于自动安平的水准仪，此时其补偿器已处于正常工作范围内。

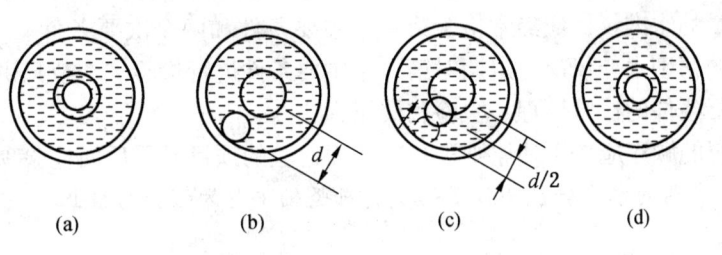

图2-26　圆水准器的检验与校正

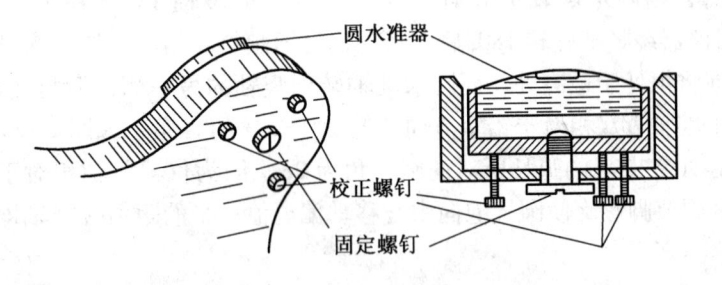

图2-27　圆水准器的校正

（二）十字丝横丝应与仪器旋转轴竖轴垂直的检验与校正

1. 检验原理

设十字丝横丝已与仪器旋转轴垂直，因此必有一个过十字丝横丝的平面与仪器旋转轴垂直。当仪器旋转轴竖直而旋转时，这个平面将在水平位置且不会发生变化（具有微倾螺旋的水准仪，其视准轴并不一定垂直于仪器旋转轴，但与垂直于仪器旋转轴平面的偏差角却不会太大，因此可以认为视准轴是垂直于仪器旋转轴的）。当仪器旋转轴铅垂时，十字丝横丝应水平，则用横丝的不同部分在水准尺上的读数应该是相同的。

如果十字丝横丝与视准轴组成的平面垂直于仪器旋转轴，则条件得到满足；反之，若此平面不垂直于仪器旋转轴，因此条件就不满足，需要校正。当此项误差不明显时，一般可不进行校正，因为施测时总是利用横丝的中央部分读数。

2. 检验方法

安置整平仪器后，先用十字丝横丝的一端瞄准一个点 A（图 2-28a），然后固定制动螺旋，用水平微动螺旋缓慢地转动望远镜，观察 A 点在视场中的移动轨迹。如果 A 点始终不离开横丝，则说明十字丝的横丝垂直于仪器旋转轴，不需要校正；否则需要校正（图 2-28b），说明横丝没有和仪器旋转轴垂直，而是这条虚线的位置与仪器旋转轴垂直。

3. 校正

校正方法因十字丝装置的形式不同而异。如图 2-28c 所示，对装置了十字丝分划板座的水准仪，松开十字丝分划板座的固定螺丝，转动十字丝分划板座，让横丝与图 2-28b 中所示的虚线重合或平行即可。由于这条虚线是 A 点在视场中的移动轨迹，并没有一个实在的线划，所以转动十字丝分划板座的方向时转向 A 点，转动度数凭估计进行。

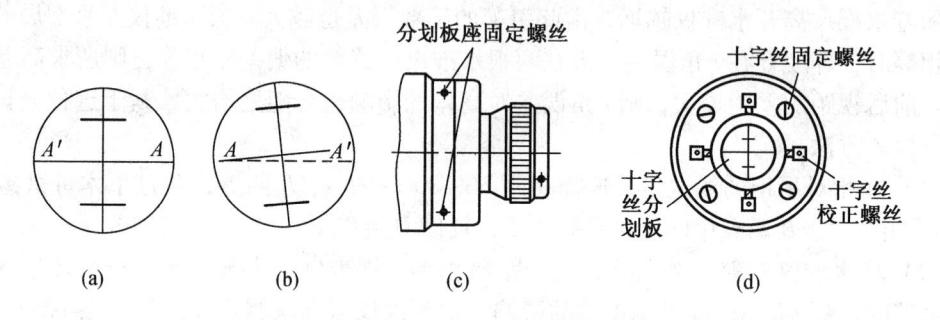

图 2-28  十字丝的检验与校正

对如图 2-28d 所示的形式，需旋下目镜端的十字丝环外罩，用螺丝刀松开十字丝环的 4 个固定螺丝，按中丝倾斜的反方向小心地转动十字丝环，直至中丝水平，再重复检验，最后固紧十字丝环的固定螺丝，旋上十字丝环外罩。

（三）望远镜视准轴与水准管的水准轴平行的检验与校正（微倾式水准仪）

水平视线与望远镜的视准轴平行（自动安平水准仪 DSZ 视线水平度）。望远镜视准轴和水准管水准轴如果互相平行，则水准轴水平后视准轴也是水平的，满足水准测量基本原理的要求，否则需要校正。

1. 检验原理与方法

设水准管轴不平行于视准轴，它们在竖直面内投影的夹角为 $i$，称为 $i$ 角误差，如图 2-29 所示（设 $D_A = s$）。当水准管气泡居中时，视准轴相对于水平线方向向上（有时向下）倾斜了 $i$ 角，则视线（视准轴）在尺上读数偏差 $x = s \cdot \tan i$，一般 $i$ 角都很小，根据圆心角与弧长的关系有：

$$x = s \cdot \frac{i}{\rho} \tag{2-18}$$

因此有：

$$i = \frac{x}{s} \cdot \rho \tag{2-19}$$

弧长等于圆半径的圆弧所对的圆心角称为一个弧度。1 弧度角度换算为秒数值为

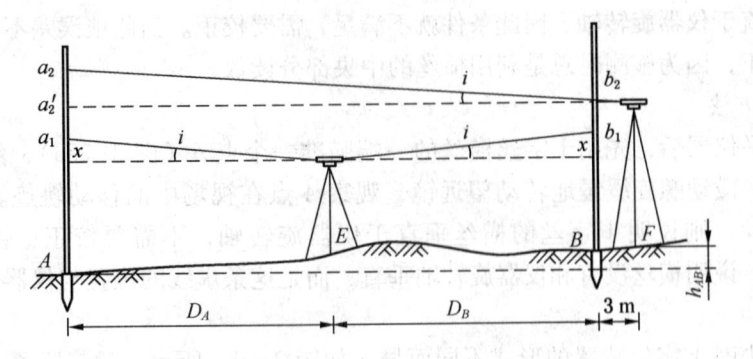

图 2-29  水准管轴平行于视准轴的检验

$$\rho = \frac{180°}{\pi} \times 3600'' = 206265'' = 57.3° = 57°17'44''.8$$

随着水准尺离开水准仪越远，由此引起的读数误差也越大。当水准仪至水准尺的前后视距相等时，即使存在 $i$ 角误差，因在两根水准尺上读数的偏差 $x$ 相等，则所求高差不受影响。前后视距的差距增大，则 $i$ 角误差对高差的影响也会随之增大。基于这种分析，提出如下检验方法：

（1）在相对平坦的场地上，选择相距 60～80 m 的 $A$、$B$ 两点，并打下木桩（或安放尺垫），并在 $A$、$B$ 两点中间处选择一点 $E$，且使 $D_A = D_B$。

（2）将水准仪安置于 $E$ 点处，由于距离相等，视准轴与水准轴不平行所产生的高差误差可消除，故 $h_{AB}$ 不受视准轴误差的影响。用两次仪器高法测定 $A$、$B$ 两点高差 $h_{AB}$，若两次测得高差之差不超过 3 mm，则取平均值作为最后结果。

（3）将水准仪设置在靠近 $B$ 点约距 3 m 处 $F$ 点（$A$、$B$ 两点内外侧均可），精平仪器后，瞄准 $B$ 点水准尺，读数为 $b_2$；再瞄准 $A$ 点水准尺，读数为 $a_2$，则 $A$、$B$ 间高差 $h'_{AB} = a_2 - b_2$。若 $h'_{AB} = h_{AB}$，则表明水准管轴平行于视准轴，几何条件满足。若 $h'_{AB} \neq h_{AB}$，则按下述公式计算 $i$ 角秒值：

$$i = \frac{h'_{AB} - h_{AB}}{D_{AF}} \cdot \rho \qquad\qquad (2-20)$$

根据国家现行《工程测量规范》规定，水准仪 $i$ 角绝对值应满足 $DS_1$ 型不应超过 15″、$DS_3$ 型不应超过 20″；否则，需要进行校正。

2. 校正方法

校正工作应紧接着检验工作进行，即不要搬动水准仪，先算出视线在 $A$ 尺（远尺）上的正确读数 $a'_2 = b_2 + h_{AB}$（因仪器离 $B$ 点很近，两轴不平行引起的读数误差可忽略不计）。

当 $A$ 尺上的实测读数 $a_2 > a'_2$ 时，说明视线向上倾斜；反之向下倾斜。

（1）对微倾式水准仪，用微倾螺旋使读数（十字丝横丝）对准 $a'_2$，此时附合水准管气泡将不再居中，但视线已处于水平位置。用校正针拨动位于目镜端的水准管上、下两个校正螺丝（图 2-30、图 2-31），使附合水准气泡严密居中。此时，水准管轴也处于水平位置，达到了水准管轴平行于视准轴的要求。

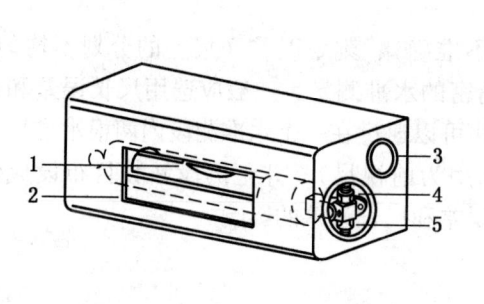

1—水准管；2—水准管照明窗；3—气泡观测窗；
4—上校正螺丝；5—下校正螺丝

图 2-30　水准管校正螺丝

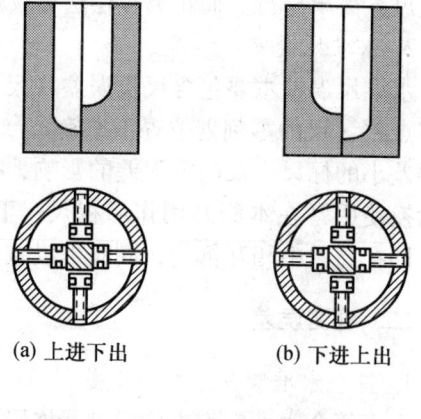

(a) 上进下出　　　(b) 下进上出

图 2-31　水准管校正螺丝的转动规则

校正时，应先稍松动左右两个校正螺丝，再根据气泡偏离情况遵循"先松后紧"规则，拨动上、下两个校正螺丝使符合气泡居中，校正完毕后再重新固紧左右两个校正螺丝。此项检验与校正往往重复进行多次，直至符合规范要求为止。

（2）对自动安平水准仪，视线校正可通过分划板微量移动加以校正，旋开护盖调整螺钉，直至十字丝横丝位于计算出的 A 尺（远尺）正确读数 $a'_2$ 为止。

快速判断检测结果是否合格速算方法：根据水准仪 $i$ 角限差应满足 $DS_1$ 型不应超过 15″、$DS_3$ 型不应超过 20″的规定，依公式 $h'_{AB} - h_{AB} = \dfrac{i}{\rho} \cdot D_{AF}$，反算差值 $h'_{AB} - h_{AB} = \dfrac{i}{\rho} \cdot D_{AF}$ 的合格限差见表 2-6。

表 2-6　据 $i$ 角限差速算 $h'_{AB} - h_{AB}$ 限差举例表

| $i$ 角限差 | 仪器安置在离近尺 3 m 处，$h'_{AB} - h_{AB}$ 最大可以不校正的限差值 | | | |
|---|---|---|---|---|
| | 仪器至远尺距离（两点连线内侧） | | 仪器至远尺距离（两点连线外侧） | |
| ≤15″（$DS_1$） | 80-3＝77 m | 5.60 mm | 80+3＝83 m | 6.04 mm |
| | 60-3＝57 m | 4.14 mm | 60+3＝63 m | 4.58 mm |
| ≤20″（$DS_3$） | 80-3＝77 m | 7.47 mm | 80+3＝83 m | 8.05 mm |
| | 60-3＝57 m | 5.53 mm | 60+3＝63 m | 6.11 mm |

## 拓 展 提 高

### 一、仪器误差

1. 水准仪校正后的误差

仪器虽在测量前经过校正，仍会存在残余误差，因此造成水准管气泡居中，水准管轴居于水平位置而望远镜视准轴却发生倾斜，致使读数误差。这种误差与视距长度成正比。观测时可通过中间法（前后视距相等）和距离补偿法（前视距离和等于后视距离总和）消除。针对中间法在实际过程中的控制，立尺人是关键，通过应用普通皮尺测量距离，然后立尺，简单易行。而距离补偿法不仅烦琐，并且不容易掌握。

2. 水准尺误差

水准尺误差主要包含尺长误差（尺子长度不准确）、刻划误差（尺上的分划不均匀）和零点差（尺的零刻划位置不准确），对于较精密的水准测量，一般应选用尺长误差和刻划误差小的标尺。尺的零误差的影响，控制方法可以通过在一个水准测段内两根水准尺交替轮换使用（在本测站用作后视尺，下测站则用为前视尺），并把测段站数目布设成偶数，即在高差中相互抵消，同时可以减弱刻划误差和尺长误差的影响。

## 二、观测误差

1. 符合水准管气泡居中误差

由于符合水准气泡未能做到严格居中，造成望远镜视准轴倾斜，产生读数误差。读数误差的大小的水准管的灵敏度有关，主要是水准管分划值 $\tau$ 的大小。此外，读数误差与视线长度成正比。水准管居中误差一般认为是 $0.15\tau$，根据公式 $m_{居} = 0.075\tau D/\rho$，DS$_3$ 级水准仪水准管的分划值一般为 $20''$，视线长度 $D = 75$ m，$\rho = 206265''$，那么 $m_{居} = 0.3$ mm。由此看来，只要观测时符合水准管气泡能够认真仔细进行居中，且对视线长度加以限制，与中间法一致，此误差可以消除。

2. 水准尺估读误差

在水准尺上估读毫米时，估读误差与测量人员眼的分辨能力、望远镜的放大倍率以及视线长度有关。因此，在水准测量时，要根据测量的精度要求严格控制视线长度。

3. 视差误差

当尺像与十字丝平面不重合时，观测时眼睛所在的位置不同则读出的数也不同，所以产生读数误差。因此，在每次读数前，控制方法就是要仔细进行物镜对光，以消除视差。

4. 水准尺的倾斜误差

水准尺如果是向视线的左右倾斜，观测时通过望远镜十字丝很容易察觉而纠正。但是，如果水准尺的倾斜方向与视线方向一致，则不易察觉。水准尺倾斜总是使读数偏大。读数误差的大小与水准尺倾斜角和读数的大小（即视线距地面的高度）有关。水准尺的倾斜角越大，对读数的影响就越大；读数越大，对读数的影响就越大，水准尺的倾斜角所产生的读数误差可以用公式 $\Delta a = a(1 - \cos\gamma)$ 计算。假定 $\gamma = 3°$、$a = 1.5$ m 时，则 $\Delta a = 2$ mm，由此可以看出此项影响是不可忽视的。因此，在水准测量中，立尺是一项十分重要的工作，一定要认真立尺，使尺处于铅垂位置。尺上有圆水准的应使气泡居中。必要时可用摇尺法，即读数时尺底置于点上，尺的上部在视线方向前后慢慢摇动，读取最小的读数。当地面坡度较大时，尤其应注意将尺子扶直，并应限制尺的最大读数。

## 三、外界条件的影响

1. 仪器下沉

仪器下沉是指在一测站上读的后视读数和前视读数之间仪器发生下沉，使得前视读数减小，计算得的高差增大。为减小其影响，当采用双面尺法或变更仪器高法时，第一次是读后视读数再读前视读数，而第二次则先读前视读数再读后视读数。即"后—前—前—后"的观测程序。这样的两次高差的平均值即可消除或减弱仪器下沉的影响。

## 2. 水准尺下沉

水准尺下沉的误差是指仪器在迁站过程中，转点发生下沉，使迁站后的后视读数增大，计算得的高差也增大。如果采取往返测，往测高差增大，返测高差减小，所以取往返高差的平均值，可以减弱水准尺下沉的影响。其最有效的方法是应用尺垫，在转点的地方必须放置尺垫并将其踩实，以防水准尺在观测过程中下沉。

## 3. 地球曲率及大气折光的影响

用水平面代替水准面对高程的影响，可以用公式 $\Delta h = D_2/(2R)$ 表示，地球半径 $R = 6371$ km，当 $D = 75$ m 时，$\Delta h = 0.44$ cm；当 $D = 100$ m 时，$\Delta h = 0.08$ cm；当 $D = 500$ m 时，$\Delta h = 2$ cm；当 $D = 1$ km 时，$\Delta h = 8$ cm；当 $D = 2$ km 时，$\Delta h = 31$ cm；显然，以水平面代替水准面时高程所产生的误差要远大于测量高程的误差。所以，对于高程而言，即使距离很短，也不能将水准面当作水平面，一定要考虑地球曲率对高程的影响，实测中采用中间法可消除。大气折光使视线成为一条曲率约为地球半径 7 倍的曲线，使读数减小，可以用公式 $\Delta h = D_2/(14R)$ 表示，视线离地面越近，折射越大，因此视线距离地面的角度不应小于 0.3 m，并且其影响也可用中间法消除或减弱。此外，应选择有利的时间，一天中上午 10 时至下午 4 时这段时间大气比较稳定，大气折光的影响较小；但在中午前后观测时，尺像会有跳动，影响读数，应避开这段时间；阴天、有微风的天气可全天观测。

## 4. 温度影响

温度的变化不仅引起大气折光的变化，而且当烈日照射水准管时，由于管壁和管内液体的受热不均，气泡向着温度更高的方向移动，从而影响仪器的水平，产生气泡居中误差。因此，在阳光强烈水准测量时，应注意撑伞遮阳。

## 任务实施

### 一、技能目标

掌握微倾式水准仪十字丝横丝的检验与校正，管水准器的检验与校正，圆水准器的检验与校正。

### 二、实训器具

微倾式水准仪 1 台、水准尺 1 对、校正针、螺丝刀、尺垫 2 个、纸、笔及计算器。

### 三、实训步骤

（一）DS$_3$ 微倾式水准仪

1. 圆水准轴平行于仪器旋转轴的检验与校正

1）检验方法

安置水准仪后，转动脚螺旋使圆水准器气泡居中，然后将仪器旋转 180°，如果气泡仍居中，则表示该几何条件满足，不必校正；否则须进行校正。

2）校正方法

水准仪不动，旋转脚螺旋，使气泡向圆水准器中心方向移动偏移量的一半，然后先稍松动圆水准器底部的固定螺丝，按整平圆水准器的方法，分别用校正针拨动圆水准器底部的三个校正螺丝，使圆气泡居中。重复上述步骤，直至仪器旋转至任何方向圆水准气泡都居中为止。最后，把底部固定螺丝旋紧。

2. 十字丝横丝垂直于仪器旋转轴的检验与校正

1）检验方法

安置水准仪整平后，用十字丝横丝一端瞄准一明显标志，拧紧制动螺旋，缓慢转动微动螺旋，如果标志始终在横丝上移动，则表示十字丝横丝垂直于仪器旋转轴，否则需要校正。

2）校正方法

旋下目镜端十字丝环外罩，用小螺丝刀松开十字丝环的4个固定螺丝，按横丝倾斜的反方向小心转动十字丝环，使横丝水平（转动微动螺旋，标志在横丝上移动）；再重复检验，直至满足条件为止；最后固紧十字丝环的固定螺丝，旋上十字丝环外罩。

3. 水准管轴平行于视准轴的检验与校正

1）检验方法

在平坦地面上选择相距约80 m的$A$、$B$两点（可打下木桩或安放尺垫）；将水准仪安置于距$A$、$B$两点等距处，分别在$A$、$B$两点上竖立水准尺，读数为$a_1$、$b_1$，求得$A$、$B$两点间正确高差为

$$h_{AB} = a_1 - b_1$$

为确保观测的正确性，可用两次仪器高法（或双面尺法）测定高差$h_{AB}$，若两次测得高差之差不超过3 mm，则取平均值作为$A$、$B$两点间正确高差。将水准仪搬到靠近$B$点处（距$B$点约3 m），测得$A$、$B$点水准尺读数分别为$a_2$、$b_2$，则$A$、$B$间高差$h'_{AB}$为

$$h'_{AB} = a_2 - b_2$$

若$h'_{AB} = h_{AB}$，则表明水准管轴平行于视准轴，几何条件满足。若$h'_{AB} \neq h_{AB}$，则$h'_{AB}$中有$i$角的影响。如果$i$角超过$\pm 20''$，则需要进行校正。计算$i$角的公式为

$$i = \frac{h'_{AB} - h_{AB}}{D_{AB}} \cdot \rho$$

式中　$D_{AB}$——$A$、$B$两点间距离。

2）校正方法

水准仪不动，计算$i$角对$A$点尺读数的影响$x_A$和视线水平时$A$点尺上应有的正确读数$a'$，即

$$x_A = \frac{i}{\rho} D_A$$

$$a'_2 = a_2 - x_A$$

式中　$D_A$——仪器至$A$点的距离。

校正方法有两种：

（1）校正水准管。瞄准$A$尺，旋转微倾螺旋，使十字丝中丝对准尺上的正确读数$a'$，此时符合水准气泡不居中，但视准轴已水平；用校正针拨动位于目镜端的水准管上、下两个校正螺丝，使符合水准气泡居中。此时，水准管轴也处于水平位置，达到了水准管轴平行于视准轴的要求。校正时，应先稍松动左右两个校正螺丝。校正完毕后，应将左右两个

校正螺丝固紧。

（2）校正十字丝、卸下十字丝分划板外罩，用校正针拨动上、下两个校正螺丝，移动横丝使其对准 $A$ 点尺上的正确读数 $a'_2$。校正时要保持水准管气泡居中，最后旋上十字丝分划板外罩。

对于自动安平水准仪，做此项检校时，只能采用校正十字丝的方法。

（二）数字水准仪 $i$ 角检验与校正

1. 数字水准仪 $i$ 角的检验

（1）在相距约 80 m 的两个水准点上分别架设条码标尺，将仪器分别架设于两标尺之间大约 20 m、30 m、40 m、50 m、60 m 处，分别用水准仪瞄准两个标尺，记录视距和高度读数。

（2）根据公式计算出 $i$ 角的测试结果。

2. 校正

略。

## 四、注意事项

（1）检验、校正项目要按规定的顺序进行，不能任意颠倒。

（2）转动校正螺丝时应先松后紧，每次松紧的调节范围要小。校正完毕，校正螺丝应处于稍紧状态。

## 五、上交资料

测量实验报告（含表 2-7、水准仪检验与校正记录表）。

表 2-7  水准仪检验与校正记录表

仪器编号：　　　　　　　　　　班组：　　　　　　　　　　检验者：
检验日期：　　　　　　　　　　　　　　　　　　　　　　　记录者：

| 检　验　项　目 | | 检　验　结　果 | | |
|---|---|---|---|---|
| 一般性检验 | 三脚架是否牢固 | | | |
| | 制动与微动螺旋是否有效 | | | |
| | 微倾螺旋是否有效 | | | |
| | 调焦螺旋是否有效 | | | |
| | 脚螺旋是否有效 | | | |
| | 望远镜成像是否清晰 | | | |
| 圆水准器的检验 | 用 虚 线 圆 圈 标 示 气 泡 位 置 | | | |
| | 仪器整平后 | 仪器旋转 180° 后 | 用脚螺旋调整后 | 用校正针调整后 |
| | ◎ | ◎ | ◎ | ◎ |

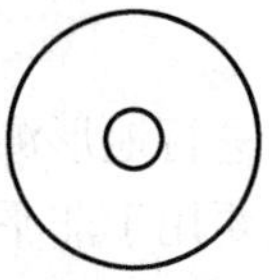

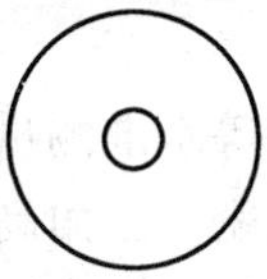

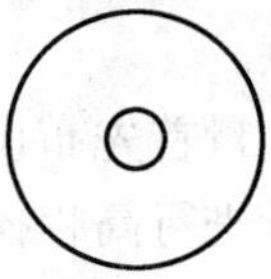

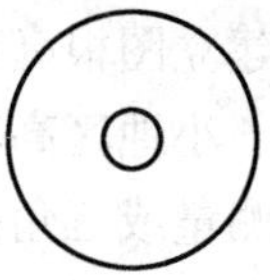

表 2-7（续）

| 检 验 项 目 | | 检 验 结 果 |
|---|---|---|
| 十字丝横丝的检验 | 检验初始位置望远镜视场图（用×表示目标在视场中的位置） | 检验终了位置望远镜视场图（用×表示目标在视场中的位置） |
| | ⊕ | ⊕ |

| | 检验略图 | |
|---|---|---|
| i 角的检验 | 水准仪安置在 A、B 两点的中间 | 水准仪安置在 B 点附近 |
| | $a_1 =$ <br> $b_1 =$ <br> $h_{AB} = a_1 - b_1 =$ | $a_2 =$ <br> $b_2 =$ <br> $h'_{AB} = a_2 - b_2 =$ |
| | $D_{AB} =$ <br> $D_A =$ <br> $i = \dfrac{h'_{AB} - h_{AB}}{D_{AB}} \cdot \rho$ | |

# 项目二 三、四等水准测量

## 任务概述

高程控制测量的任务就是在测区范围内布设一批高程控制点（水准点），用精确方法测定控制点高程。

国家高程控制网是用精密水准测量的方法建立的，分为一、二、三、四共 4 个等级。小区域高程控制测量的主要方法有水准测量和三角高程测量。一般是以国家水准点或相应等级的水准点为基础，在测区范围内建立三、四等水准路线，在三、四等水准路线的基础上建立图根高程控制点。

小地区高程控制测量首先布设三等或四等水准测量，然后在进行地形测量时用图根水准测量或三角高程测量进行高程控制点的加密，三角高程测量主要用于非平坦地区。工程建设施工时，在三、四等水准点的基础上进行高程水准测量。

# 任务一 三、四等水准测量的外业实施

## 任务概述

每一小组在实训场地布设一闭合水准路线，闭合水准路线中至少含有 5 个水准点，相邻水准点间的距离不小于 50 m，用粉笔在地下标定。假定本组闭合路线中第一个点的高程为 $H_{BM1} = 10$ m，通过水准测量，测得相邻两点间的高差，计算 $A$、$B$、$C$、$D$、$E$ 等点的高程。

## 相关知识

### 一、三、四等水准测量的技术要求

1. 高程系统

三、四等水准测量起算点的高程一般引自国家一、二等水准点，若测区附近没有国家水准点，也可建立独立的水准网，这样起算点的高程应采用假定高程。

2. 布设形式

如果是作为测区的首级控制，一般布设成闭合环线；如果进行加密，则多采用附合水准路线或支水准路线。三、四等水准路线一般沿公路、铁路或管线等坡度较小且便于施测的路线布设。

3. 点位的埋设

其点位应选在地基稳固，能长久保存标志和便于观测的地点，水准点的间距一般为 $1 \sim 1.5$ km，山岭重丘区可根据需要适当加密，一个测区一般至少埋设三个以上的水准点。

三、四等水准测量的主要技术要求见表 2-8。

表 2-8 三、四等水准测量的主要技术要求

| 等级 | 水准仪 | 水准尺 | 附合路线长度/km | 视线长度/m | 视线离地面最低高度/m | 前后视距差/m | 前后视距累计差/m | 基本分划、辅助分划（黑红面）读数差/mm | 一测站所测高差之差/mm | 观测次数 | | 往返较差、附合或环形闭合差 | |
|---|---|---|---|---|---|---|---|---|---|---|---|---|---|
| | | | | | | | | | | 与已知点联测 | 附合成环形 | 平地/mm | 山地/mm |
| 三 | DS$_1$ | 铟钢尺 | 45 | ≤80 | 三丝能读数 | ≤2.0 | ≤5.0 | 1 | 1.5 | 往返各一次 | 往一次 | ±12$\sqrt{L}$ | ±4$\sqrt{n}$ |
| | DS$_3$ | 双面尺 | | ≤75 | | | | 2 | 3 | | 往返各一次 | | |
| 四 | DS$_1$ | 铟钢尺 | 15 | ≤100 | 三丝能读数 | ≤3.0 | ≤10.0 | 3 | 5 | 往返各一次 | 往一次 | ±20$\sqrt{L}$ | ±6$\sqrt{n}$ |
| | DS$_3$ | 双面尺 | | ≤100 | | | | | | | | | |
| 图根 | DS$_{10}$ | 单面尺 | 8 | ≤100 | | | | | | 往返各一次 | 往一次 | ±40$\sqrt{L}$ | ±12$\sqrt{n}$ |

注：$L$ 为测段长度，以 km 为单位；$n$ 为测站数。

## 二、三、四等水准测量的方法

### （一）观测方法

三、四等水准测量的观测应在通视良好，且望远镜成像清晰稳定的情况下进行，可以采用"两次仪器高法"或"双面尺法"。下面介绍用双面尺法在一个测站上的观测程序。

（1）在至前、后水准尺视距大致相等（目估或步测）处安置水准仪，后视水准尺黑面，用上、下视距丝读数，记入记录表2-9中的（1）、（2）处。转动微倾螺旋，使符合水准管气泡居中（自动安平水准仪可免此操作），用中丝读数记入表中2-9中的（3）处。

（2）前视水准尺黑面，用上、下视距丝读数，记入表2-9中的（4）、（5）处，转动微倾螺旋，使符合水准管气泡居中，用中丝读数记入表2-7中的（6）处。

（3）前视水准尺红面，转动微倾螺旋，使符合水准管气泡居中，用中丝读数记入表2-9中的（7）处。

（4）后视水准尺红面，转动微倾螺旋，使符合水准管气泡居中，用中丝读数记入表2-9中的（8）处。

### （二）测站计算与检核

1. 视距计算

根据前后视的上、下视距丝读数，计算前、后视的视距：

$$后视距离（9） = 100 \times \{（1） - （2）\}$$
$$前视距离（10） = 100 \times \{（5） - （6）\}$$

计算前后视距差（11）：　　　（11） = （9） - （10）

对于三等水准测量，前后视距差（11）不得超过3 m。对于四等水准测量，前后视距差（11）不得超过5 m。再计算前后视距累积差（12）：

$$（12） = 本站的（11） + 上站的（12）$$

对三等水准测量，前后视距累积差（12）不得超过5 m。对四等水准测量，前后视距累积差（12）不得超过10 m。

2. 水准尺读数检核

对于同一水准尺，黑面读数与红面读数之差的检核：

$$（13） = （3） + K - （4）$$
$$（14） = （7） + K - （8）$$

式中　$K$——双面水准尺的红面分划与黑面分划的"零点差"，是一常数（4.687 m或4.787 m）。对于三等水准测量，红、黑面读数差不得超过2 mm；对于四等水准测量，红、黑面读数差不得超过3 mm。

3. 高差的计算和检核

按前后视红、黑面中丝读数，分别计算该测站红、黑面高差：

$$红面高差（15） = （3） - （7）$$
$$黑面高差（16） = （4） - （8）$$

黑面和红面所得高差之差（17）可按下式计算，并可用（13）-（14）来检查。

$$（17） = （15） - （16） \pm 100 = （13） - （14）$$

式中　$\pm100$——两水准尺常数$K$之差。

表 2-9　四等水准测量记录

| 测站编号 | 测点编号 | 下丝<br>上丝<br>后视距<br>视距差 d | 下丝<br>上丝<br>前视距<br>∑d | 方向及尺号 | 标尺读数<br>黑面 | 红面 | 黑+K 减红 | 高差中数 | 备注 |
|---|---|---|---|---|---|---|---|---|---|
| | | (1) | (4) | 后尺 | (3) | (8) | (14) | | |
| | | (2) | (5) | 前尺 | (6) | (7) | (13) | | |
| | | (9) | (10) | 后一前 | (15) | (16) | (17) | (18) | |
| | | (11) | (12) | | | | | | |
| 1 | N₁₈<br>↓<br>BC₁ | 1.608 | 1.534 | 后—01 | 1.506 | 6.296 | −3 | | |
| | | 1.404 | 1.315 | 前—02 | 1.423 | 6.112 | −2 | | |
| | | 20.4 | 21.9 | 后一前 | +0.083 | +0.184 | −1 | +0.0835 | |
| | | −1.5 | −1.5 | | | | | | |
| 2 | BC₁<br>↓<br>BC₂ | 1.546 | 1.098 | 后—02 | 1.446 | 6.133 | 0 | | |
| | | 1.345 | 0.879 | 前—01 | 0.988 | 5.772 | +3 | | |
| | | 20.1 | 21.9 | 后一前 | +0.458 | +0.361 | −3 | +0.4596 | |
| | | −1.8 | −3.3 | | | | | | |
| 3 | BC₂<br>↓<br>BC₃ | 1.693 | 1.279 | 后—01 | 1.537 | 6.323 | −1 | | |
| | | 1.381 | 0.968 | 前—02 | 1.123 | 5.811 | −1 | | |
| | | 31.2 | 31.1 | 后一前 | +0.414 | +0.512 | 0 | +0.4130 | |
| | | +0.1 | −3.2 | | | | | | |
| 4 | BC₃<br>↓<br>BC₄ | 1.678 | 1.491 | 后—02 | 1.547 | 6.234 | 0 | | |
| | | 1.416 | 1.241 | 前—01 | 1.366 | 6.153 | 0 | | |
| | | 26.2 | 25.0 | 后一前 | +0.181 | +0.081 | 0 | +0.1810 | |
| | | +1.2 | −2.0 | | | | | | |
| 5 | BC₄<br>↓<br>BC₅ | 1.859 | 0.409 | 后—01 | 1.736 | 6.523 | 0 | | |
| | | 1.612 | 0.133 | 前—02 | 0.271 | 4.956 | 0 | | |
| | | 24.7 | 27.6 | 后一前 | +1.465 | +1.567 | 0 | +1.4660 | |
| | | −2.9 | −4.9 | | | | | | |
| 6 | BC₅<br>↓<br>BC₆ | 2.811 | 0.121 | 后—02 | 2.768 | 7.455 | 0 | | |
| | | 2.723 | 0.052 | 前—01 | 0.086 | 4.871 | +2 | | |
| | | 8.8 | 6.9 | 后一前 | +2.682 | +2.584 | −2 | +2.6830 | |
| | | +1.9 | −3.0 | | | | | | |
| 检核计算 | | ∑(9)= 161.3<br>∑(10)= 157.6<br>∑(9)−∑(10)= 3.7<br>L= ∑(9)+∑(10)= 318.9<br><br>计算无误 | | ∑(3)= 7.161<br>∑(6)= 6.556<br>∑(15)= 0.605<br>∑[(15)+(16)+0.100]= 1.211 | | | ∑(8)= 30.793<br>∑(7)= 30.288<br>∑(16)= 0.506<br>∑(18)= 0.6055<br>∑∑(18)= 1.211 | | |

对于三等水准测量，黑、红面高差之差（17）不得超过 3 mm；对于四等水准测量，黑、红面高差之差（17）不得超过 5 mm。红、黑面高差之差在允许范围内时，取其平均值作为该站高差的观测值：

$$(18) = \frac{1}{2}\left[(15) + (16) \pm 100\right]$$

4. 每页水准测量记录的计算检核

高差检核：

$$\sum(3) - \sum(6) = \sum(15)$$

$$\sum(8) - \sum(7) = \sum(16)$$

$$\sum(15) + \sum(16) = 2\sum(18)$$

视距差检核：$\sum(9) - \sum(10) =$ 本页末站(12) − 前页末站(12)

本页总视距检核：$\sum(9) + \sum(10)$

（三）成果整理

三、四等水准测量的闭合线路或附合线路的成果整理首先应按表 2-6 的规定，检核测段（两水准点之间的线路）"往返测高差不符值"（往、返测高差之差）及"附合路线或环线闭合差"。如果在允许范围以内，则测段高差取往、返测高差的平均值。

## 任 务 实 施

### 一、技能目标

了解四等（等外）水准测量的全过程及其组织工作，掌握用双面尺进行四等（等外）水准测量的观测、记录和计算方法。熟悉四等（等外）水准测量的主要技术指标。掌握测站检核和水准路线检核的方法。

### 二、实训器具

DS$_3$ 型水准仪 1 台、双面水准尺 1 对、尺垫 2 个、记录板 1 块、记录纸 3 张、HB 铅笔 2 支、草稿纸数张。

### 三、实训步骤

（1）布设水准路线。如图 2-32 所示，每一小组在实训场地布设一闭合水准路线，闭合水准路线中至少含有 5 个水准点，相邻水准点间的距离不小于 50 m，用粉笔在地下标定。假定本组闭合路线中第一个点的高程为 $H_{BM_1} = 10$ m，通过水准测量，测得相邻两点间的高差，计算 $A$、$B$、$C$、$D$、$E$ 等点的高程。如果两点相距较远的话，则需要中间设置转点（转点上须放置尺台）。按四等水准测量要求实测。

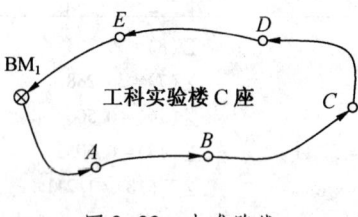

图 2-32 水准路线

（2）外业观测、记录、测站上的计算和检核。

## 四、上交资料

（1）每人上交合格记录成果（表2-10）1份。

表2-10 三、四等水准测量记录表

| 测站编号 | 测点编号 | 下丝 | 下丝 | 方向及尺号 | 标尺读数 | | 黑+K-红 | 高差中数 | 备注 |
|---|---|---|---|---|---|---|---|---|---|
| | | 上丝 | 上丝 | | | | | | |
| | | 后视距 | 前视距 | | 黑面 | 红面 | | | |
| | | 视距差 $d$ | $\sum d$ | | | | | | |
| | | | | 后—01 | | | | | |
| | | | | 前—02 | | | | | |
| | | | | 后—前 | | | | | |
| | | | | | | | | | |
| | | | | 后—02 | | | | | |
| | | | | 前—01 | | | | | |
| | | | | 后—前 | | | | | |
| | | | | | | | | | |
| | | | | 后—01 | | | | | |
| | | | | 前—02 | | | | | |
| | | | | 后—前 | | | | | |
| | | | | | | | | | |
| | | | | 后—02 | | | | | |
| | | | | 前—01 | | | | | |
| | | | | 后—前 | | | | | |
| | | | | | | | | | |
| | | | | 后—01 | | | | | |
| | | | | 前—02 | | | | | |
| | | | | 后—前 | | | | | |
| | | | | | | | | | |
| | | | | 后—02 | | | | | |
| | | | | 前—01 | | | | | |
| | | | | 后—前 | | | | | |
| 检核计算 | $\sum(9)=$ $\sum(10)=$ $\sum(9)-\sum(10)=$ $L=\sum(9)+\sum(10)=$ 计算无误 | | | $\sum(3)=$ $\sum(6)=$ $\sum(15)=$ $\sum[(15)+(16)+0.100]=$ | | | $\sum(8)=$ $\sum(7)=$ $\sum(16)=$ $\sum(18)=$ $\sum\sum(18)=$ | | |

（2）每人上交实训报告1份。

# 任务二　水准网高程的平差计算

　　按照水准路线的布设形式（图2-33），在已处理好外业观测资料的基础上，按照闭合水准路线、附合水准路线、支水准路线等，进行简易平差计算。再以平差结果为起算，求得待定点的高程。

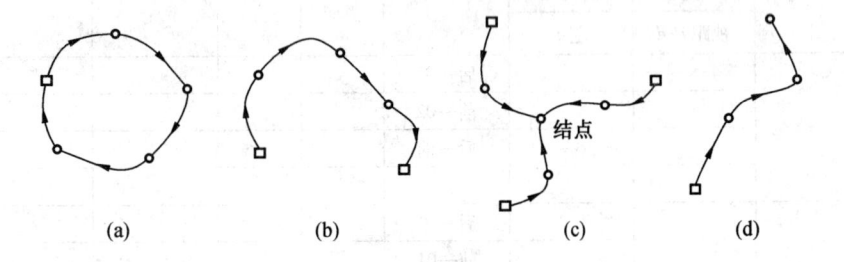

图2-33　水准路线的布设形式

## 一、附合水准路线

　　附合水准路线是从一个已知水准点出发，经若干待求点后，附合到另一个已知水准点上的路线。附合水准路线高差代数和的理论值应等于两端点的高差，即

$$\sum h_{理} = H_{终} - H_{始} \quad （终点高程 - 起点高程）$$

　　因为观测值带有误差，所以由观测值计算所得的路线高差代数和总会与理论高差不一致，其差值称为高差闭合差，以 $f_h$ 表示，即

$$f_h = 高差观测值 - 高差理论值 = \sum h_{测} - \sum h_{理} = \sum h_{测} - (H_{终} - H_{始})$$

　　产生高差闭合差的原因很多，当高差闭合差在容许误差范围内时。认为观测精度合格，可以进行闭合差的调整和计算；超过容许值时，则应检查原因，返工重测，直到符合要求为止。普通水准测量高差闭合差的容许值为

平地：$$f_{h允} = \pm 40\sqrt{L}$$

山地：$$f_{h允} = \pm 12\sqrt{n}$$

式中　$L$——水准路线总长度，km；

　　　$n$——水准路线测站总数。

## 二、闭合水准路线

　　理论上闭合水准路线高程总和的理论值应该等于零，即

$$\sum h_{理} = 0$$

78

则
$$f_h = \sum h_测$$

其闭合差的调整计算步骤及方法和附合水准路线相同。

### 三、支水准路线

支水准路线往往需进行往返测量，理论上往、返测的高差应数值相等，符号相反，其闭合差为

$$f_h = h_往 + h_返$$

闭合差的调整方法，是将往返测的高差取均值，符号以往测为准。

### 一、附合水准路线的成果计算

已知：$H_A = 65.376$ m，$H_B = 68.623$ m，点 1、2、3 为待测水准点。各测段高差、测站数、距离等如图 2-34 所示。

$$h_1=+1.575 \text{ m} \qquad h_2=+2.036 \text{ m} \qquad h_3=-1.742 \text{ m} \qquad h_4=+1.446 \text{ m}$$

A    1    2    3    B

$$n_1=8 \qquad n_2=12 \qquad n_3=14 \qquad n_4=16$$
$$L_1=1.0 \text{ km} \qquad L_2=1.2 \text{ km} \qquad L_3=1.4 \text{ km} \qquad L_4=2.2 \text{ km}$$

图 2-34　附合水准路线计算略图

（一）闭合差的计算与检验

$$f_h = \sum h - (H_B - H_A) = 3.315 - (68.623 - 65.376) = +0.068 \text{ m} = +68 \text{ mm}$$

$$f_{h允} = \pm 40\sqrt{L} = \pm 40\sqrt{5.8} = \pm 96 \text{ mm}$$

或
$$f_{h允} = \pm 12\sqrt{n} = \pm 12\sqrt{50} = \pm 85 \text{ mm}$$

因为 $|f_h| \le |f_{h允}|$，故精度符合要求。

（二）改正数的计算与高差改正（平差）

1. 平差原则

与测段距离（或测站数）成正比，与 $f_h$ 反符号改正到各实测高差上去，获得改正后的高差。

2. 改正数 $v$ 的计算

平地按距离：
$$v_i = -\frac{f_h}{\sum l} \times l_i$$

山地按测站数：
$$v_i = -\frac{f_h}{\sum n} \times n_i$$

本例中：

$$\begin{cases} v_1 = -(0.068 \div 5.8) \times 1.0 = -0.0117 \rightarrow -0.012 \text{ m} \\ v_2 = -(0.068 \div 5.8) \times 1.2 = -0.0140 \rightarrow -0.014 \text{ m} \\ v_3 = -(0.068 \div 5.8) \times 1.4 = -0.0164 \rightarrow -0.016 \text{ m} \\ v_4 = -(0.068 \div 5.8) \times 2.2 = -0.0257 \rightarrow -0.026 \text{ m} \end{cases}$$

改正数的检核:

$$\sum v_i = -f_h = -0.068 \text{ m}$$

计算技巧:先计算同类项 $(0.068 \div 5.8) = 0.0117$,后计算与各段距离的乘积,再凑整(四舍六入五凑偶)得出各段高差改正数。

3. 改正后的高差计算

按公式 $h_{改} = h_{测} + v_{计}$ 计算,本例中:

$$\begin{cases} h_{1改} = 1.575 + (-0.012) = 1.563 \ m \\ h_{2改} = 2.036 + (-0.014) = 2.022 \ m \\ h_{3改} = -1.742 + (-0.016) = -1.758 \ m \\ h_{4改} = 1.446 + (-0.026) = 1.420 \ m \end{cases}$$

改正后的高差检核:

$$\sum h_{改} = (H_B - H_A) = 3.247 \text{ m}$$

(三)高程的计算

按公式 $H_{前} = H_{后} + h_{改}$ 计算,本例中:

$$\begin{cases} H_A = 65.376 \text{ m} \\ H_1 = H_A + h_1 = 65.376 + 1.563 = 66.939 \text{ m} \\ H_2 = H_1 + h_2 = 66.939 + 2.022 = 68.961 \text{ m} \\ H_3 = H_2 + h_3 = 68.961 - 1.758 = 67.203 \text{ m} \\ H_B = H_3 + h_4 = 67.203 + 1.420 = 69.623 \text{ m} \end{cases}$$

实际上,上述计算是在成果计算表(表2-11)中完成的。

表2-11 附合水准路线成果计算表

| 测段 | 测点 | 距离 $L$/km | 测站数 $n$ | 实测高差 $h$/m | 改正数 $v$/m | 改正后高差 $h$/m | 高程 $H$/m | 备注 |
|---|---|---|---|---|---|---|---|---|
| 1 | $A$ | 1.0 | 8 | + 1.575 | -0.012 | +1.563 | 65.376 | |
| 2 | 1 | 1.2 | 12 | + 2.036 | -0.014 | + 2.022 | 66.939 | |
| 3 | 2 | 1.4 | 14 | -1.742 | -0.016 | -1.758 | 68.961 | |
| 4 | 3 | 2.2 | 16 | + 1.446 | -0.026 | + 1.420 | 67.203 | |
| | $B$ | | | | | | 68.623 | |
| Σ | | 5.8 | 50 | +3.315 | -0.068 | + 3.247 | | |
| 辅助计算 | | $f_h = +68$ mm $-f_h/L = -12 \times 10^{-3}$ m/km | | | | $f_{h容} = \pm 40 \times \sqrt{5.8}/2$ mm $= \pm 96$ mm | | |

## 二、闭合水准路线的成果检核

闭合水准路线计算略图如图2-35所示。

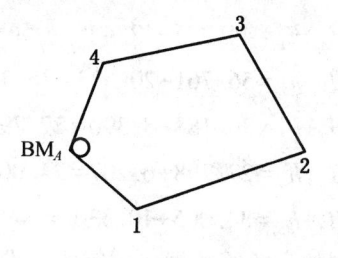

图2-35 闭合水准路线计算略图

### （一）闭合差的计算与检验

$$f_h = \sum h = + 28 \text{ mm}$$

$$f_{h允} = \pm 12\sqrt{n} = \pm 12\sqrt{56} = \pm 90 \text{ mm}$$

因为 $|f_h| \leqslant |f_{h允}|$，故精度符合要求。

### （二）改正数的计算与高差改正（平差）

1. 改正数 $v$ 的计算

$$v_i = -\frac{f_h}{\sum n} \times n_i$$

$$-\frac{f_h}{\sum n} = -\frac{0.028}{56} = -5 \times 10^{-4}$$

$$\begin{cases}
v_1 = -0.0005 \times 10 = -0.005 \\
v_2 = -0.0005 \times 12 = -0.006 \\
v_3 = -0.0005 \times 9 = -0.0045 \rightarrow -0.004 \\
v_4 = -0.0005 \times 11 = -0.0055 \rightarrow -0.006 \\
v_5 = -0.0005 \times 14 = -0.007
\end{cases}$$

所以，改正数的检核：

$$\sum v_i = -f_h = -0.028 \text{ m}$$

2. 改正后的高差计算

按公式 $h_改 = h_测 + v_计$，本例中：

$$\begin{cases}
h_{1改} = 12.431 + (-0.005) = 12.426 \text{ m} \\
h_{2改} = -20.567 + (-0.006) = -20.573 \text{ m} \\
h_{3改} = -8.386 + (-0.004) = -8.390 \text{ m} \\
h_{4改} = 6.213 + (-0.006) = 6.207 \text{ m} \\
h_{5改} = 10.337 + (-0.007) = 10.330 \text{ m}
\end{cases}$$

改正后的高差检核：

$$\sum h_{改} = 0$$

**3. 高程的计算**

按公式 $H_{前}=H_{后}+h_{改}$ 计算，本例中：

$$\begin{cases} H_1 = H_A + h_1 = 44.335 + 12.426 = 56.761 \text{ m} \\ H_2 = H_1 + h_2 = 56.761 - 20.573 = 36.188 \text{ m} \\ H_3 = H_2 + h_3 = 36.188 - 8.390 = 27.798 \text{ m} \\ H_4 = H_3 + h_4 = 27.798 + 6.207 = 34.005 \text{ m} \\ H_A = H_4 + h_5 = 34.005 + 10.330 = 44.335 \text{ m} \end{cases}$$

表 2-12 中已列出外业观测的高差等数据，试完成水准测量成果计算。

表 2-12　闭合水准路线成果计算表

| 测段 | 测点 | 测站数 | 高差/m 实测 | 高差/m 改正数 | 高差/m 改正后 | 高程/m | 备注 |
|---|---|---|---|---|---|---|---|
|  | BM$_1$ |  |  |  |  | 44.335 |  |
| 1 |  | 10 | +12.431 | -0.005 | +12.426 |  |  |
|  | BM$_2$ |  |  |  |  | 56.761 |  |
| 2 |  | 12 | -20.567 | -0.006 | -20.573 |  |  |
|  | BM$_3$ |  |  |  |  | 36.188 |  |
| 3 |  | 9 | -8.386 | -0.004 | -8.390 |  |  |
|  | BM$_4$ |  |  |  |  | 27.798 |  |
| 4 |  | 11 | +6.213 | -0.006 | +6.207 |  |  |
|  | BM$_5$ |  |  |  |  | 34.005 |  |
| 5 |  | 14 | +10.337 | -0.007 | +10.330 |  |  |
|  | BM$_1$ |  |  |  |  | 44.335 |  |
| Σ |  | 56 | +0.028 | -0.028 | 0 |  |  |
| 辅助计算 | $f_h = +28$ mm  $\quad -f_h/\sum n = -5 \times 10^{-4}$ m/站  $\quad f_{h允} = \pm12 \times \sqrt{56}$ mm $= \pm90$ mm | | | | | | |

# 项目三　三角高程测量

任务概述

如图 2-36 所示，某矿山工程，在山区或地形起伏较大的地区测定地面点高程时，采用水准测量进行高程测量一般难以进行，故实际工作中常采用三角高程测量的方法施测。作为一名优秀的测量人员，你将如何实施测量，应该用到哪些仪器和设备，所用的仪器设备应该满足什么样的条件?

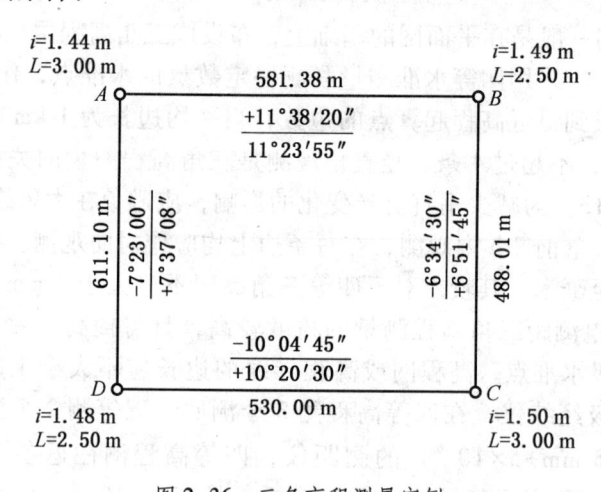

图 2-36 三角高程测量实例

三角高程测量是根据两点间的水平距离或斜距离以及竖直角按照三角公式来求出两点间的高差。如图 2-37 所示，已知 $A$ 点高程 $H_A$，欲求 $B$ 点高程 $H_B$，在 $A$ 点安置经纬仪或测距仪，仪器高为 $i_A$，在 $B$ 点设置觇标或棱镜。其高度为 $v_B$，望远镜瞄准觇标或棱镜的竖直角为 $\alpha_A$，则 $A$、$B$ 两点的高差为

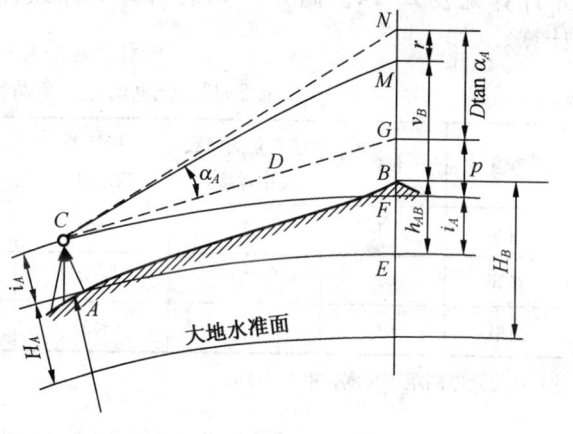

图 2-37　三角高程测量原理

$$h_{AB} = h' + i_A - v_B \qquad (2-21)$$

式中，$h'$ 计算因观测方法不同而异。

利用平面控制已知的边长 $D$，用经纬仪测量竖角 $\alpha$ 求两点高差，称为经纬仪三角高程测量，$h' = D\tan\alpha$；利用测距仪测定斜距 $S$ 和 $\alpha$，求算 $h_{AB}$，称为光电测距三角高程测量，它通常与测距仪导线一道进行，$h' = S\sin\alpha$。此外，当 $AB$ 距离较长时，式（2-21）还须加上地球曲率和大气折光的合成影响，$f = 0.43D^2/R$ 称为球气差。故式（2-21）写为

$$h_{AB} = D\tan\alpha_A + i_A - v_A + f_A \qquad (2-22)$$

和

$$h_{AB} = S\sin\alpha_A + i_A - v_A + f_A \qquad (2-23)$$

为了消除或削弱球气差的影响，通常三角高程进行对向观测。由 $A$ 向 $B$ 观测得 $h_{AB}$，由 $B$ 向 $A$ 观测得 $h_{BA}$，当两高差的校差在容许值内，则取其平均值，得

$$h_{AB} = \frac{1}{2}(h_{AB} - h_{BA}) = \frac{1}{2}\left[(h' - h'') + (i_A - i_B) + (v_A - v_B) + (f_A - f_B)\right] \qquad (2-24)$$

当外界条件相同时，$f_A = f_B$。上式的最后一项为零。消除其影响。但在检查高差校差时，计算中仍须加入球气差改正，这一点应引起注意。最后，$B$ 点高程：

$$H_B = H_A + h_{AB} \qquad (2-25)$$

三角高程控制网一般是在平面网的基础上，布设成三角高程网或高程导线。为保证三角高程网的精度，应采用四等水准测量联测一定数量的水准点，作为高程起算数据。三角高程网中任一点到最近高程起算点的边数，当平均边长为 1 km 时，不超过 10 条，平均边长为 2 km 时，不超过 4 条。竖直角观测是三角高程测量的关键工作，对竖直角观测的要求见表 2-13。为减少垂直折光变化的影响，应避免在大风或雨后初晴时观测，也不宜在日出后和日落前 2 h 内观测，在每条边上均应作对向观测。觇标高和仪器高用钢尺丈量两次，读至毫米，其较差对于四等三角高程不应大于 2 mm，对于五等三角高程不大于 4 mm。光电测距三角高程测量的精度较高，且可提高工效，故应用较广。高程路线应起闭于高级水准点，高程网或高程导线的边长应不大于 1 km，边数不超过 6 条。竖直角用 DJ₂ 级经纬仪，在四等高程测 3 个测回，五等测 2 个测回。距离应采用标称精度不低于（5 mm+5×10⁻⁶）的测距仪，四等高程测往返各一测回，五等测一个测回。光电测距三角高程测量的各项技术要求见表 2-13。三角高程路线各边的高差计算见表 2-14。高差计算后再计算路线闭合差，并进行闭合差的分配和高程的计算。

表 2-13　光电测距三角高程测量主要技术要求

| 等级 | 仪器 | 竖直角测回数（中丝法） | 指标差较差/(″) | 竖直角较差/(″) | 对向观测高差较差/mm | 附合路线或环线闭合差/mm |
|---|---|---|---|---|---|---|
| 四等 | DJ₂ | 3 | ≤7 | ≤7 | $40\sqrt{D}$ | $20\sqrt{\sum D}$ |
| 五等 | DJ₂ | 2 | ≤10 | ≤10 | $60\sqrt{D}$ | $30\sqrt{\sum D}$ |
| 图根 | DJ₆ | 2 | ≤25 | ≤25 | $400D$ | $40\sqrt{\sum D}$ |

注：$D$ 为光电测距边长度，单位为 km。

表 2-14　三角高程路线高差计算表

| 测站点 | Ⅲ 10 | 401 | 401 | 402 | 402 | Ⅲ 12 |
|---|---|---|---|---|---|---|
| 觇点 | 401 | Ⅲ 10 | 402 | 401 | Ⅲ 12 | 402 |
| 觇法 | 直 | 反 | 直 | 反 | 直 | 反 |
| $\alpha$ | +3°24′15″ | -3°22′47″ | -0°47′23″ | +0°46′56″ | +0°27′32″ | -0°25′58″ |
| $S/m$ | 577.157 | 577.137 | 703.485 | 703.490 | 417.653 | 417.697 |
| $h' = S\sin\alpha/m$ | +34.271 | -34.024 | -9.696 | +9.604 | +3.345 | -3.155 |
| $i/m$ | 1.565 | 1.537 | 1.611 | 1.592 | 1.581 | 1.601 |
| $v/m$ | 1.695 | 1.680 | 1.590 | 1.610 | 1.713 | 1.708 |
| $f = 0.34\dfrac{D^2}{R}/m$ | 0.022 | 0.022 | 0.033 | 0.033 | 0.012 | 0.012 |
| $h = h'+i-v+f/m$ | +34.163 | -34.145 | -9.642 | +9.942 | +3.225 | -3.250 |
| $h_{平均}/m$ | +34.154 | | -9.630 | | +3.238 | |

### 一、光电三角高程测量方法

对于单点的光电高程测量，为了提高观测精度和可靠性，一般在两个以上的已知高程点上设站对待测点进行观测，最后取高程的平均值作为所求点的高程。这种方法测量上称为独立交会光电高程测量。光电三角高程测量也可采用路线测量方式，其布设形式同水准测量路线完全一样。

1. 垂直角观测

垂直角观测应选择有利的观测时间进行，在日出后和日落前 2 h 内不宜观测。晴天观测时应给仪器打伞遮阳。垂直角观测方法有中丝法和三丝法。其中丝观测法记录和计算见表 2-15。

表 2-15 中丝法垂直角观测表

点名：泰山　　　　　等级：四等　　　　　天气：晴　　　　　观测：吴明
成像：清晰稳定　　　仪器：Laica 702 全站仪　记录：李平
仪器至标石面高：1.553 m　　　　　平均值：1.554 m　　　　日期：2006 年 3 月 1 日

| 照准点名 | 盘 左 | 盘 右 | 指标差 | 垂 直 角 |
|---|---|---|---|---|
| 天峰觇标高：5.24 m | 90°06′26″ | 269°53′32″ | 1″ | −0°06′26.0″ |
|  | 90°06′27″ | 269°53′34″ | 0 | −0°06′26.5″ |
|  | 90°06′28″ | 269°53′31″ | 0 | −0°06′28.5″ |
| | 中数 | | | −0°06′27.0″ |

注：规范要求四等光电三角高程计算时垂直角应取至 0.1″。

2. 四等光电三角高程测量

采用全站仪进行四等光电三角高程路线测量作业过程如下：

（1）在测站上架设适当测距精度和测角精度的全站仪，在待测点上架设反光镜觇牌，四等光电三角高程需要用量杆在观测前后两次精确量取仪器高和棱镜高，取值精确到 1 mm，两次量取较差不大于 2 mm 时取平均值。

（2）往、返测距和测角，垂直角观测采用 DJ$_2$ 级仪器，中丝法 3 个测回。测回间垂直角互差和指标差均不得大于 7″。

（3）依照式（2-25）计算相邻点间的往、返高差，其高差的互差（应考虑球气差的影响）不得大于 $\pm 40\sqrt{D}$（$D$ 为测距边边长，以 km 为单位）。附合路线或环形闭合差不得大于 $\pm 20\sqrt{D}$。若往返高差的绝对值之差满足精度要求，就取平均数作为两点间的高差，符号以往测高差为准。

（4）依照水准路线测量平差方法进行平差计算，最后求得各待定点的高程。高程应取至 1 mm。

### 二、三角高程测量内业计算

对于图根级控制测量，三角高程测量的精度一般规定为每段往返测所得的高差 $f_h$（经两差改正后）不应大于 0.1$D$（$D$ 为边长，以 km 为单位），即 $f_{h容}=\pm0.1D$。由对向观测所求得的高差平均值来计算路线闭合差应不大于 $\pm0.05\sqrt{\sum D^2}$。图 2-38 所示为某一图根控制网示意图，三角高程测量观测结果列于图上，下划线数据表示往测。高差的计算和闭合差调整见表 2-16 和表 2-17。

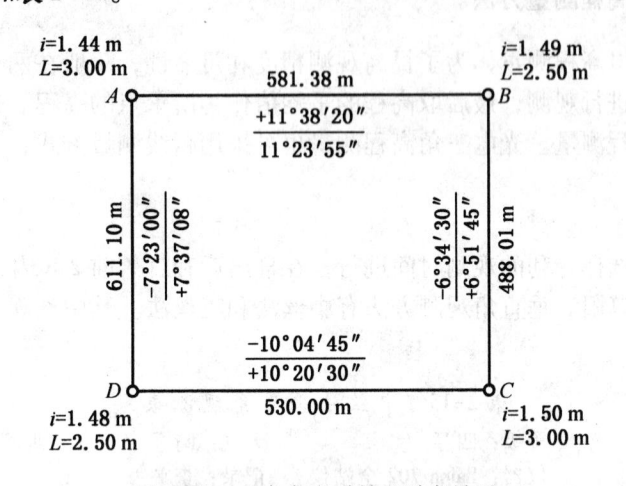

图 2-38　三角高程测量观测成果图

表 2-16　三角高程测量高差计算表

| 起算点 | A | | B | |
|---|---|---|---|---|
| 待定点 | B | | C | |
| | 往 | 返 | 往 | 返 |
| 水平距离 $D$/m | 581.38 | 581.38 | 488.01 | 488.01 |
| 垂直角 $\delta$ | +11°38′20″ | −11°23′55″ | +6°51′45″ | −6°34′30″ |
| 仪器高 $i$/m | 1.44 | 1.49 | 1.49 | 1.50 |
| 目标高 $L$/m | −2.50 | −3.00 | −3.00 | −2.50 |
| 两差改正 $f$/m | +0.02 | +0.02 | +0.02 | +0.02 |
| 高差/m | +118.71 | −118.70 | +57.24 | −57.23 |
| 平均高差/m | +118.70 | | +57.24 | |
| 起算点 | C | | D | |
| 待定点 | D | | A | |
| | 往 | 返 | 往 | 返 |
| 水平距离 $D$/m | 530.00 | 530.00 | 611.10 | 611.10 |
| 垂直角 $\delta$ | −10°04′45″ | +10°20′30″ | −7°23′00″ | +7°37′08″ |
| 仪器高 $i$/m | 1.50 | 1.48 | 1.48 | 1.44 |
| 目标高 $L$/m | −2.50 | −3.00 | −3.00 | −2.50 |
| 两差改正 $f$/m | +0.02 | +0.02 | +0.02 | +0.02 |
| 高差/m | −95.19 | +95.22 | −80.69 | +80.70 |
| 平均高差/m | −95.20 | | −80.70 | |

表 2-17　三角高程测量路线计算表

| 点　号 | 距离/m | 观测高差/m | 改正数 $v$/m | 改正后高差/m | 高程/m |
|---|---|---|---|---|---|
| A | | | | | 325.88 |
| | 580 | +118.70 | -0.01 | +118.69 | |
| B | | | | | 444.57 |
| | 490 | +57.24 | -0.01 | +57.23 | |
| C | | | | | 501.80 |
| | 530 | -95.20 | -0.01 | -95.21 | |
| D | | | | | 406.59 |
| | 610 | -80.70 | -0.01 | -80.71 | |
| A | | | | | 325.88 |
| Σ | | +0.04 | -0.04 | | |

$$f_h = +0.04 \text{ m} < f_{h容} = 0.05\sqrt{1.23} = 0.05 \times 1.1 = 0.055 \text{ m}$$

# 模块三 图根平面控制

确定地面点的位置，实质上是确定地面点在某一特定坐标系中的坐标和高程。为了准确测定地面点的位置，必须建立可靠精度的平面控制网。建立平面控制网的基本方法有三角测量、导线测量、三边测量、边角测量和 GPS 测量。传统平面控制测量的基本观测量是角度和距离。

## 项目一 角 度 测 量

### 任 务 概 述

角度测量是测量工作的基本内容之一。它包括水平角测量和竖直角测量。水平角是一点到两个目标的方向线垂直投影在水平面上所成的夹角。竖直角是一点到目标的方向线和一特定方向之间在同一竖直面内的夹角。通常以水平方向或天顶方向作为特定方向。水平方向和目标间的夹角称为高度角。天顶方向和目标方向间的夹角称为天顶距。

### 任务一 经纬仪的认识和使用

#### 任 务 概 述

了解 $DJ_6$ 级经纬仪的主要部件及有关螺旋的名称和作用；掌握经纬仪的安置、对中、整平、瞄准及读数方法；练习用经纬仪盘左位置测量两个方向之间的水平角。

#### 相 关 知 识

##### 一、经纬仪的等级及用途

经纬仪的种类繁多，依据度盘刻度和读数方式不同，分为游标经纬仪、光学经纬仪及电子经纬仪。目前，主要使用电子经纬仪，光学经纬仪已很少使用，而游标经纬仪早已淘汰了。我国大地测量仪器的总代号为汉语拼音字母"D"，经纬仪代号为"J"。我国经纬仪系列是按野外"一测回水平方向中误差"这一精度指标划分为 $DJ_1$、$DJ_2$、$DJ_6$ 等级别，1、2 和 6 等分别为用该经纬仪一测回的方向中误差的秒数。例如，"$DJ_6$"表示经纬仪野外"一测回水平方向中误差"为"6"，简写为 $J_6$。表 3-1 列出了各等级经纬仪的主要技术参数和用途。

表 3-1　经纬仪系列技术参数及用途

| 参数名称 | | 经 纬 仪 等 级 | | |
|---|---|---|---|---|
| | | DJ$_1$ | DJ$_2$ | DJ$_6$ |
| 一测回水平方向中误差/s | | ±1 | ±2 | ±6 |
| 望远镜物镜有效孔径/mm | | 60 | 40 | 40 |
| 望远镜放大倍数/倍 | | 30 | 28 | 20 |
| 水准管分划值不大于 | 水平度盘 | 6″/2 mm | 20″/2 mm | 30″/2 mm |
| | 竖直度盘 | 10″/2 mm | 20″/2 mm | 30″/2 mm |
| 主要用途 | | 二等平面控制测量及精密工程测量 | 三、四等平面控制测量及一般工程测量 | 图根控制测量及一般工程测量 |

## 二、经纬仪的构造

经纬仪的基本构造如图 3-1 所示。

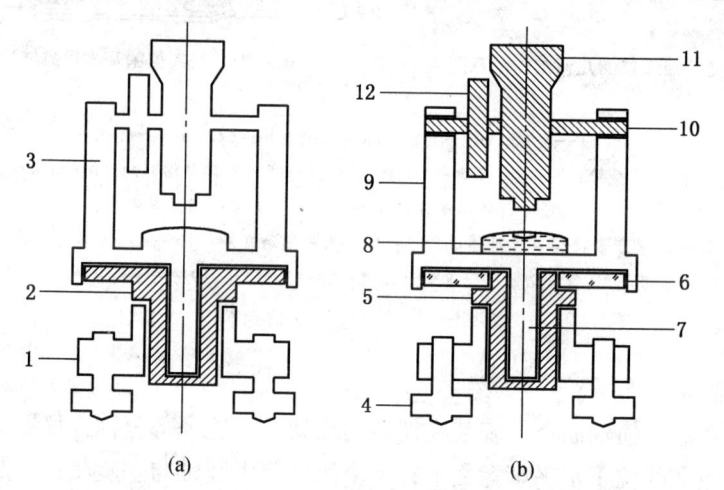

(a)　　　　　　　　　　(b)

1—基座；2—水平度盘；3—照准部；4—脚螺旋；5—纵轴套；6—水平度盘；7—纵轴；
8—照准部水准管（又称平盘水准管）；9—支架；10—望远镜支撑横轴；11—望远镜；12—垂直度盘

图 3-1　经纬仪的基本构造

在水平方向，仪器的照准部以纵轴为旋转轴，在纵轴套中旋转。水平度盘可以在纵轴套外围旋转。在垂直方向，横轴连同望远镜和垂直度盘一起在支架的轴承中旋转。这样可以使经纬仪的望远镜在一定的仰角和俯角范围内瞄准任何一个目标。为了使望远镜能精确瞄准目标，水平方向和垂直方向的转动都可以用制动螺旋和微动螺旋来控制。

如图 3-2 所示，现以 DJ$_2$ 级光学经纬仪为例，将各部分分别介绍。

（一）基座

基座是仪器的底座，用来支承整个仪器。借助中心连接螺旋能把基座及整个仪器固连在三脚架上，在连接螺旋下方可悬挂垂球，使仪器中心和测站点在同一铅垂线上。基座上的 3 个脚螺旋用以整平仪器。在使用经纬仪时，还应拧紧轴座连接螺旋，切勿松动，以免照准部与基座分离而坠落。

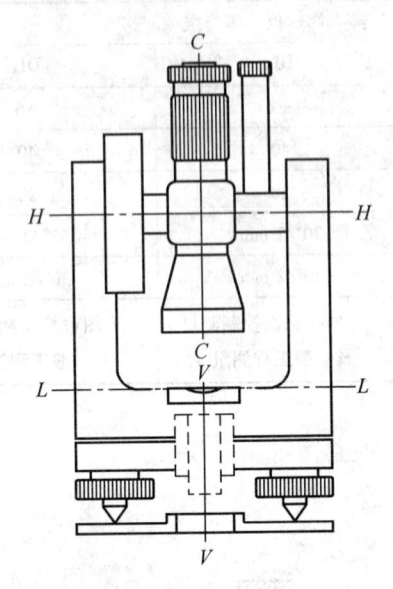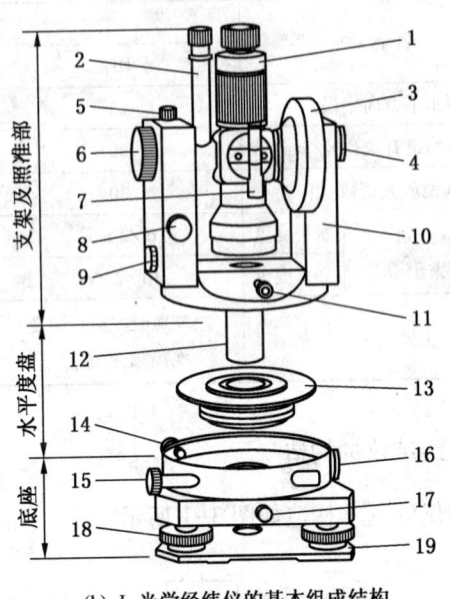

(a) 光学经纬仪的几何结构示意图　　　　(b) J₂ 光学经纬仪的基本组成结构

VV—竖轴；HH—横轴；LL—水准管轴；CC—视准轴；

1—望远镜；2—读数显微镜；3—竖直度盘；4—竖盘进光镜；5—竖盘制动螺旋；6—测微轮；7—瞄准镜；
8—竖盘微动螺旋；9—水平、竖直度盘转换螺旋；10—仪器外壳支架；11—对中器；12—仪器中心旋转轴套；
13—水平度盘；14—水平制动螺旋；15—水平微动螺旋；16—水平度盘进光镜；
17—仪器中心旋转轴套制动螺丝；18—脚螺旋；19—底座连接板

图 3-2　光学经纬仪的结构

（二）照准部

望远镜与竖盘、横轴固连，安装在仪器的支架上，这一部分称为仪器的照准部，属于仪器的上部。照准部位于水平度盘之上，整个照准部由竖轴与基座相连，照准部可绕竖轴轴线 VV 作水平旋转。照准部水准器的水准轴与竖轴正交，与横轴平行。当水准气泡居中时，仪器的竖轴应在铅垂线方向，此时仪器处在整平状态。

照准部上主要有望远镜、竖直度盘、水准器、读数设备等。

1. 望远镜

测量望远镜是用来精确瞄准远方测量目标。为了瞄准高低不同的物体，望远镜可随横轴在支架上下转动，并要求其视准轴与横轴正交，横轴应通过竖盘的刻划中心，当横轴水平时，其绕横轴旋转的视准面是一个铅垂面。为了控制望远镜的俯仰程度，在照准部外壳上设置有一套望远镜的制动和微动螺旋，以控制水平方向的转动，当拧紧望远镜或照准部的制动螺旋后，转动微动螺旋，望远镜或照准部才能做微小的转动。

2. 读数设备

我国制造的 DJ₆ 级光学经纬仪的读数设备多用分微尺测微器。

3. 竖直度盘

竖直度盘固定在横轴的一端，当望远镜转动时，竖盘也随之转动，用以观测竖直角。

### 4. 水准器

照准部上的管水准器用于精确整平仪器，圆水准器用于粗略整平仪器。

### （三）水平度盘

水平度盘安置在水平度盘轴套外围，水平度盘不与照准部旋转轴接触。水平度盘平面与竖轴正交，竖轴通过水平度盘的刻划中心。水平度盘的读数设备安置在仪器的照准部上，当望远镜旋转照准目标时，这时读数指标所指示的水平度盘数值就是目标方向与 0 刻度方向所夹得的水平角值。

## 三、经纬仪的读数

DJ$_6$ 级光学经纬仪这种读数方法的主要设备有读数窗上的分微尺和读数显微镜。光线通过反光镜，照亮度盘和读数窗，由读数显微镜就可得到同时放大的水平度盘、竖直度盘和分微尺的影像，如图 3-3 所示。分微尺全长正好与度盘分划的最小间隔相等，即为 1°。分微尺被细分成 60 等份，故最小分划为 1′，可估读 0.1′。分微尺的零线为指标线。读数时，首先以被分微尺覆盖的度盘分划注记为准读取度数，图 3-3 中水平度盘的度数读取值为 180°；再由该度盘分划线在分微尺上截取不足 1° 的角值，估读到 0.1′，图中水平度盘的读数为 5.3′；两者相加即得到完整读数为 180°05′18″。同理，下方的竖盘读数为 8°54′48″。

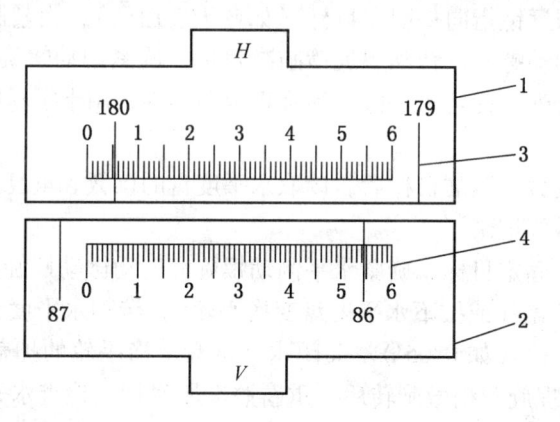

1—水平度盘视窗；2—竖直度盘视窗；3—主度盘刻度线；4—分微尺

图 3-3　DJ$_6$ 级光学经纬仪读数窗

## 一、技能目标

（1）了解 DJ$_6$ 级光学经纬仪的基本构造及主要部件的名称与作用。

（2）掌握经纬仪的操作方法。

## 二、实训器具

DJ$_6$ 级光学经纬仪 1 台、标杆 2 根、记录板 1 块（含记录表格）、铅笔、小刀等。

### 三、实训步骤

（1）在指定的测站点上安置经纬仪，并熟悉仪器各部件的名称和作用。

（2）经纬仪基本操作练习，其具体内容如下。

一是对中练习。对中的目的是使仪器的水平度盘中心与测站点标志中心处于同一铅垂线上。将三脚架安置于测点上（可选一临时标志作为测点），目估使架头对中和水平，连接经纬仪；调节光学对中器的目镜和物镜对光螺旋，使光学对中器的分划板小圆圈和测站点标志的影像清晰。固定一只三脚架腿，目视对中器目镜并移动其他两只架腿，使镜中小圆圈对准地面点，踩紧脚架。若光学对中器的中心与地面点略有偏离，可转动脚螺旋，使光学对中器对 准测站标志中心，如中误差在 1 mm 以内，此时圆水准器气泡偏离，伸缩三脚架腿，使圆水准器气泡居中，注意脚架尖位置不能移动。

二是整平。整平是使水平度盘处于水平位置，仪器竖轴铅垂。松开照准部制动螺旋，转动照准部，使水准管与任意两个脚螺旋的连线平行，两手同时按彼此相反的方向转动这一对脚螺旋，使水准管气泡居中。将照准部旋转 90°，旋转另一个脚螺旋，使水准管气泡居中（气泡移动的方向始终与左手拇指旋转的方向一致）。接上述操作重复数次，直至气泡在任何方向都居中。

三是瞄准。将望远镜指向一明亮目标（如蓝天、白云），旋紧制动螺旋，旋转目镜使十字丝清晰。打开制动螺旋，转动望远镜瞄准目标，旋紧制动螺旋，旋转物镜调焦螺旋，使望远镜内的目标清晰。旋转水平微动和竖直微动螺旋，用十字丝中心精确照准目标，并消除视差。

四是水平度盘读数。照准目标后，读取水平度盘的读数。重复几次，由指导教师检查读数是否正确，并做好记录。

用望远镜瞄准一固定目标，旋紧水平制动螺旋，转动微动螺旋准确瞄准目标。打开水平度盘变换手轮的护盖（或按下水平度盘变换手轮），转动水平度盘变换手轮，使水平度盘的读数设置到预定值（如 0°05′）。关闭水平度盘变换手轮的护盖（或弹起水平度盘变换手轮）。松开制动螺旋，稍微旋转后，重新照准原目标，检查水平度盘读数是否仍为原读数，若读数不变，设置完成。否则要重新设置。

### 四、注意事项

（1）经纬仪是精密仪器，使用时要十分谨慎小心，各制动螺旋不要旋得太紧，不准大幅度快速地转动照准部及望远镜。

（2）观测者的手和身体的其他部位不能碰触脚架。

（3）当一个人观测时，其他同学只能给予语言上的帮助，不能多人同时操作一台仪器。

（4）对每项练习均要认真仔细去完成，首先学会操作方法，然后尽可能熟练。

### 五、上交资料

每人交一份实训报告。

# 任务二　水平角测量

如图 3-4 所示，由地面上若干个点组成几个角，使用 $DJ_6$ 级经纬仪完成各个水平角值的观测。

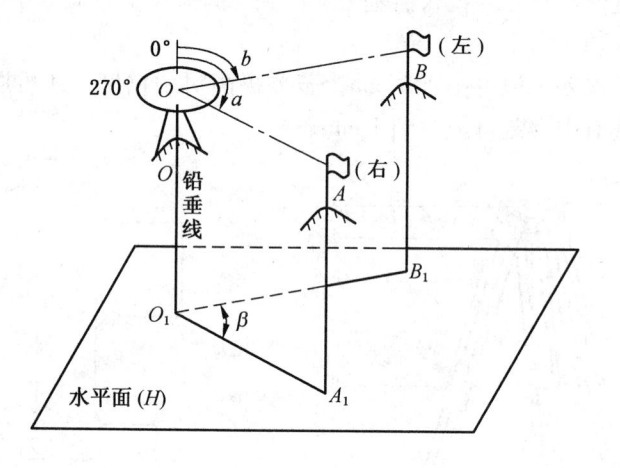

图 3-4　水平角测量原理

## 一、水平角测角原理

所谓水平角，就是地面上两条直线的夹角在水平面上的投影。水平角一般用 $\beta$ 表示，水平角角值范围为 $0° \sim 360°$。如图 3-4 所示，$A$、$O$、$B$ 是地面上任意 3 个点，$OA$ 和 $OB$ 两条方向线所夹的夹角 $\angle BOA$ 在水平面的投影为 $\angle B_1O_1A_1$，则 $\angle B_1O_1A_1$ 就是 $\angle BOA$ 的水平角。

如图 3-4 所示，可在 $O$ 点的上方任意高度处，水平安置一个带有刻度的圆盘，使得圆盘中心在过 $O$ 点的铅垂线上；通过 $OA$ 和 $OB$ 各作一铅垂面，设这两个铅垂面在刻度盘上截取的读数分别为 $a$ 和 $b$，则水平角 $\beta$ 的角值为

$$\beta = b - a \tag{3-1}$$

## 二、经纬仪的安置

在进行角度测量时，首先应将经纬仪安置在测站（角顶点）上。然后再进行观测。安置水准仪只需整平仪器；安置经纬仪不仅要整平仪器，而且要使仪器对中测站点标志中心，所以经纬仪的安置包括对中、整平两项。经纬仪的观测包括瞄准和读数。即经纬仪的使用步骤可简述为对中、整平、瞄准，读数 4 个部分，现分述如下。

1. 对中

对中的目的是使仪器的竖轴（仪器的中心）与测站点的标志中心在同一个铅垂线上。通常利用垂球对中，如图 3-5 所示。先在测站点上安放三脚架，使其架头大致水平，架头中心大致对准测站标志，同时注意脚架高度适中，以便观测。然后踩实三脚架，装上仪器，旋紧中心螺旋，挂上垂球。如果垂球偏离测站点少许，就稍松动中心螺旋，在架头上移动仪器，使垂球尖准确对中，再旋紧中心螺旋。如果移动仪器无法准确对中，就要移动三脚架的脚位。这时注意先要把仪器基座放回到三脚架中心，旋紧中心螺旋，调节脚架时应注意，要保持架顶大致水平。

用垂球对中的误差一般可小于 3 mm，若要提高对中精度，还可以用仪器上的光学对中器进行对中，其对中误差可减少到 1 mm。

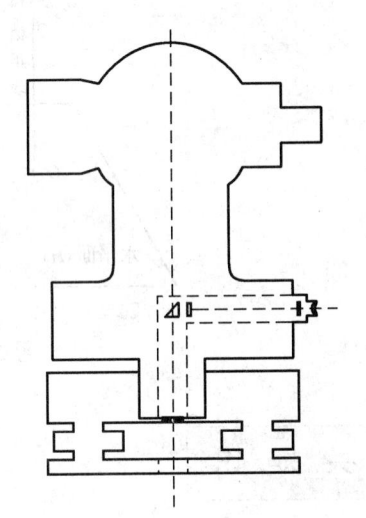

1—三脚架头；2—三脚架脚尖；3、4—连接螺旋；
5—脚架伸缩制动螺旋；6—垂球

图 3-5　垂球对中　　　　　　　　　图 3-6　光学对中

光学对中器由一组折射棱镜组成。使用时，先将仪器中心大致对准测站点，再旋转对中器目镜调焦螺旋，看清分划板圈（或十字线）和测站标志。然后移动脚架和旋转脚螺旋使分划板十字丝精确对准测站点，如图 3-6 所示。光学对中的操作步骤如下。

（1）安置三脚架使架头大致水平，目估初步对中。

（2）转动对中器目镜调焦螺旋，使对中标志（小圆圈或十字丝）清晰，转动对中器物镜调焦螺旋，使地面点清晰。

（3）旋转仪器脚螺旋，使地面点的像移动至对中标志的中心；然后伸缩三脚架的腿，使圆水准器的气泡居中。

（4）旋转仪器角螺旋，使平盘水准管在两个相互垂直的方向上气泡居中。

（5）从光学对中器目镜中检查与地面点的对中情况，有偏离时，可松连接螺旋，将仪器在三脚架头上做微小的平移，使对中误差小于 1 mm。

2. 整平

整平的目的是使仪器竖轴竖直即水平度盘处于水平位置。具体操作步骤如下：

（1）伸缩脚架和调节脚螺旋，使圆水准气泡居中。

（2）转动照准部，使水管与基座上任意两个脚螺旋的连线平行，相向转动这两个脚螺旋使水准起泡居中，如图3-7所示。

（3）将照准部旋转90°，转动另一个脚螺旋，使气泡居中。

按上述方法反复操作，直到仪器转至任意位置，气泡均居中为止。在旋转脚螺旋时，气泡移动的方向始终与左手拇指运动的方向一致。

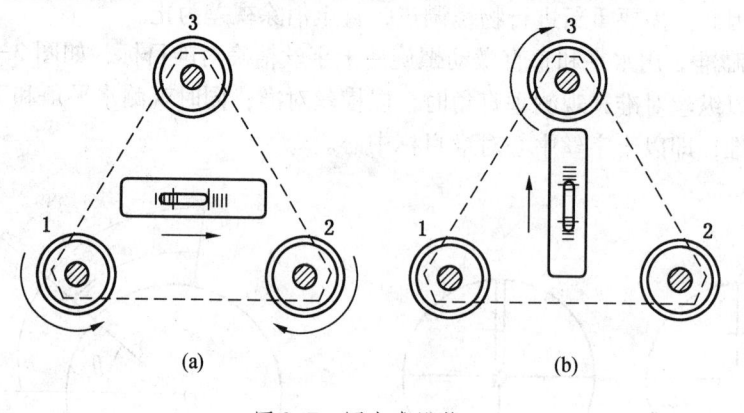

图3-7　圆水准器整平

3. 瞄准

角度观测时，地面的目标点上必须设立照准标志后才能进行瞄准。照准标志一般是竖立于地面点上的标杆、测钎或架设于三脚架上的觇牌，如图3-8所示。标杆适用于离测站较远的目标，测钎适用于较近的目标，觇牌为较理想的照准标志，远近都适用。

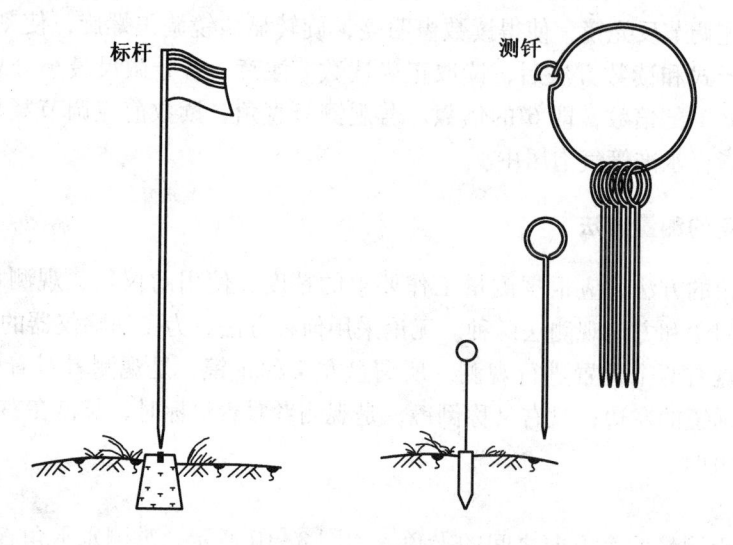

图3-8　照准标志

用望远镜瞄准目标的方法和步骤如下：

（1）目镜调焦。将望远镜对向白色或明亮背景（如白墙或天空），转动目镜调焦螺旋，使十字丝清晰。

（2）寻找目标。松开水平和垂直制动螺旋，通过望远镜上的瞄准器大致对准目标，然后制紧水平和垂直制动螺旋。

（3）物镜调焦。转动物镜调焦环，使目标的像最清晰，旋转水平或垂直微动螺旋，使目标像靠近十字丝，如图3-9a所示。

（4）消除视差。上下或左右移动眼睛，观察目标像与十字丝之间是否有相互移动；发现有移动，则存在视差，说明目标与十字丝的成像不在同一平面上，就不可能进行精确地瞄准目标。因此。需要重新进行物镜调焦，直至消除视差为止。

（5）精确瞄准。用水平和垂直微动螺旋使十字丝精确对准目标，如图3-9b所示。观测水平时，以纵丝对准；观测垂直角时，以横丝对准；同时观测水平角和垂直角时，两者必须同时对准，即以十字丝中心对准目标中心。

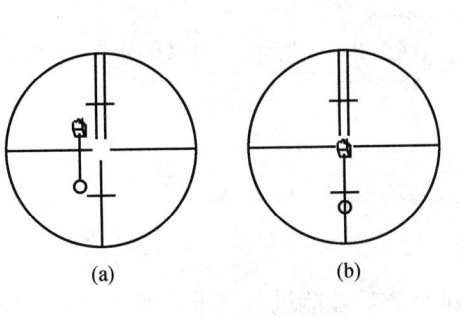

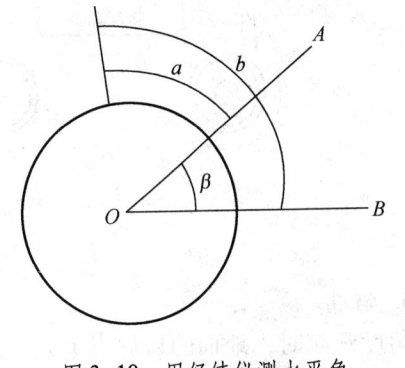

图3-9　瞄准目标　　　　　　　图3-10　用经纬仪测水平角

4. 读数

读数时首先调节反光镜，使得读数窗明亮，旋转显微镜调焦螺旋，使刻划数字清晰。认清度盘刻划形式和读数方法后，读取正确读数。注意，若分微尺最小分划为$1'$，则估读的秒数应为$0.1'$的倍数，即$6''$的倍数。若观测竖直角，读数前应调节竖盘指标水准管微动螺旋，使指标水准管气泡居中。

**三、水平角的测量方法**

观测水平角的方法，应根据测量工作要求的精度、使用的仪器、观测目标的多少而定，主要有测回法和方向观测法两种。无论采用何种方法，为了消除仪器的某些误差，一般采用盘左和盘右两个位置进行观测。所谓盘左又称正镜，是观测者对着望远镜的目标时，竖盘在望远镜的左边；盘右又称倒镜，是观测者对着目标时，竖盘在右边。现将常用的两种方法介绍如下。

1. 测回法

测回法用于测量两个方向之间的夹角。如图3-10所示，欲测水平角$\beta$，先在角顶点$O$上安置经纬仪（对中、整平），在$A$、$B$两点上设置照准标志。其观测步骤如下：

（1）盘左位置，用前述方法精确瞄准左方目标$A$（当测角精度要求较高时，需对一个角度观测多个测回，并根据测回数$n$，以$\delta = 180°(i-1)/n(i=1, 2, \cdots, n)$的差值安置水平度盘读数，并顺时针旋转照准部$1\sim2$周，重新瞄准目标$A$，并注意在每次瞄准目标时都要消除视差），并读取盘读数 $a_左$，记入测回法观测手簿，此次读数为 $a_左 = 0°24'18''$，见表3-2。

表3-2　测回法观测手簿

| 测站<br>（测回） | 目标 | 竖盘位置 | 水平度盘读数 | 半测回角值 | 一测回角值 | 各测回平均角值 | 备注 |
|---|---|---|---|---|---|---|---|
| $O_1$<br>（1） | A | 左 | 0°24′18″ | 73°28′18″ | 73°28′24″ | 73°28′28″ | |
| | B | | 73°52′36″ | | | | |
| | A | 右 | 180°23′54″ | 72°28′30″ | | | |
| | B | | 253°52′24″ | | | | |
| $O_1$<br>（2） | A | 左 | 90°20′00″ | 73°28′42″ | 73°28′33″ | | |
| | B | | 163°48′42″ | | | | |
| | A | 右 | 270°19′48″ | 73°28′24″ | | | |
| | B | | 343°48′12″ | | | | |

（2）松开制动螺旋，顺时针旋转照准部，用上述同样方法瞄准右方目标 B，读取读数 $b_左$，并记录，此次读数为 $b_左 = 73°52'36''$。以上两步观测称为盘左半测回或上半测回，则盘左半测回所测水平角为

$$\beta_L = b_左 - a_左 = 73°52'36'' - 0°24'18'' = 73°28'18'' \tag{3-2}$$

（3）松开制动螺旋，倒转望远镜成盘右位置。先瞄准右方目标 B，读取读数 $b_右$，并记录，此次读数为 $b_右 = 253°52'24''$。

（4）松开制动螺旋，逆时针旋转照准部，再次瞄准 A 点，得水平盘读数 $a_右$，并记录，此次读数为 $a_右 = 180°23'54''$。则盘右所测下半测回的角值为

$$\beta_R = b_右 - a_右 = 253°52'24'' - 180°23'54'' = 73°28'30'' \tag{3-3}$$

盘左和盘右两个半测回合称一测回。若上下半测回角度之差（$\beta_L - \beta_R$）不大于限差，则计算一测回角值为

$$\beta = \frac{\beta_L + \beta_R}{2} \tag{3-4}$$

当测角精度要求较高时，还可以观测几个测回。为了减少度盘刻划不均匀误差的影响，各测回间应进行水平度盘的配置，根据测回数 n，将度盘读数改变 180°/n，再进行下一测回观测。如观测 3 个测回，则各测回的起始方向读数应按 60° 递增，即分别设置成略大于 0°、60° 和 120° 的读数处。

测回法通常有两项误差：一是两个半测回的方向值（即角值）之差；二是各测回方向值之差。对于不同精度的仪器，有不同的规定限值。

2. 方向观测法

当一个测站上需测量的方向数多于两个时，通常采用方向观测法。方向观测法中每半个测回都从一个选定的起始方向（称为零方向）开始观测，在依次观测所需的各个目标之后，再次回到起始方向观测。最后一步称为"归零"，其目的是检验水平度盘的位置在观测过程中是否发生变动。其观测步骤如下：

（1）安置经纬仪于角顶点 O 上，如图3-11所示。盘左位置，将度盘配置在 0° 或稍大

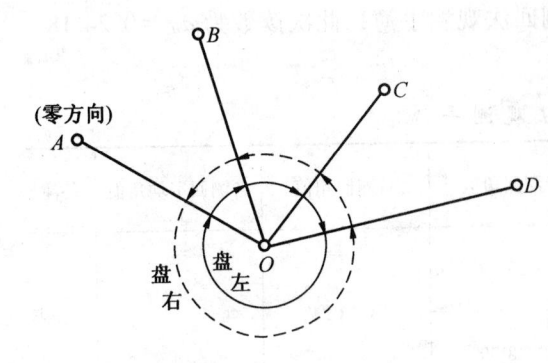

图 3-11 方向观测法

的位置，先观测所选定的起始方向 $A$，读取水平度盘读数 $a_左$（0°02′12″），记入表3-3中相应位置。

（2）顺时针方向转动照准部，依次瞄准 $B$、$C$、$D$ 各点，分别读取水平度盘读数，同样记入表3-3中。

（3）为了校核应再次瞄准目标 $A$，读取归零读数 $a'_左$（0°02′18″），计入观测手簿。$a_左$ 与 $a'_左$ 之差的绝对值称为上半测回归零差，每个半测回归零差都不应超过表3-4中的规定，否则应重测。上半测回完成。

表3-3 方向法观测手簿

| 测站 | 测回数 | 目标 | 水平度盘读数 | | 2C | 方向值 | 归零方向值 | 各测回平均方向值 |
| | | | 盘左 | 盘右 | | | | |
| 1 | 2 | 3 | 4 | 5 | 6 | 7 | 8 | 9 |
| | | | | | | (0°02′10″) | | |
| | | $A$ | 0°02′12″ | 180°02′00″ | +12 | 0°02′06″ | 0°00′00 | 0°00′00″ |
| | | $B$ | 37°44′15″ | 217°44′05″ | +10 | 37°44′10″ | 37°42′10 | 37°42′00″ |
| | 1 | $C$ | 110°29′04″ | 290°28′52″ | +12 | 110°28′58″ | 110°28′58 | 110°26′48″ |
| | | $D$ | 150°14′51″ | 330°14′43″ | +8 | 150°14′47″ | 150°14′47 | 150°12′37″ |
| | | $A$ | 0°02′18″ | 180°02′08″ | +10 | 0°02′13″ | 0°02′13 | |
| $O$ | | | | | | (90°03′24″) | | |
| | | $A$ | 90°03′30″ | 270°03′22″ | +8 | 90°03′26″ | 0°00′00″ | |
| | | $B$ | 127°45′34″ | 307°45′28″ | +6 | 127°45′31″ | 37°42′07″ | |
| | 2 | $C$ | 200°30′24″ | 20°30′18″ | +6 | 200°30′21″ | 110°26′57″ | |
| | | $D$ | 240°15′57″ | 60°15′49″ | +8 | 240°15′53″ | 150°12′29″ | |
| | | $A$ | 90°03′25″ | 270°03′18″ | +7 | 90°03′22″ | | |

表3-4 方向观测法各项限差

| 仪器型号 | 光学测微器两次重合读数之差 | 半测回归零差 | 各测回同方向2C值互差 | 各测回同一方向值互差 |
| --- | --- | --- | --- | --- |
| $DJ_1$ | 1″ | 6″ | 9″ | 6″ |
| $DJ_2$ | 3″ | 8″ | 13″ | 10″ |
| $DJ_6$ | | 40″ | | 24″ |

（4）盘右位置，逆时针方向依次瞄准 $A$、$D$、$C$、$B$、$A$ 点，分别读数并记入表3-3相应位置，完成下半测回。

需观测多个测回时，则各测回仍根据测回数按 $180°/n$ 的角度间隔配置水平度盘。

方向观测法通常有三项限差规定：一是半测回中两次瞄准起始方向的读数之差，称为半测回归零差；二是上下半测回同一方向的方向值之差；三是各测回同一方向的方向值之差，称为各测回方向差。此三项限差根据不同仪器有不同规定。方向观测记录表格计算步骤如下。

① 计算两倍视准差（$2C$）值：

$$2C = L - (R \pm 180°) \tag{3-5}$$

式中　　$L$——盘左读数；

　　　　$R$——盘右读数；

　　$\pm 180°$——盘右与盘左读数相差 $180°$。

$2C$ 值不以 $2C$ 的绝对值的大小作为是否超限的标准，而是以各个方向的 $2C$ 的变化值作为是否超限的标准。一测回内各方向中 $2C$ 的互差见表 3-4，如果超出限差应重测。

② 计算各方向的平均读数：

$$平均读数 = 1/2[L + (R \pm 180°)]$$

计算的结果称为方向值，填入表 3-3 第 7 栏。因存在归零读数，则起始方向有两个平均值，应将这两个数值再求平均值，所得结果作为起始方向值，填入该栏上并加以括号，如表 3-3 中（$0°02'10''$）和（$90°03'24''$）。

③ 计算归零的方向值。将各方向的平均读数减去括号内的起始方向平均值，即得各方向的归零方向值，填入第 8 栏。此时，起始方向的归零值应为零。

④ 计算各测回归零后方向值的平均值。先计算各测回同一方向归零后的方向值之间的差值，对照表 3-4 看其互差是否超限，如果超限，就计算各测回同一方向归零后方向值的平均值，作为该方向的最后结果，填入表中第 9 栏。

⑤ 计算各目标间的水平角值。将表中第 8 栏相邻两方向值相减，即得各目标间的水平角值，填入第 10 栏。

## 任务实施

### 一、测回法水平角观测的操作、记录和计算方法

1. 技能目标

掌握用 $DJ_6$ 级光学经纬仪进行测回法水平角观测的操作、记录和计算方法。

2. 实训器具

$DJ_6$ 级光学经纬仪 1 台、标杆 2 根、记录板 1 块（含记录表格）、铅笔、小刀、草稿纸等。

3. 实训步骤

（1）安置经纬仪。在指定位置上选一点（如在水泥地上刻一"十"字），作为测站点，在该点上安置仪器。

（2）度盘配置。要求测两个测回，第一测回起始读数稍大于 $0°$，第二测回起始读数稍大于 $90°$。

（3）一测回观测。

盘左：瞄准左边目标 $A$，进行读数记为 $a_1$，顺时针方向转动照准部，瞄准右边目标并读数记为 $b_1$，计算上半测回角值 $\beta_左 = b_1 - a_1$。

盘右：瞄准右边目标 $B$，进行读数记为 $b_2$，逆时针方向转动照准部，瞄准目标 $A$，进行读数记为 $a_2$，计算下半测回角值 $\beta_{右} = b_2 - a_2$。检查上、下半测回角值互差不超过 ±40″，计算一测回角值 $\beta = \dfrac{\beta_L + \beta_R}{2}$。

（4）计算水平角。测站观测完毕后，检查各测回角值互差不超过 ±24″，计算各测回的平均角值 $\beta = \dfrac{\beta_1 + \beta_2}{2}$。

4. 实训要求

（1）每位同学在实习之前，应弄清观测程序以及记录表格的填写次序、填写方法和水平角的记录方法。

（2）安置经纬仪时，与地面点的对中误差不超过 ±2 mm。

（3）瞄准目标时，应尽量瞄准目标底部，以减少由于目标倾斜引起水平角观测的误差。

（4）观测过程中，若发现水准管气泡偏移超过 2 格，应重新整平仪器，并重测该测回。

（5）在照准目标时，要用十字丝竖丝照准目标的明显地方，最好看目标下部。上下半测回应照准同一部位。

（6）记录者要向观测者复读后（又称为"回读"或"回报"）再记录。

（7）记录者应训练用"心算"，尽量不用计算器进行计算。

5. 上交资料

每小组交合格的观测记录 1 份（表3-5），每人交实训报告 1 份。

表3-5　测回法观测手簿

日期：　　　　　　　　　　仪器型号：　　　　　　　　　　观测者：
时间：　　　　　　　　　　天气：　　　　　　　　　　　　记录者：

| 测站（测回） | 目标 | 竖盘位置 | 水平度盘读数 | 半测回角值 | 一测回角值 | 各测回平均角值 | 备注 |
|---|---|---|---|---|---|---|---|
| | | 左 | | | | | |
| | | 右 | | | | | |
| | | 左 | | | | | |
| | | 右 | | | | | |
| | | 左 | | | | | |
| | | 右 | | | | | |

## 二、方向观测法水平角观测的操作、记录和计算方法

1. 技能目标

掌握用 $DJ_6$ 级经纬仪进行方向观测法水平角观测的操作、记录和计算方法。

2. 实训器具

$DJ_6$ 级光学经纬仪 1 台、标杆 2 根、记录板 1 块（含记录表格）、铅笔、小刀、草稿纸等。

3. 实训步骤

（1）安置经纬仪。在指定位置上选一点（如在水泥地上刻一"十"字）作为测站点，在该点上安置仪器。

（2）度盘配置。要求测两个测回，第一测回起始读数稍大于 $0°$，第二测回起始读数稍大于 $90°$。

（3）一测回观测。

盘左：选与 $O$ 点相对较远的 $A$ 点作为零方向，瞄准 $A$ 点，进行读数记为 $a_1$，顺时针方向转动照准部，分别瞄准右边目标 $B$、$C$、$D$ 点进行读数，记为 $b_1$、$c_1$、$d_1$；顺时针瞄回零方向 $A$，归零，读数记为 $a'_1$。

盘右：倒转望远镜成盘右，逆时针转动照准部，照准零方向 $A$，读数记为 $a_2$。逆时针转动照准部，依次照准 $D$、$C$、$B$ 点，读数记为 $b_2$、$c_2$、$d_2$；逆时针方向瞄回零目标点 $A$，读数并记为 $a'_2$。

（4）计算水平角。

① 计算 $2C$ 值 $180°$。

② 计算各方向读数的平均值：平均读数 $= 1/2[L+(R±180°)]$。

③ 由于归零起始方向有两个平均读数，应再取其平均值作为起始方向的平均读数。

④ 计算各测回同一方向归零方向值：归零方向值 = 平均读数−零方向平均读数。

⑤ 各测回平均归零方向值的计算：将各测回同一方向的归零方向值相加并除以测回数，即得该方向各测回平均归零方向值。

⑥ 水平角的计算：将该角的两方向的方向值相减即可求得该水平角。

4. 实训要求

（1）每位同学在实训之前，应弄清观测程序以及记录表格的填写次序、填写方法和水平角的记录方法。

（2）安置经纬仪时，与地面点的对中误差不超过 $±2\ mm$。

（3）瞄准目标时，应尽量瞄准目标底部，以减小由于目标倾斜引起的水平角观测误差。

（4）半测回归零差不应超过 $±18''$。

（5）观测过程中，若发现评判水准管气泡偏移超过 2 格，应重新整平仪器，并重测该测回。

（6）在照准目标时，要用十字丝竖丝照准目标的明显位置，最好看目标下部。上下半测回应照准同一部位。

（7）记录者要向观测者复读后再记录。

（8）记录者应训练用"心算"，尽量不用计算器进行计算。

5. 上交资料

每小组交合格的观测记录1份（表3-6），每人交实训报告1份。

表3-6　方向法观测手簿

| 测站 | 测回数 | 目标 | 水平度盘读数 | | 2C | 方向值 | 归零方向值 | 各测回平均方向值 |
|---|---|---|---|---|---|---|---|---|
| | | | 盘左 | 盘右 | | | | |
| 1 | 2 | 3 | 4 | 5 | 6 | 7 | 8 | 9 |
| | | | | | | | | |
| | | | | | | | | |
| | | | | | | | | |
| | | | | | | | | |
| | | | | | | | | |
| | | | | | | | | |
| | | | | | | | | |
| | | | | | | | | |
| | | | | | | | | |
| | | | | | | | | |
| | | | | | | | | |

# 任务三　竖直角测量

如图3-12所示，已知地面上$A$、$B$、$C$三点，用$DJ_6$级经纬仪分别观测$BA$及$BC$边的垂直角。

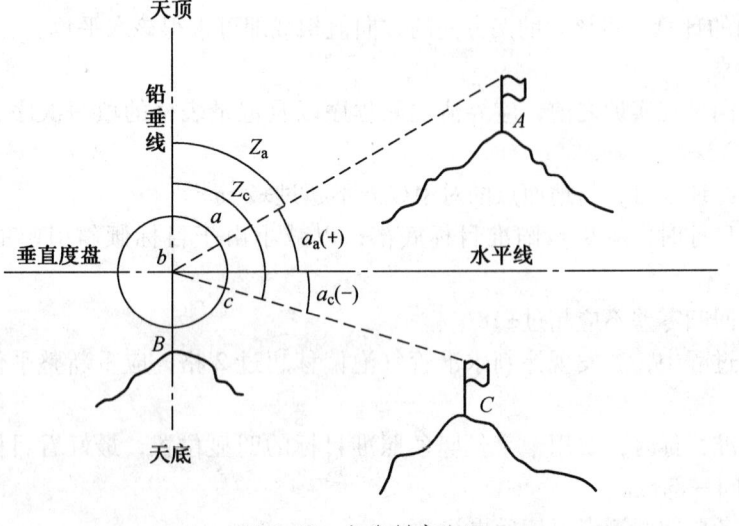

图3-12　竖盘刻度注记

竖直角是同一竖直面内目标方向与一特定方向之间的夹角。根据竖直角的基本概念，测定竖直角必然也与观测水平角一样，其角值也是度盘上两个方向读数之差，所不同的是两方向中必须有一个是水平方向。不管任何注记形式的竖直度盘（简称竖盘），当视线水平时，其竖盘读数应为定值，正常状态时应是90°的整倍数。所以，在测定竖直角时只需对视线指向的目标点读取竖盘读数，即可计算出竖直角。竖直角是同一竖直面内视线与水平线间的夹角，其角值 $|a| \leqslant 90°$。要正确测定竖直角，首先要了解经纬仪的竖盘构造。

### 一、经纬仪竖盘的构造

经纬仪的竖盘装置包括竖直度盘、竖盘指标水准管和竖盘指标水准管微动螺旋。竖直度盘固定在横轴一端，随望远镜一起在竖直面内转动。分微尺的零刻划线是竖盘读数的指标线，可看成与竖盘指标水准管固连在一起，指标水准管气泡居中时，指标就处于正确位置。此时，如望远镜视准轴水平，则竖直读数应为90°或90°的整倍数。当望远镜上下转动以瞄准不同高度目标时，竖盘随之转动而指标线不动，因而可得不同位置的竖盘读数，以计算不同高度目标的竖直角。

竖直度盘同样由光学玻璃制成，刻划也是在全圆周上刻为360°，但注记的方式有顺时针及逆时针两种。通常在望远镜方向上注以0°及180°，如图3-13所示。如图3-13a所示的竖盘刻划按顺时针注记，0°和180°刻划线始终与视准轴一致，0°在目镜端。而如图3-13b所示的竖盘刻划是按逆时针注记，0°在物镜端。竖盘指标水准管与指标线固连在一起，当气泡居中时，指标线处于正确位置。此时，若是盘左位置且视线水平，则按顺时针注记，指标线指向90°，即竖盘读数为90°；若是盘右位置，则竖盘读数应为270°。

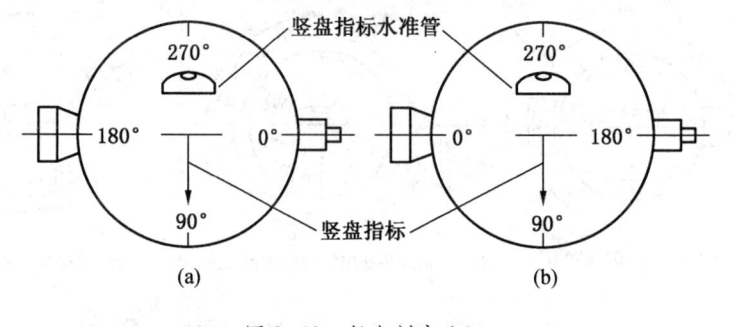

图3-13　竖盘刻度注记

### 二、竖直角的计算

若竖盘注记形式不同，则根据竖盘读数计算垂直角的公式也不相同。图3-13所示为0°~360°顺时针注记的一种。盘左，望远镜水平时的竖盘读数为90°。盘右，望远镜水平时的竖盘读数为270°。当望远镜向上指向天顶时（此时，盘左、盘右已无区别），竖盘读数为0°或360°。

当望远镜向上（或向下）瞄准目标时，竖盘也随之转动了同样的角度。因此，瞄准目标时的竖盘读数与望远镜水平时的竖盘读数之差即为所求的垂直角，瞄准目标时的竖盘读数与望远镜指向天顶时的竖盘读数之差即为所求的天顶距。

如图 3-14 所示，设所用经纬仪的竖盘刻度为顺时针注记，瞄准某目标时，盘左的垂直角为 $\alpha_L$，竖盘读数为 $L$；盘右的垂直角为 $\alpha_R$，竖盘读数为 $R$，则垂直角的计算公式为

$$\alpha_L = 90° - L$$
$$\alpha_R = R - 270° \tag{3-6}$$

如果垂直角以天顶距（$Z$）表示，盘左（$L$）、盘右（$R$）测得的天顶距为

$$Z_L = L$$
$$Z_R = 360° - R \tag{3-7}$$

如果所用经纬仪的竖盘刻度为逆时针注记，则相应的垂直角和天顶距的计算公式为

$$\left.\begin{array}{l} \alpha_L = L - 90° \\ \alpha_R = 270° - R \\ Z_L = 180° - L \\ Z_R = R - 180° \end{array}\right\} \tag{3-8}$$

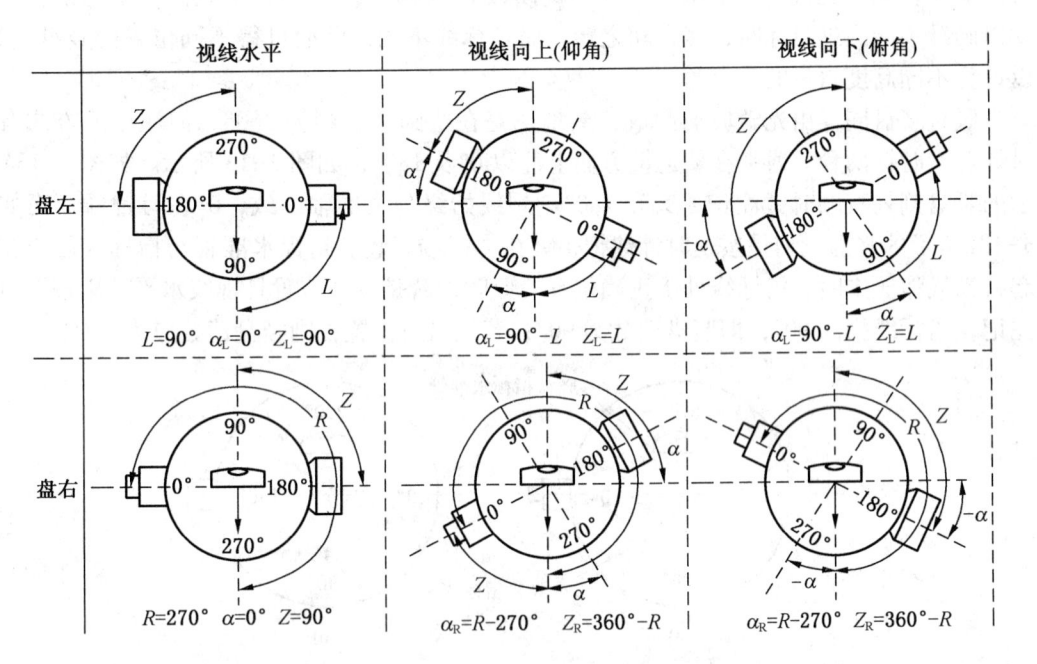

图 3-14　竖盘读数与垂直角和天顶距的计算

### 三、竖直盘指标差

由于竖盘水准管或垂直补偿器未安装到正确的位置，使竖盘读数的指标线与铅垂线有一个微小的角度差 $x$，称为竖盘指标差，如图 3-15 所示。由于指标差的存在，计算垂直角的式（3-6）在盘左时应改为

$$\alpha_L = 90° - L - x \tag{3-9}$$

在盘右时应改为

$$\alpha_R = R - 270° + x \tag{3-10}$$

在盘左和盘右观测垂直角而取其平均值时，则

$$\alpha = \frac{1}{2}(\alpha_L + \alpha_R) \tag{3-11}$$

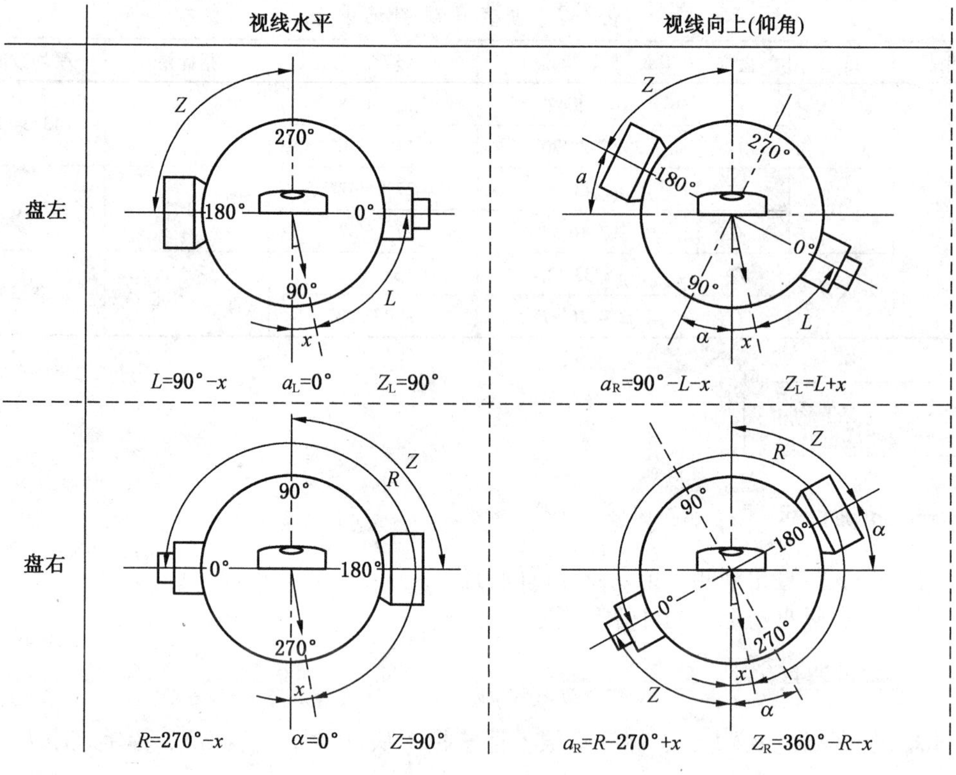

| | 视线水平 | 视线向上(仰角) |
|---|---|---|
| 盘左 | $L=90°-x$  $\quad a_L=0°$  $\quad Z_L=90°$ | $a_R=90°-L-x$  $\quad Z_L=L+x$ |
| 盘右 | $R=270°-x$  $\quad \alpha=0°$  $\quad Z=90°$ | $a_R=R-270°+x$  $\quad Z_R=360°-R-x$ |

图 3-15　竖盘指标差

即盘左和盘右观测垂直角并取平均值时，可以抵消竖盘指标差的影响。根据式（3-9）和式（3-10），可以得到计算竖盘指标差的公式为

$$x = \frac{1}{2}\big[360° - (L + R)\big] \tag{3-12}$$

**四、垂直角观测方法**

观测垂直角前，应看清竖盘注记形式，确定垂直角计算公式。观测时，用经纬仪视场中的横丝瞄准目标的特定部位，如标杆的顶部、标尺上的某一分划等，并需量出瞄准部位至地面点的高度（称为目标高）。垂直角观测的方法和步骤如下：

（1）安置经纬仪于测站点，经过对中整平，用小钢卷尺量出经纬仪的仪器高（从地面点到经纬仪横轴的高度）。

（2）盘左位置瞄准目标，用十字丝的横丝对准目标，转动竖盘水准管微动螺旋，使竖盘水准管气泡居中，读取竖盘读数 $L$。

（3）盘右位置瞄准目标，方法同第（2）步，读取竖盘读数 $R$，完成一测回的垂直角观测。

垂直角观测记录和计算见表3-7。对于同一目标，一测回盘左、盘右，按公式计算的垂直角之差（$\alpha_L - \alpha_R$）称为$2C$。用同一台经纬仪在同一段时间段内观测，竖盘指标差应为定值。但是由于垂直角观测存在误差，使各测回的两倍指标差有变化，计算时，需要算出该数值，以检查观测成果的质量。

表3-7　垂直角观测记录表

| 测站 | 目标 | 盘位 | 竖盘读数 | 竖 直 角 | 指标差 | 平均数值角 |
|---|---|---|---|---|---|---|
| H | I | 左 | 76°25′42″ | 13°34′18″ | −12″ | 13°34′24″ |
| | | 右 | 283°34′30″ | 13°34′30″ | | |
| | J | 左 | 62°43′18″ | 27°16′42″ | −10″ | 27°16′47″ |
| | | 右 | 297°16′52″ | 27°16′52″ | | |
| | K | 左 | 95°33′12″ | −5°33′12″ | −9″ | −5°33′08″ |
| | | 右 | 264°26′57″ | −5°33′03″ | | |

**任 务 实 施**

**一、技能目标**

（1）掌握竖直角观测、记录及计算的方法。

（2）掌握竖盘指标差的计算和消除方法。

**二、实训器具**

DJ$_6$级光学经纬仪1台、标杆2根、记录板1块（含记录表格）、铅笔、小刀、草稿纸等。

**三、实训步骤**

（1）安置经纬仪。将仪器安置于测站点$O$上，进行对中、整平，量仪器高；每人选一个目标，转动望远镜，观察竖盘读数的变化规律。

（2）观测。

盘左：调节竖盘指标水准器居中，精确瞄准目标，固定望远镜，再转动望远镜微动螺旋，使十字丝横丝精确地切准目标顶端，读取竖盘读数$L$计算竖直角值。

盘右：同法观测读取竖盘读数$R$，计算竖直角值。

（3）计算竖直角平均值及一测回竖盘指标差。

竖直角：
$$\begin{cases} \delta = 90° - L + x \\ \sigma = R - 270° - x \end{cases}$$

指标差：
$$x = \frac{1}{2}(R + L - 360°)$$

**四、实训要求**

（1）每次读数前应使指标水准管气泡居中。

（2）计算竖直角和指标差时，应注意正、负号。

（3）要求同一目标各测回垂直角互差在±24″之内。

（4）要求指标差的变化范围在±25″之内。

## 五、上交资料

每小组交合格的观测记录1份（表3-8），每人交实训报告1份。

### 表3-8 垂直角观测记录表

仪器型号：　　　　　　　　　　日期：　　　　　　　　　观测者：

工程名称：　　　　　　　　　　天气：　　　　　　　　　记录者：

| 测站 | 目标 | 盘 位 | 竖盘读数 | 竖直角 | 指标差 | 平均数值角 | 备注 |
|------|------|-------|----------|--------|--------|------------|------|
|  |  |  |  |  |  |  |  |
|  |  |  |  |  |  |  |  |
|  |  |  |  |  |  |  |  |
|  |  |  |  |  |  |  |  |
|  |  |  |  |  |  |  |  |
|  |  |  |  |  |  |  |  |
|  |  |  |  |  |  |  |  |
|  |  |  |  |  |  |  |  |
|  |  |  |  |  |  |  |  |
|  |  |  |  |  |  |  |  |
|  |  |  |  |  |  |  |  |
|  |  |  |  |  |  |  |  |
|  |  |  |  |  |  |  |  |
|  |  |  |  |  |  |  |  |
|  |  |  |  |  |  |  |  |
|  |  |  |  |  |  |  |  |

# 任务四　经纬仪的检验与校正

任 务 概 述

领取一台经纬仪，对经纬仪进行水准管轴垂直于仪器竖轴的检验与校正、十字丝竖丝垂直于横轴的检验与校正、视准轴垂直于横轴的检验和校正、横轴垂直于仪器竖轴的检验、指标差的检验与校正。

为了保证水平角观测达到规定的精度，经纬仪的主要部件之间，也就是主要轴线和平面之间，必须满足水平角观测所提出的要求。如图 3-16 所示，经纬仪的主要轴线有：仪器的旋转轴、望远镜的旋转轴、望远镜的视准轴和照准部水准管轴。仪器厂装配仪器时，要求水平度盘与竖轴为相互垂直的关系，所以只要竖轴竖直，水平度盘就水平。竖轴的竖直是利用照准部的水准管气泡居中，即水准管轴水平来实现的。因此上述两项要求可由照准部水准管轴与竖轴垂直来实现。视准面必须竖直的要求，实际上是由两个条件组成的：第一，视准面必须是平面，也就是视准轴应垂直于横轴；第二，这个平面必须是竖直的平面，即当视准轴垂直于横轴之后，横轴又必须水平，即横轴必须垂直于竖轴。

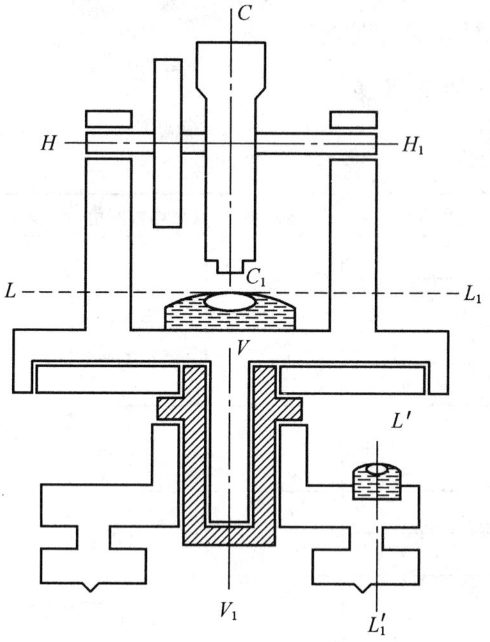

图 3-16 经纬仪的轴线

## 一、经纬仪的轴线及条件

经纬仪的轴线如图 3-16 所示。$VV_1$ 为纵轴，$LL_1$ 为平盘水准管轴，$L'L'_1$ 为圆水准轴，$HH_1$ 为横轴，$CC_1$ 为视准轴，纵轴为照准部的旋转轴。平盘水准管轴为通过水准管内壁圆弧中点的切线，当水准管气泡居中时，水准管轴处于水平位置。圆水准管为通过圆水准器内壁球面中心的法线，圆水准器气泡居中时，圆水准轴处于铅垂位置。横轴为望远镜的旋转轴，又称水平轴。视准轴为望远镜物镜光心与十字丝中心的连线，也是瞄准目标时的视线。

根据水平角和垂直角观测的原理，经纬仪经过整平以后，应达到以下要求：①纵轴应铅垂，水平度盘应水平；②望远镜上、下转动时，视准轴应在一个铅垂平面内。根据要求①，圆水准器必须与纵轴相平行，才能据此粗平仪器；平盘水准管轴必须与纵轴相垂直，才能据此精平仪器。根据要求②，视准轴必须与横轴相垂直，横轴必须与纵轴相垂直。另外，为了能在望远镜中检查目标是否垂直和测角时便于瞄准，要求十字丝的纵丝应铅垂，横丝应水平；为了便于垂直角观测，竖盘的指标差应有一定的限制；为了减少仪器对中误差，光学对中器的视准轴应与纵轴相重合。总之，经纬仪的轴线应满足下列条件：①平盘水准管轴应垂直于纵轴；②圆水准轴应平行于纵轴；③视准轴应垂直于横轴；④横轴应垂直于纵轴；⑤十字纵丝应垂直于横轴；⑥竖盘指标差应小于规定的数值；⑦光学对中器的视准轴应与纵轴相重合。

## 二、经纬仪的检验和校正

（一）平盘水准管的检验校正

目的：使平盘水准管轴垂直于纵轴。

检验：初步整平仪器，转动照准部使水准管平行于一对脚螺旋，相对转动这对脚螺旋，使水准管气泡居中。然后将照准部旋转180°，如果气泡仍居中，说明水准管轴垂直于纵轴；如果气泡偏离中心，应进行校正。

校正：相对地转动平行于水准管的一对脚螺旋，使气泡向中央移动偏歪格数的一半；然后用校正针拨动水准管一段的校正螺丝，使气泡完全居中。这项检验校正需要反复进行几次，直到照准部旋转180°后水准管气泡的偏歪在一格之内。

检验原理：如图3-17a所示的水准管轴已垂直于纵轴，水准管气泡居中，纵轴铅垂；此时照准部如果旋转180°，气泡仍然会居中。

如图3-17b所示，水准管不垂直于纵轴，此时使水准管气泡居中，则纵轴与铅垂线有一夹角 $a$；如图3-17c所示，将照准部绕纵轴旋转180°后，由于纵轴倾斜方向不变，水准管轴与水平线的夹角为 $2\alpha$，气泡的偏歪反映了这一角度。

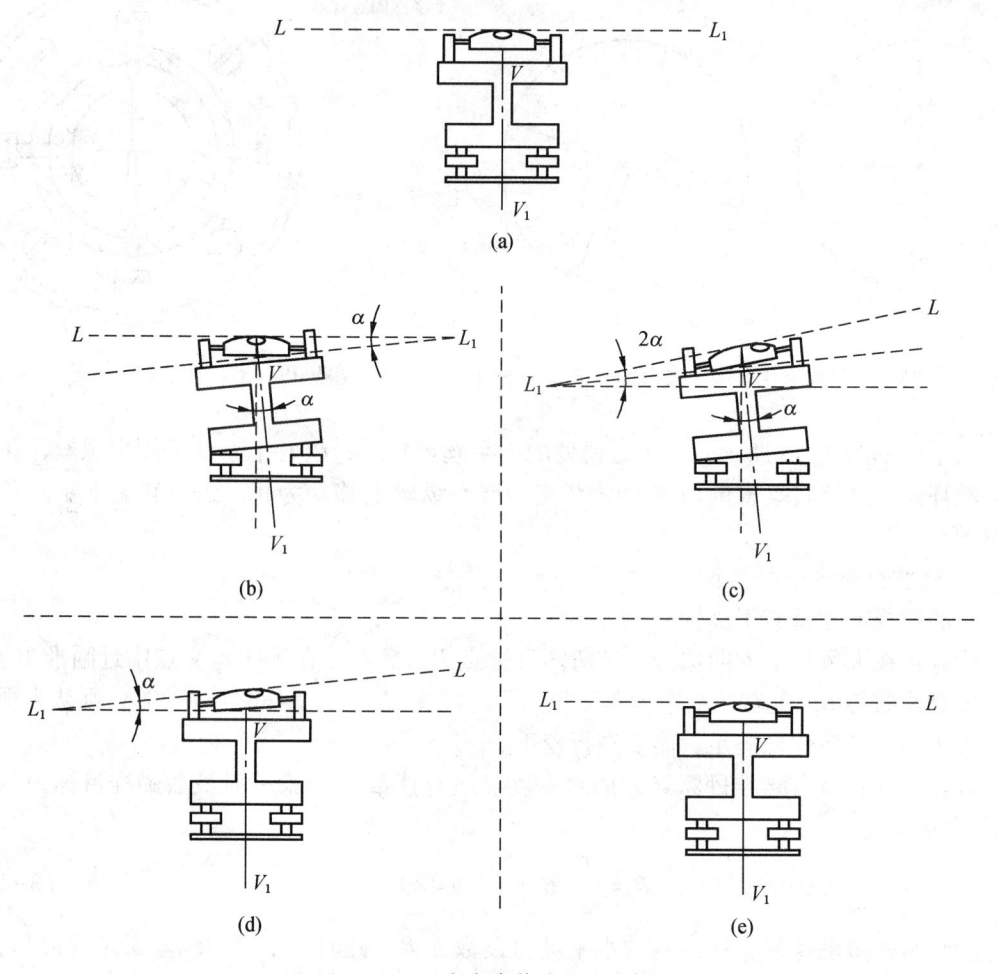

图3-17　平盘水准管的检验和校正

图3-17d所示为相对地转动一对脚螺旋向中间移动偏值的一半，此时的纵轴已经铅垂而水准管轴仍未水平，为气泡偏歪 $\alpha$ 角的反映。拨动水准管校正螺旋，使气泡居中，则水准管轴与纵轴相垂直，如图3-17所示。

（二）圆水准器的检验和校正

目的：使圆水准轴平行于纵轴。

检验：根据校正后的平盘水准管整平仪器，使纵轴铅垂；此时，圆水准器的气泡如果不居中，则需要校正。

校正：用校正针拨动圆水准器底下的校正螺丝，使气泡居中。

（三）十字丝的检验和校正

1. 十字丝位置的检验和校正

目的：仪器整平后，十字丝的纵丝在铅垂平面内，横丝水平。

检验：以十字丝的交点瞄准目标 $P$，旋转垂直微动螺旋，如果 $P$ 点相对于十字丝上下移动的轨迹离开纵轴（图 3-18b），则需要校正。

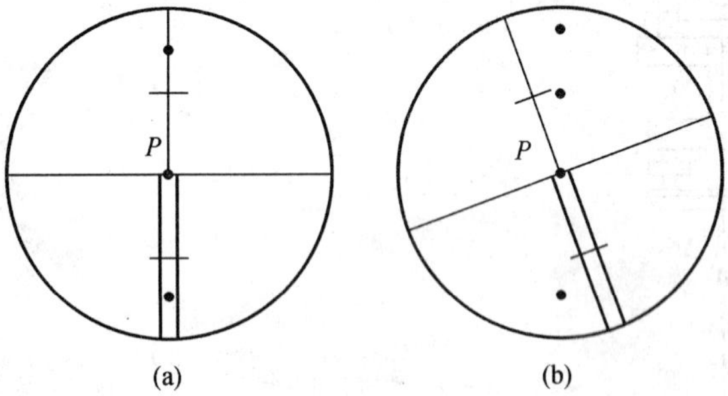

(a)　　　　　　　　　(b)

图 3-18　十字丝竖丝垂直于横轴的检验

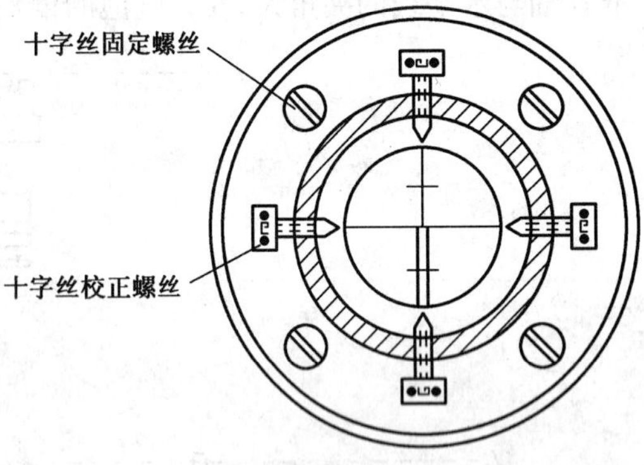

图 3-19　十字丝竖丝的校正

校正：如图 3-18 所示，旋下目镜处的十字丝环外罩，松开十字丝环固定螺丝，转动十字丝环，直至旋转垂直微动螺旋时 $P$ 点始终在纵丝上移动为止。最后转紧十字丝环固定螺丝。

2. 视准轴的检验和校正

目的：视准轴垂直于横轴。

检验：在大致水平方向选择一个清晰目标点 $P$，盘左，在十字丝交点附近瞄准 $P$ 点，水平度盘读数为 $L$；盘右，水平读盘读数为 $R$。如果 $|L-(R\pm180°)|>20''$，则认为视准轴垂直于横轴的条件未满足，需要进行校正。

校正：计算盘右瞄准目标 $P$ 时的水平度盘应有读数（因检验时最后瞄准目标为盘右位置）为

$$\bar{R} = \frac{1}{2}\left[R + (L \pm 180°)\right] \tag{3-13}$$

旋转水平微动螺旋，使盘右的水平度盘读数为 $R$，此时，十字丝纵丝必定偏离目标，用校正针拨动左右一对十字丝校正螺丝，使纵丝对准目标 $P$，如图 3-19 所示。

校正原理：视准轴 $CC_1$ 与横轴 $HH_1$ 的交角与 90° 的差值称为视准轴误差 $C$，如图 3-20 所示。当存在视准轴误差时，盘左水平度盘读数 $L$ 与盘右水平度盘读数 $R$ 中都包含误差 $C$。因此，按式（3-13）取盘左、盘右水平度盘读数时，可以抵消视准轴误差 $C$，使度盘读数对准正确的应有读数，并校正十字丝，使瞄准目标，即可消除视准轴误差 $C$，使视准轴垂直于横轴。

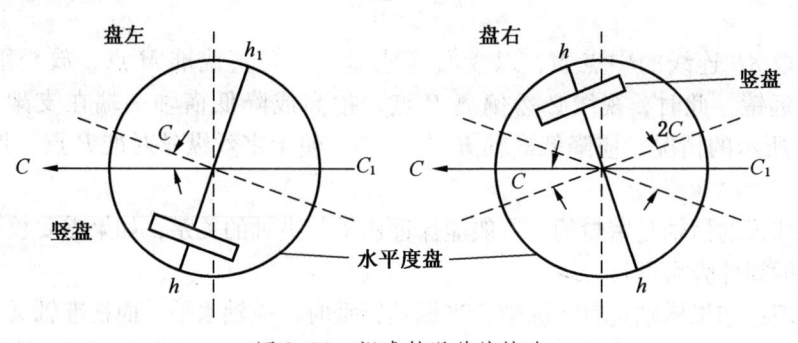

图 3-20　视准轴误差的检验

### （四）横轴的检验和校正

目的：使横轴垂直于纵轴。

检验：在离墙面 10~20 m 处安置经纬仪，整平以后，瞄准墙面高处一点 $P$（其仰角宜在 30°左右）制动照准部，然后大致放平望远镜，在墙面定出一点 $A$，如图 3-21a 所示；再以盘右瞄准 $P$ 点，放平望远镜，在墙面定出一点 $B$，如图 3-21b 所示。如 $A$ 点与 $B$ 点不能重合，说明横轴不能垂直于纵轴，需要进行校正。设纵轴铅垂而横轴不水平，与水平线的交角称为横轴误差 $i$。对于 DJ$_2$ 级经纬仪，$i$ 角不应大于 15″；对于 DJ$_6$ 级经纬仪，$i$ 角不应大于 20″。角值的计算式为

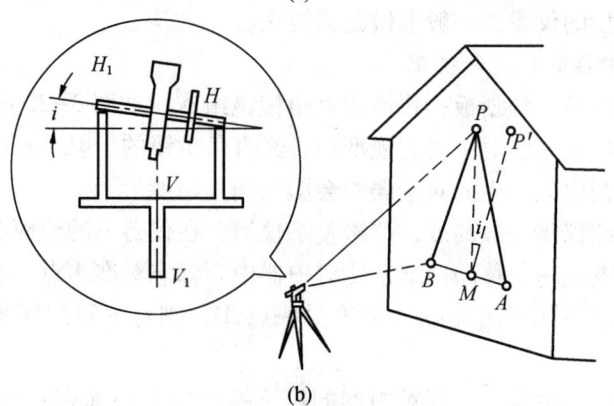

(a)

(b)

图 3-21　横轴误差的检验

$$i = \frac{AB}{2PM}\rho \qquad (3-14)$$

校正：取 $AB$ 连线的中点 $M$，以盘右（或盘左）位置瞄准 $M$ 点，放松垂直制动螺旋，抬高望远镜，此时，视线必然偏离 $P$ 点。抬高或降低横轴一端在支架上的轴承，如图 3-21b 所示的情况，应降低横轴 $H_1$ 的一端，使十字丝纵丝对准 $P$ 点，即可校正横轴的位置。

由于经纬仪的横轴是密封的，一般能保证横轴与纵轴的关系，如果需要校正，应由仪器检修人员拆卸外壳后进行。

检校原理：如果横轴垂直于纵轴，当纵轴铅垂时，横轴水平，而视准轴又经过校正而垂直于横轴。因此，望远镜盘左盘右瞄准同一目标 $P$ 而上下转动时，视准轴应在同一个铅垂平面内，在水平方向的 $A$、$B$ 两点可以重合。

如果横轴不垂直于纵轴而存在横轴误差则整平仪器后，横轴倾斜，望远镜上下转动时，视准轴在一个倾斜平面内，而且盘左、盘右观测时所倾斜的角度大小相等而方向相反。因此，取 $A$、$B$ 的中点 $M$，则 $PM$ 应在一条铅垂线上。当用望远镜瞄准 $M$ 点后，视准轴向上抬高时，仍然在一个倾斜平面内，因此，不能瞄准 $P$ 点，而应瞄准 $P'$ 点。此时，以铅垂线 $PM$ 为参照，瞄准 $M$ 点，抬高望远镜，校正横轴一端，使能瞄准 $P$ 点，视准轴即位于铅垂面内。

（五）竖盘指标差的检验和校正

目的：消除竖盘指标差。

检验：将经纬仪整平后，盘左、盘右分别用横丝瞄准一目标，读取竖盘读数（读数前，应使竖盘水准管气泡居中），算得盘左垂直角 $\alpha_L$ 与盘右垂直角 $\alpha_R$。计算指标差 $x$，如果 $x$ 的绝对值大于 $30''$，则需要校正。

校正：设竖盘分划注记为顺时针方向，计算按盘左，盘右测得的正确垂直角 $\alpha$，再计算盘左、盘右应有的竖盘正确读数：

$$L' = 90° - \alpha$$
$$R' = 270° + \alpha \qquad (3-15)$$

在盘左或盘右再次瞄准目标，旋转竖盘水准管微动螺旋，并对准读数，拨动竖盘水准管校正螺旋，使气泡居中。

对于有垂直补偿的仪器，一般不做此项校正。

（六）光学对中器的检验和校正

光学对中器由目镜、分划板、物镜和直角棱镜组成，如图 3-22 所示。分划板中心标志与物镜光心的连线是光学对中器的视准轴。经直角棱镜的折射，对中器的视准轴和仪器的纵轴相重合，否则由此产生的对中误差会影响测角精度。

检验：安置经纬仪于一般高度，严格整平仪器，在仪器下的地面上放一张白纸，在上面画一"十"字形标志 $A$，移动白纸，使对中器中心标志对准 $A$ 点，然后固定白纸；将照准部旋转 $180°$，如果对中器中心标志对准另一点 $A'$，则对中器的视准轴未与仪器纵轴重合，需要校正。

校正：定出 $AA'$ 的中点 $M$，用对中器的校正螺丝使中心标志对准 $M$ 点，然后再做一次旋转照准部 $180°$ 的检验。

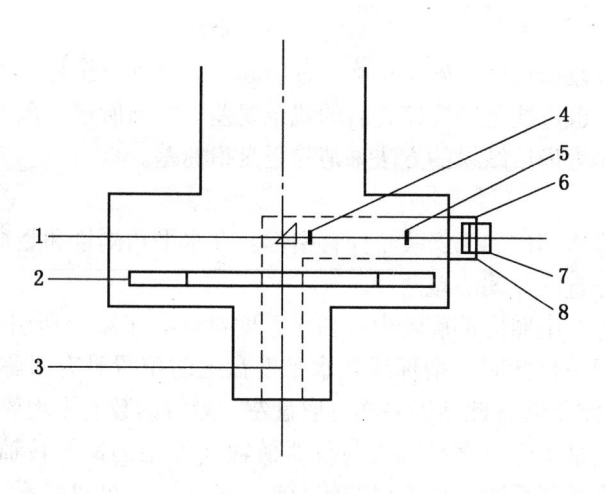

1—直角棱镜；2—水平度盘；3—仪器纵轴；4—对中器物镜；5—调焦透镜；
6—物镜调焦螺旋；7—目镜调焦螺旋；8—十字丝分划板

图 3-22　光学对中器结构

　　角度测量的误差主要来源于仪器误差、观测误差以及外界条件的影响等几个方面。认真分析这些误差，找出消除或减小误差的方法，从而提高观测精度。

**一、仪器误差**

　　仪器误差包括仪器检验和校正之后的残余误差、仪器零部件加工不完善所引起的误差等。主要有以下几种。

　　1. 视准轴误差

　　视准轴误差又称视准误差，由望远镜视准轴不垂直于横轴引起。因该误差对水平方向观测值的影响值为 $2C$，且盘左、盘右观测时符号相反，故在水平角测量时，可采用盘左、盘右一测回观测取平均数的方法消除视准轴误差。

　　2. 横轴误差

　　横轴误差又称支架差，由横轴不垂直于竖轴引起。根据图 3-21 可知，盘左、盘右观测中均含有支架差 $I'$，且方向相反。故水平角测量时，同样可采用盘左、盘右观测，取一测回平均值作为最后结果的方法消除横轴误差。

　　3. 竖轴误差

　　竖轴误差由仪器竖轴不垂直于水准管轴、水准管轴不完善、气泡不居中所引起。由于竖轴不处于铅垂位置，与铅垂方向偏离了一个小角度，从而引起横轴不水平，给角度测量带来误差，且这种误差的大小随望远镜瞄准不同方向、横轴处于不同位置而变化。同时，由于竖轴倾斜的方向与正、倒镜观测（即盘左、盘右观测）无关，所以竖轴误差不能用正、倒镜观测取平均数的方法消除。因此，观测前应严格检校仪器，观测时应仔细整平，保持照准部水准气泡居中，气泡偏离量不得超过一格。

#### 4. 竖盘指标差

竖盘指标差由竖盘指标线不处于正确位置引起。其原因可能是竖盘指标水准管没有整平，气泡没有居中，也可能是经检校之后的残余误差。如前所述，采用盘左、盘右观测一测回，取其平均值作为最后结果的方法来消除竖盘指标差。

#### 5. 度盘偏心差

度盘偏心差由仪器部件加工安装不完善引起。在水平角测量和竖直角测量中，分别有水平度盘偏心差和竖直度盘偏心差两种。

水平度盘偏心差是由照准部旋转中心和水平度盘圆心不重合所引起的指标读数误差。当盘左、盘右观测同一目标时，指标线在水平度盘上的位置具有对称性（即对称分划读数），所以在水平角测量时，此项误差亦可取盘左、盘右读数的平均数予以减小。

竖直度盘偏心差是指竖直度盘圆心与仪器横轴（即望远镜旋转轴）的中心线不重合引起的误差。在竖直角测量时，该项误差的影响一般较小，可忽略不计。若在高精度测量工作中，确需考虑该项误差的影响时，应检验竖直度盘偏心误差系数，对相应竖直角测量成果进行改正；或者采用对向观测的方法（即往返观测竖直角）来消除竖直度盘偏心差对测量成果的影响。

#### 6. 度盘刻划不均匀误差

度盘刻划不均匀误差亦属仪器部件加工不完善引起的误差。在目前精密仪器制造工艺中，这项误差一般均很小。在水平角精密测量时，为提高测角精度，可利用度盘位置变换手轮或复测扳手，在各测回之间变换度盘位置的方法减小其影响。

### 二、观测误差

造成观测误差的原因有两个：一是工作时不够细心；二是受人的器官及仪器性能的限制。观测误差主要有：对中误差、目标偏心、照准误差及读数误差。对于竖直角观测，则有指标水准器的调平误差。

#### 1. 对中误差

测站偏心的大小，取决于仪器对中装置的状况及操作的仔细程度。它对测角精度的影响如图 3-23 所示。设 $O$ 为地面标志点，$O_1$ 为仪器中心，则实际测得的角为 $\beta'$ 而非应测的 $\beta$，两者相差：

$$\Delta\beta = \beta - \beta' = \delta_1 + \delta_2 \tag{3-16}$$

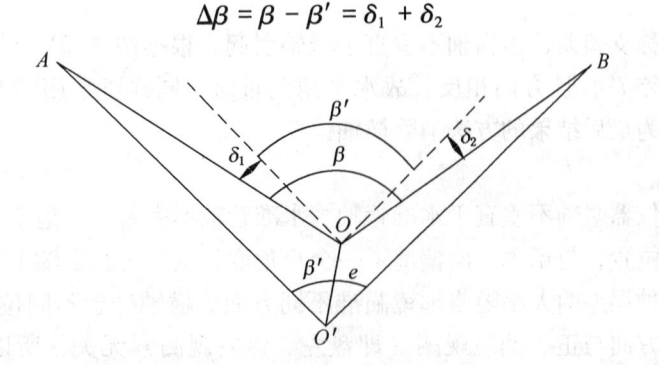

图 3-23 对中误差

由图中可以看出，观测方向与偏心方向越接近 90°，边长越短，偏心距 $e$ 越大，则对测角的影响越大。所以在测角精度要求一定时，边越短，则对中精度要求越高。

2. 目标偏心误差

在测角时，通常都要在地面点上设置观测标志，如花杆、垂球等。造成目标偏心的原因可能是标志与地面点对得不准，或者标志没有铅垂，而照准标志的上部时使视线偏移。与测站偏心类似，偏心距越大，边长越短，则目标偏心对测角的影响越大。所以，在短边测角时，应尽可能用垂球作为观测标志。

3. 照准误差

测量角度时，人的眼睛通过望远镜瞄准目标产生的误差，称为照准误差。其影响因素很多，如望远镜的放大倍率、人眼的分辨率、十字丝的粗细、标志的形状和大小、目标影像的亮度和清晰度等。通常以眼睛的最小分辨视角（60″）和望远镜的放大倍数 $V$ 来衡量仪器照准精度的大小，即

$$m_V = \pm \frac{60''}{V} \tag{3-17}$$

对于 DJ₆ 级经纬仪，一般 $V = 26$，则 $m_V = \pm 2.3''$。

4. 读数误差

对于分微尺读法，主要是估读最小分划的误差，对于对径符合读法，主要是对径符合的误差所带来的影响，所以在读数时应特别注意。DJ₆ 级仪器的读数误差最大为 $\pm 12''$。

5. 竖盘指标水准器的整平误差

在读取竖盘读数以前，须先将指标水准器整平。DJ₆ 级仪器的指标水准器分划值一般为30″，DJ₂ 级仪器一般为 20″。这项误差对竖直角的影响是主要因素，操作时应特别注意。

### 三、外界条件的影响

观测角度在一定的外界条件下进行，外界条件及其变化对观测质量有直接影响。如松软的土壤和大风影响仪器的稳定、日晒和温度变化影响水准管气泡的居中、大气层受地面热辐射的影响会引起目标影像的跳动等，这些都会给观测水平角和竖直角带来误差。因此，要选择成像清晰稳定的目标，选择有利时间观测，设法克服或避开不利条件的影响，以提高观测成果的质量。

## 任务实施

### 一、技能目标

（1）熟悉 DJ₆ 级光学经纬仪各部分的构造及轴线间应有的关系。

（2）掌握 DJ₆ 级光学经纬仪检验的要领，了解 DJ₆ 级光学经纬仪的校正方法。

### 二、实训器具

DJ₆ 级光学经纬仪 1 台、皮尺 1 把、校正针 1 根、小螺丝刀 1 把、记录板 1 块（含记录表格）、铅笔、小刀、直尺、白纸等。

### 三、实训步骤

（1）一般性检查。安置仪器后，检验三脚架是否牢固，水平制动和微动螺旋、望远镜制动和微动螺旋、物镜和目镜对光螺旋、度盘变换手轮、竖盘指标水准管微动螺旋、脚螺旋等是否有效，望远镜成像是否清晰等。同时了解经纬仪各主要轴线及其相互关系。

（2）照准部水准管轴垂直于仪器竖轴的检验与校正。

检验：初步整平仪器，转动照准部，使水准管平行于任意一对脚螺旋，转动该对脚螺旋使气泡严格居中；再将照准部旋转180°，若气泡仍然居中，则说明照准部水准管轴垂直于仪器竖轴，否则需要校正。

校正：转动这对脚螺旋，使气泡移动偏离量的一半，然后用校正针拨动水准管一端校正螺钉使气泡居中。这项检校需反复多次，直至气泡偏离在一格以内。

（3）十字丝竖丝垂直于仪器横轴的检验与校正。

检验：用十字丝交点瞄准一明显而细小的固定目标点，旋紧照准部制动螺旋和望远镜制动螺旋，转动望远镜微动螺旋，使目标点沿竖丝上、下移动，若目标点始终不离开竖丝，则说明竖丝垂直于仪器横轴，否则需要改正。

校正：旋下十字丝护罩，用小螺丝刀松开十字丝环的四个固定螺旋，转动十字丝环，直至望远镜上下移动时目标点始终在竖丝上移动，最后旋紧4个固定螺旋。

（4）望远镜视准轴垂直于横轴的检验与校正。

检验：在平坦场地选择相距100 m的$A$、$B$两点，仪器安置在两点中间的$O$点。在$A$点固定一个与经纬仪同高的标志，在$B$点与经纬仪同高处横置一根与铅垂线垂直的水平尺子，盘左瞄准$A$点标志，固定照准部，倒转望远镜，在$B$点尺上定出$B_1$点；盘右同法定出$B_2$点。若$B_1$、$B_2$重合，说明视准轴垂直于横轴，否则需要校正。

校正：在$B_1$、$B_2$点间定出$B_3$点，使$B_2B_3 = \frac{1}{4}B_1B_2$。拨动十字丝左、右两个校正螺钉，使十字丝交点与$B_3$点重合，反复进行，直至$B_1B_2 \leqslant 10$ mm，最后旋上十字丝护罩。

（5）横轴垂直于竖轴的检验与校正。

检验：在离墙20~30 m处安置仪器，以盘左位置瞄准墙面高处一点$P$（竖直角应不小于30°），然后将望远镜大致放平，在墙上定出十字丝交点位置$P_1$，同法盘右定出一点$P_2$。若$P_1$、$P_2$两点重合，则说明横轴垂直于竖轴。否则，需要校正，并用三角尺量取$P_1P_2$的长度。

校正：由于横轴是密封的，故该项校正应由专业维修人员进行。

（6）竖盘指标水准管的检验和校正。

检验：安置经纬仪，仪器整平后，用盘左、盘右观测同一目标点$A$，分别使竖盘指标水准管气泡居中，读取竖盘读数$L$和$R$（注意读数前一定先使竖盘指标水准管气泡严密居中），分别计算出竖直角$\delta_L$和$\delta_R$及指标差$x$，若$x$值超过$1'$，需要校正。

校正：仪器位置不动，仍以盘右瞄准原目标；转动竖盘指标水准管微动螺旋，将原竖盘读数调整到正确读数$R'$（$R' = R - x$）；拨动指标水准管校正螺钉，使气泡居中。如此反复多次，直至满足要求。

（7）光学对中器的检验和校正。

检验：对仪器进行整平后，在脚架中央放置画有十字交点 $A$ 的白纸，移动白纸，在光学对中器目镜中观察，使交点 $A$ 对准分划圈中心，将仪器照准部旋转 180°，如果分划圈中心仍对准交点 $A'$ 则说明满足条件，否则需要校正。

校正：定出交点 $A$ 与偏离点 $A'$ 的中点 $O$，转动对中器上的校正螺钉，使分划圈中心对准 $O$ 点。

### 四、实训要求

（1）实训课前，各组要准备几张画有十字线的白纸，用作照准标志。

（2）要按实训步骤进行检验、校正，不能颠倒顺序。在确认检验数据无误后，才能进行校正。

（3）每项校正结束时，要旋紧各校正螺旋。

（4）选择检验场地时，应顾及视准轴和横轴两项检验，既可看到远处水平目标，又能看到墙上高处目标。

（5）每项检验完成后应立即填写经纬仪检验与校正记录表（表 3-9）中的相应项目。

表 3-9　经纬仪检验与校正记录表

| 检 验 项 目 | 检 验 和 校 正 经 过 | |
| --- | --- | --- |
| | 略　　图 | 观 测 数 据 及 说 明 |
| 水准管轴垂直于竖轴 | | |
| 竖丝垂直于横轴 | | |
| 视准轴垂直于横轴 | | |
| 横轴垂直于竖轴 | | |

### 五、上交资料

每小组交合格的观测记录 1 份（表 3-9），每人交实训报告 1 份。

# 项目二　距　离　测　量

任务概述

距离测量是确定地面点位时的基本测量工作之一。距离测量的方法有卷尺量距、视距测量和电磁波测距等。卷尺量距是用可以卷起来的尺子沿地面丈量，属于直接量距；视距测量是利用经纬仪或水准仪望远镜中的视距丝和标尺，按几何光学原理进行测距，属于间接测距；电磁波测距是用光学和电子仪器向目标发射和接收反射回来的电磁波进行测距，属于电子物理测距。

卷尺量距是传统的量距方法，工具简单，成本低。因易受地形限制，目前仅用于平坦地区的近距离测量，如用于地形测量中的细部丈量和建筑工地的细部施工放样等。视距测量为利用望远镜的光学性能和目标点上的标尺，以测定距离，适用于精度要求较低的近距离测量，如水准测量中测定前、后视距离。电磁波测距中广泛采用的是光电测距，这种方法的仪器先进、测程远、精度高、操作方便，开始时用于控制测量中的高精度的远距离测量，后来逐步在近距离的细部测量、施工放样等工作中普及应用，目前已成为距离测量的主要方法。

本任务仅讨论钢尺量距、视距测量和电磁波测距。

# 任务一　钢　尺　量　距

选择地面上两已知点，丈量两点间的水平距离，并提交观测成果。

钢尺量距，顾名思义就是借助钢尺或卷尺以及其他辅助测试距离的工具和仪器，进行距离的测试和衡量，包括点间距离、平面距离、斜面距离、高度距离、深度距离等各个方面的距离标准。钢尺量距主要分为平坦地面上的量距方法和倾斜地面上的量距方法。

## 一、钢卷尺和丈量工具

1. 钢卷尺

钢卷尺简称钢尺。钢尺可以卷放在圆形的尺壳内，或放在尺架上，如图 3-24a 所示。也有尺长仅为 2~5 m 的小钢尺，用于量取测量仪器安置时离地面点的高度，或瞄准目标的高度，或在地形测量时量取地物细部的尺寸。钢尺长度的最小分划为毫米，最小注记为厘米，各整米处也有注记。图 3-24b 所示为钢尺开头的一段注记。

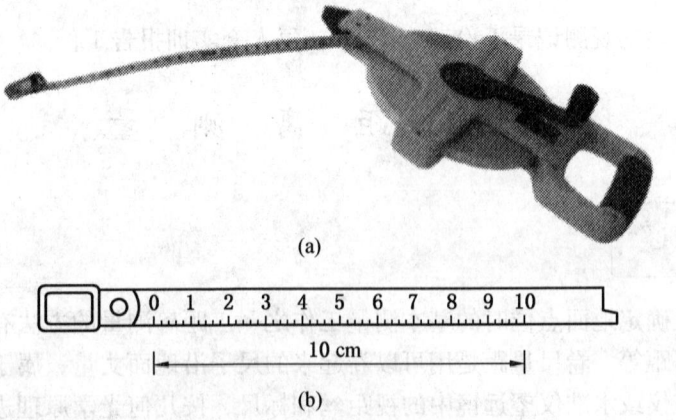

(a)

(b)

图 3-24　钢尺及其分划注记

## 2. 丈量工具

丈量工具有标杆、测钎、垂球等；精度要求较高的量距时，还需要有弹簧秤和温度计。标杆用于标定直线，测钎用于标定尺段数，垂球用于不平坦地区将尺子的端点垂直投影到地面，弹簧秤用于拉直尺子时施加规定的拉力，温度计用于测定钢尺丈量时的温度并对钢尺长度进行改正。

## 二、直线定线

地面上两点之间距离较远时，用钢尺的一尺段不能量完，就需要在直线方向上在地面标定若干个点，以便钢尺能沿此直线丈量，这项工作称为直线定线。一般情况下，可用标杆目测定线；对于定线精度要求较高的情况或距离很远时，需要用经纬仪定线。直线定线还包括延长一条直线。

### （一）目测定线

如图3-25所示，设 A、B 两点可以通视，需要在两点间的直线上标定出1、2等点。首先在 A、B 点上竖立标杆，甲站在 A 点标杆后面约1 m 处，指挥乙左右移动标杆，直到甲从 A 点沿标杆的同一侧看到 A、2、B 三支标杆在同一直线上为止。同法可定出直线上的其他点。两点间定线，一般应由远到近。如图3-25所示，应先定1点，再定2点。目测定线时，标杆应竖直，乙持标杆的方法为用食指和拇指夹住标杆的上部，稍稍提起，利用标杆的重心在手指下面使标杆自然竖直。

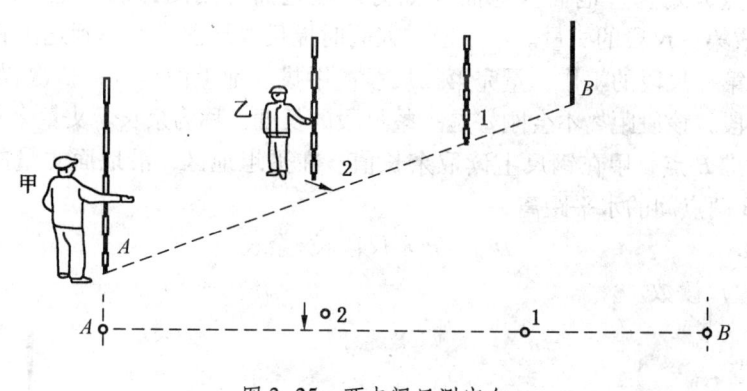

图3-25　两点间目测定向

### （二）用经纬仪定线

#### 1. 用经纬仪在两点间定线

设 A、B 两点可以通视，安置经纬仪于 A 点，经过对中、整平后，用望远镜十字丝的纵丝瞄准 B 点标杆，水平制动照准部；指挥在两点间某处的助手，左右移动标杆，直至标杆被望远镜的纵丝所平分。精密定线时，标杆应该用直径更小的测钎代替，或采用更适用于精确瞄准的觇牌。

#### 2. 用经纬仪延长直线

如图3-26所示，如果需要将 AB 直线精确延长至 C 点，置经纬仪与 B 点，经对中、整平后，在望远镜左位置以纵丝瞄准 A 点，水平制动照准部，倒转望远镜，在 C' 点旁定出 C'' 点；取 C'C'' 的中点，即为精确位于 AB 延长线的 C 点。这种延长直线的方法称为经纬仪正倒镜分中法，该法可以消除经纬仪可能存在的视准轴差和横轴对延长直线的影响。

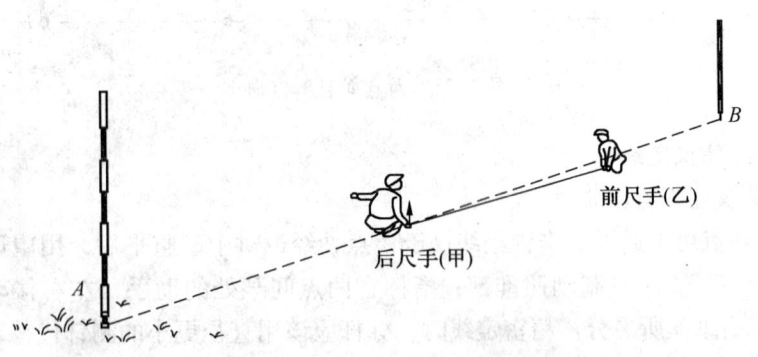

图 3-26　经纬仪正倒镜分中法延长直线

### 三、距离丈量

用钢尺进行距离丈量，对于较长的距离（如长度有多个尺段）一般需要 3 个人。分别担任前尺手、后尺手和记录的工作。在地势起伏较大地区或行人车辆较多的地区，还需增加辅助人员。丈量较短距离一般仅需 2 人。

1. 平坦地面的丈量方法

如图 3-27 所示，为丈量多个尺段，现在直线两端点 A、B 竖立标杆。丈量时，后尺手（甲）持钢尺的末端在起点 A，前尺手（乙）持钢尺的前端（零点一端）和一束测钎沿直线方向前进；到一整尺段（钢尺的长度）时，甲根据端点 B 的标杆指挥乙，将钢尺拉直在 AB 方向上，钢尺刻画向上，平敷于地面，不使扭曲；对准直线方向和拉紧钢尺后，乙喊"预备"，甲把钢尺末端分划对准起点 A 后喊"好"，乙在听到"好"的同时，把测钎对准零点分划垂直地插入地面（如为硬性地面可用测钎或铅笔在地面画线做记号），这样完成第一尺段的丈量。甲、乙二人同时提尺离地前进，甲到达测钎或画线记号处，二人重复第一尺段的工作，量完第二尺段，甲拔起地上的测钎；依次操作，直至 AB 直线的最后一段，该段距离不会刚好是一整尺段的长度，称为余长。丈量余长时，乙将钢尺零点分划对准 B 点，甲在钢尺上读取余长值。在平坦地区，沿地面丈量的结果即为水平距离。A、B 两点间的水平距离为

$$D_{AB} = n \times 尺段长 + 余长 \qquad (3-18)$$

式中　　$n$——整尺读数。

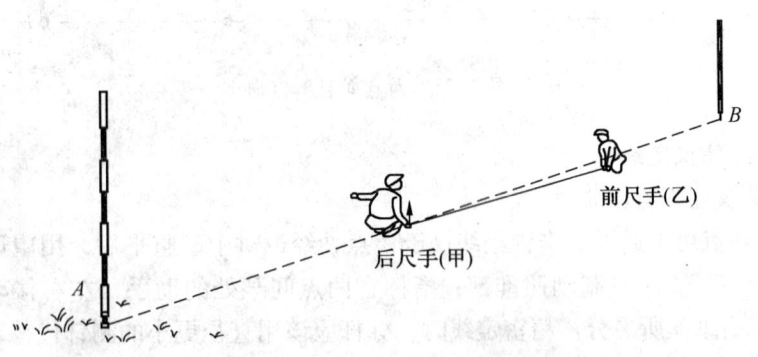

图 3-27　平坦地区的距离丈量

为了防止丈量错误和提高丈量精度，两点间的距离一般需要往返丈量。将往返丈量距离的差值（取绝对值）除以距离概值，并化为分子为 1 的分式，称为量距的相对精度（或称为相对误差，或相对校差）。例如，AB 的往测距离为 174.89 m，返测距离为

174.84 m，测量距的相对精度为

$$\frac{|\text{往测距离} - \text{返测距离}|}{\text{距离概值}} = \frac{174.89 - 174.84}{175} = \frac{1}{3500} \tag{3-19}$$

相对精度的分母越大，说明丈量距离的精度越高。钢尺量距的相对精度一般规定不低于 1/3000。量距的相对精度如未超限，则取往返量距的平均值作为两点间的水平距离 $D$。

2. 倾斜地面的丈量方法

如果 $A$、$B$ 两点间有明显的高差，但地面坡度均匀，大致成一倾斜面（图 3-28），可沿地面丈量倾斜距离 $S$（简称斜距），再用水准仪测定两点间的高差 $h$，则水平距离 $D$（简称平距）和高差改正 $\Delta D_h$ 为

$$D = \sqrt{S^2 - h^2} \tag{3-20}$$
$$\Delta D_h = D - S \tag{3-21}$$

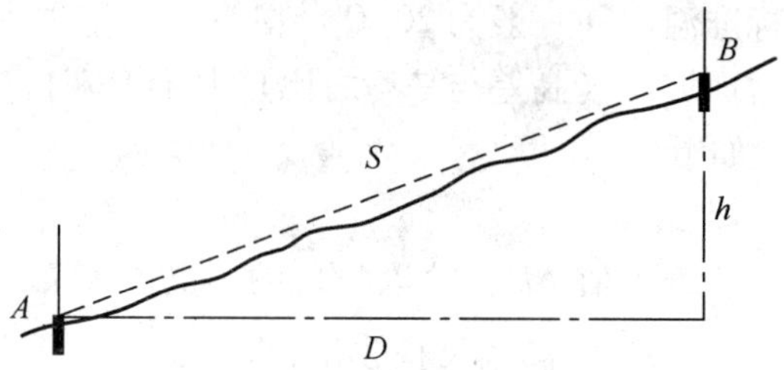

图 3-28　倾斜地面量距的高差改正

3. 高低不平地面的丈量方法

沿地面量距，当某些尺段的地面高低不平时，前、后尺手应同时抬高并拉紧尺子，使悬空并保持大致水平，用垂球将尺子端点或某一分划投影到地面，以得到该段的水平距离。如果为整尺或较长的尺段，则尺子中间还需要有人托尺，使尺子能大致保持水平。

**四、钢尺长度检定**

钢尺两端点分划线之间的标准长度称为钢尺的实际长度，端点分划的注记长度称为钢尺的名义长度。实际长度往往不等于名义长度，而是存在一个差值。用这样的尺子量距，每量一尺段就包含一个差值，随距离的增长而积累，属于系统误差。另外，钢尺丈量时的温度对尺长也有影响。因此，钢尺需要经过检定，以求得尺长方程式，据此量得长度的改正值。另外，用不同的拉力拉直钢尺会使尺长有微小的变化。因此，量距时一般规定：对30 m 的钢尺，用 100 N（牛顿）拉力（弹簧秤指针读数为 10 kg）；对 50 m 钢尺，用150 N 拉力（弹簧秤指针读数为 15 kg）。

钢尺的实际尺长应是在规定的拉力下，以温度为自变量的函数来表示。这就是钢尺的尺长方程式，即

$$l = l_0 + \Delta k + \alpha l_0 (t - t_0) \tag{3-22}$$

式中　$l$——钢尺改正后的长度，m；

$l_0$——钢尺的名义长度，m；

$\Delta k$——尺长改正值，mm；

$\alpha$——钢尺的膨胀系数；

$t_0$——标准温度，一般为 20 ℃；

$t$——丈量时的温度，℃。

尺长方程式中的尺长改正值是经过与标准长度相比较（钢尺检定）而求得的。

### 五、钢尺量距的长度改正

钢尺量距的长度改正，在理论上应包括尺长改正、温度改正和高差改正，计算经各项改正后的水平距离。实际上，如果距离丈量的相对精度要求高于 1/3000，在下列情况下，才需要进行有关项目的改正：

（1）尺长改正值大于尺长的 1/10000 时，应加尺长改正。

（2）量距时温度与标准温度（一般为 20 ℃）相差±10 ℃时，应加温度改正。

（3）沿地面丈量的地面坡度（高差与平均之比）大于 1% 时，应加高差改正。

各项改正的计算分述如下：

1. 尺长改正

按尺长方程式中的尺长改正值 $\Delta k$，除以卷尺的名义长度 $l_0$，可得每米尺长改正值，再乘以量得长度 $D'$，即得到该段距离的尺长改正为

$$\Delta D_k = D' \frac{\Delta k}{l_0} \tag{3-23}$$

2. 温度改正

将距离丈量时的平均温度 $t$ 与标准温度 $t_0$ 之差乘以钢尺的膨胀系数 $\alpha$（注意：尺长方程式中列出的数值为 $\alpha t_0$），乘以量得长度 $D'$，即得到该段距离的温度改正为

$$\Delta D_t = D'\alpha(t - t_0) \tag{3-24}$$

3. 高差改正

在倾斜地面丈量时，用水准仪测得直线两端点的高差 $h$，算得该段距离的高差改正：

$$\Delta D_h = - h^2/2D'_0$$

如果沿线的地面倾斜不是同一坡度，则应分段测定高差，分段计算高差改正 $\Delta D_h$。

按量得长度，经过各项改正后的水平距离为

$$D = D' + \Delta D_k + \Delta D_t + \Delta D_h \tag{3-25}$$

【例 3-1】使用一支长 30 m 的钢尺，用标准的 100 N 拉力，沿倾斜地面往返丈量 $AB$ 边的距离，用水准仪测得两端点的高差 $h = 2.54$ m，往测时的平均温度为 32.4 ℃，返测时为 33.0 ℃，钢尺的尺长方程式为

$$l = 30 \text{ m} - 1.8 \text{ mm} + 0.36(t - 20 \text{ ℃}) \text{ mm}$$

往返丈量的量得长度、计算的各项改正和计算的改正后水平距离列于表 3-10 中。根据改正后的水平距离计算往返丈量的相对精度为

$$\frac{234.950 \text{ m} - 234.941 \text{ m}}{235 \text{ m}} = \frac{1}{26100}$$

表 3-10　钢尺量距成果整理

| | | | | | | | 尺号：015　尺长方程式：$l=30\text{ m}-1.8\text{ mm}+0.36\ (t-20\text{ ℃})$ |
|---|---|---|---|---|---|---|---|
| 线段<br>（端点号） | 量得长度<br>$D'$ /mm | 丈量时温度<br>$t$ /℃ | 端点<br>高差 $h$ /m | 尺长改正<br>$\Delta D_k$ /m | 温度改正<br>$\Delta D_t$ /m | 高差改正<br>$\Delta D_h$ /m | 改正后<br>平距 $D$ /m |
| $A—B$ | 234.943 | 32.4 | 2.54 | −0.0141 | +0.0350 | −0.0137 | 234.950 |
| $B—A$ | 234.932 | 33.0 | 2.54 | −0.0141 | +0.0366 | −0.0137 | 234.941 |

## 任务实施

### 一、技能目标

（1）掌握直线定线的方法和步骤。

（2）掌握钢尺量距的观测、记录和计算方法。

### 二、实训器具

$DJ_6$ 级光学经纬仪 1 台、钢尺 1 把（30 m）、测钎、铅笔、计算器等。

### 三、实训要求

（1）同一个点位用两种不同的定线方法进行观测，分别进行计算，并比较不同方法观测结果之间的差异。

（2）水平距离取位至毫米。

### 四、实训步骤

（1）在观测点之间进行直线定线。在地面上选定相距约 80 m 的 $A$、$B$ 两点插测钎作为标志，测钎后几厘米处插标杆；一人持标杆至 $A$、$B$ 的大致中点 $M$，一人在 $A$ 点标杆后根据 $A$、$B$ 点标杆目视定线，指挥中点 $M$ 处的标杆竖立于 $AB$ 直线上。

（2）往测：后尺手持钢尺零点端对准 $A$ 点，前尺手持尺盒及携带测钎向 $AB$ 方向前进，至一尺段钢尺全部拉出时停下，由后尺手根据 $M$ 点的标杆指挥前尺手将钢尺定向，前、后尺手拉紧钢尺，由前尺手喊"预备"，后尺手对准零点后喊"好"，前尺手在整 30 m 处插下测钎，完成一尺段的丈量，依次向前丈量各整尺段；到最后一段不足一尺段时为余长，后尺手对准零点后，前尺手在尺上根据 $B$ 点测钎读数（读至毫米）；记录者在丈量过程中在钢尺量距记录表（表 3-11）上记下整尺段数及余长，得往测总长。

表 3-11　钢尺量距记录表

| 测量起止点 | 测量方向 | 整尺长/m | 整尺数 | 余长/m | 水平距离/m | 往返校差/m | 平均距离/m | 精度 |
|---|---|---|---|---|---|---|---|---|
| | | | | | | | | |
| | | | | | | | | |

（3）返测：由 $B$ 点向 $A$ 点用同样方法丈量。

（4）根据往测和返测的总长计算往返差数、相对精度，最后取往、返总长的平均数。

### 五、注意事项

（1）钢尺量距的原理简单，但在操作上容易出错，要做到"三清"：零点看清——尺子零点不一定在尺端，有些尺子零点前还有一段分划，必须看清；读数认清——尺上读数要认清 m、dm、cm 的注字和 mm 的分划数；尺段记清——尺段较多时，容易发生少记一个尺段的错误。

（2）钢尺容易损坏，为维护钢尺，应做到"四不"：不扭、不折、不压、不拖。用毕要擦净后才可卷入尺壳内。

### 六、上交资料

每小组交合格的观测记录 1 份（表 3-11），每人交实训报告 1 份。

## 任务二 视 距 测 量

视距测量是利用经纬仪、水准仪的望远镜内十字丝分划板上的视距丝在视距尺（水准尺）上读数，根据光学和几何学原理，同时测定仪器到地面点的水平距离和高差的一种方法。这种方法具有操作简便、速度快、不受地面起伏变化影响的优点，被广泛应用于碎部测量中。

如图 3-29 所示，已知地面上 $A$、$P_1$、$P_2$ 三点，用视距测量法测出 $AP_1$、$AP_2$ 的距离。

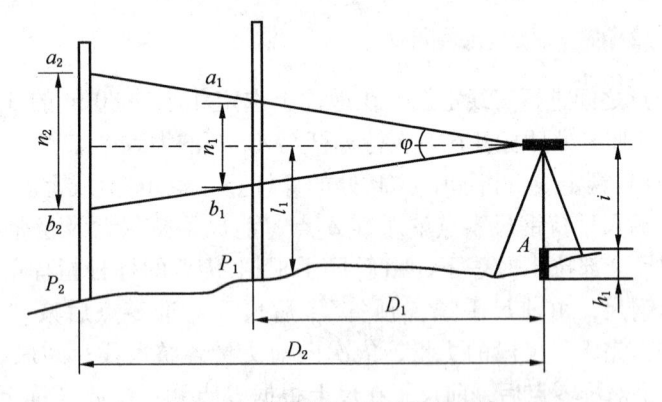

图 3-29　视准轴水平的视距测量

视距测量是一种光学间接测距方法，它利用测量望远镜内十字丝平面上的视距丝及刻有厘米分划的视距标尺（与普通水准尺通用），就可以测定测站与目标点之间的水平距离和高差（垂直距离），如图 3-30 所示。简便是其优点，但测距的相对精度约为 1/300，低于用钢尺直接量距。测定高差的精度低于水准测量。可用于精度要求不高的距离测量，如水准测量中前、后视的距离测定和低精度的地形测量。

在经纬仪或水准仪望远镜上的十字丝平面内，与横丝平行且上、下等间距的两根短丝称为视距丝，如图 3-30 右上方所示。由于上、下视距丝的间距固定，因此，从这两根视距丝引出去的视线在竖直面内的夹角 $\varphi$ 也是一个固定角度。在测站 $A$ 安置水准仪或经纬仪，并使视准轴水平；在 1、2 点一次竖立标尺，则视准轴与标尺垂直。上视距丝在标尺上的读数为 $a$，下视距丝在标尺上的读数为 $b$，上、下读数之差称为视距间隔 $l$，即

$$l = a - b \tag{3-26}$$

由于 $\varphi$ 角固定，视距间隔 $l$ 与测站至立尺点的水平距离 $D$ 成正比，即

$$D = Cl \tag{3-27}$$

上式中的比例系数 $C$ 称为视距常数，由上、下两根视距丝的间距所决定，在仪器设计时，使 $C = 100$。因此，当视准轴水平时，计算水平距离的公式为

$$D = kl = 100(a - b) \tag{3-28}$$

视准轴水平时，十字丝横丝在标尺上的读数为 $v$，在用小钢尺量取仪器高 $i$，则可计算测站至立尺点的高差为

$$h = i - v \tag{3-29}$$

如图 3-30 所示，$B$ 点高出 $A$ 点较多，不可能用水平视线进行视距测量，必须把望远镜视准轴放在倾斜位置，如尺子仍竖直立着，则视准轴不与尺面垂直，上面推导的公式就不适用了。若要把视距尺与望远镜视准轴垂直，那是不易办到的。因此，在推导水平距离的公式时，必须导入两项改正：① 对于视距尺不垂直于视准轴的改正；② 视线倾斜的改正。

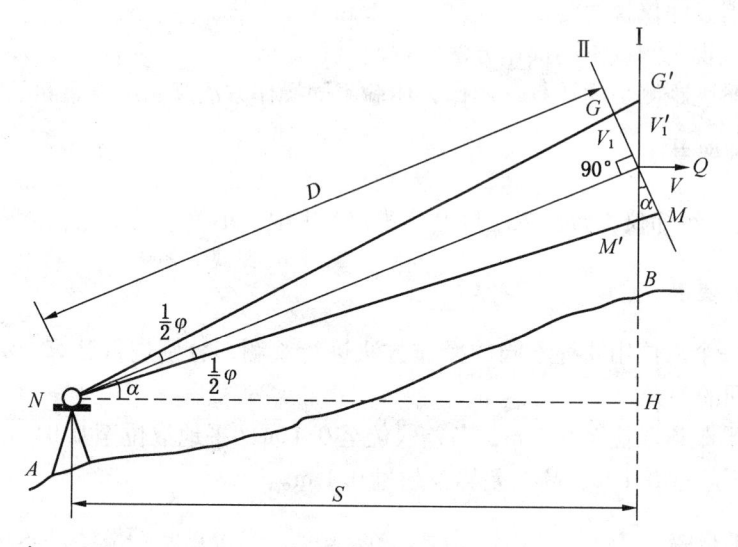

图 3-30  视准轴倾斜时的视距原理

测定倾斜地面线 $AB$ 的水平投影 $S$ 时（图 3-30），在 $A$ 点安置仪器，在 $B$ 点竖立视距尺，望远镜内上、下视距丝和中丝分别截在尺上 $M'$、$G'$、$Q$ 点。若视距尺安放的与视准轴垂直（如图 3-30 中 II 的位置），则视距丝将分别截在尺上 $M$、$G$ 两点。因为

$$\angle MQM' = \angle GQG' = \alpha$$

则

$$\angle QMM' = 90° - \frac{1}{2}\varphi$$

$$\angle QGG' = 90° + \frac{1}{2}\varphi$$

由于 $1/2\varphi$ 很小（一般等于 17′11.5″），故可以把 $\angle QMM'$ 和 $\angle QGG'$ 当作直角。由图 3-30 得知：

$$V + V_1 = V'\cos\alpha + V_1'\cos\alpha = (V_1 + V'_1)\cos\alpha \qquad (3-30)$$

式中，$V' + V'_1$ 是两视距丝所截竖直视距尺的间隔 $l$，而 $V+V_1$ 是假设视距尺与视准轴垂直时两视距丝在尺上的间隔 $l_0$，因此上式可写为

$$l_0 = l\cos\alpha \qquad (3-31)$$

应用式（3-28），得出倾斜直线 $NQ$ 的长度为

$$D = Kl_0 = Kl\cos\alpha \qquad (3-32)$$

将倾斜距离折算成水平距离 $S$ 需乘以 $\cos\alpha$，则

$$S = Kl\cos^2\alpha \qquad (3-33)$$

而两点间的高差可以根据竖直角 $\alpha$、仪器高 $i$ 及中丝读数 $v$，按下式计算：

$$h = S\tan\alpha + i - v \qquad (3-34)$$

## 一、技能目标

（1）掌握经纬仪视距测量的观测、记录和计算方法。

（2）掌握视距测量不同操作方法的观测过程。

（3）熟悉视距测量的计算器操作，体验不同操作方法观测结果之间的差异。

## 二、实训器具

$DJ_6$ 级光学经纬仪 1 台、视距尺（水准尺）1 根、小钢卷尺 1 把、铅笔、计算器等。

## 三、实训要求

（1）同一个点位用 4 种不同的操作方法进行观测，分别进行计算，并比较不同方法观测结果之间的差异。

（2）水平距离取位至 0.1 m，高差取位至 0.1 m（平地取位至 0.01 m）；不同方法水平距离差异不超过 0.1 m，高差差异不超过 0.1 m。

## 四、实训步骤

（1）在测站点上安置仪器，对中、整平，量取仪器高 $i$（精确至厘米），假定测站高程 $H_0$。

（2）选择立尺点，竖立视距尺。

（3）以经纬仪的盘左位置照准视距尺，采用不同的操作方法对同一根视距尺进行观测。对于天顶距式注记的经纬仪，在忽略指标差的情况下，盘左竖盘读数即天顶距。根据不同的仪器，竖盘读数前，或者打开竖盘指标补偿器开关，或者使竖盘指标水准管气泡居中。

① 任意法：望远镜十字丝照准尺面，高度使三丝均能读数即可。读取上丝读数、下丝读数、中丝读数、竖盘读数，分别记入手簿。

计算：水平距离 $S = Kl\sin^2 Z$      高差 $h = D/\tan Z + i - v$      高程 $H = H_0 + h$

② 等仪器高法：望远镜照准视距尺，使中丝读数等于仪器高。读取上丝读数、下丝读数、竖盘读数，分别记入手簿。

计算：水平距离 $S = Kl\sin^2 Z$      高差 $h = D/\tan Z$      高程 $H = H_0 + h$

③ 直读视距法：望远镜照准视距尺，调节望远镜高度，使下丝对准视距尺上整米读数，且三丝均能读数。读取视距、中丝读数、竖盘读数，分别记入手簿。

计算：水平距离 $S = Kl\sin^2 Z$      高差 $h = D/\tan Z + i - v$      高程 $H = H_0 + h$

④ 平截法（经纬仪水准法）：望远镜照准视距尺，调节望远镜高度，使竖盘读数 $L$ 等于90°。读取上丝读数、下丝读数、中丝读数，分别记入手簿。

计算：水平距离 $S = Kl$      高差 $h = i - v$      高程 $H = H_0 + h$

## 五、注意事项

（1）视距测量只用盘左观测半个测回，所以实训所用经纬仪事先应进行检验校正，使竖盘指标差不大于 $1'$。

（2）视距尺应竖直。

（3）采用4种不同的方法观测时，立尺点位不要改变。

（4）对于有竖盘指标补偿器的仪器，还箱时应关闭其开关。

## 六、上交资料

每小组交合格的观测记录1份（表3-12），每人交实训报告1份。

表3-12 视距测量记录表

| 测站（高程）仪器高 | 目标 | 下丝读数 上丝读数 视距间隔 | 中丝读数 | 竖盘读数 | 垂直角 | 水平距离 | 高差 | 高程 |
|---|---|---|---|---|---|---|---|---|
|  |  |  |  |  |  |  |  |  |
|  |  |  |  |  |  |  |  |  |
|  |  |  |  |  |  |  |  |  |
|  |  |  |  |  |  |  |  |  |

如图 3-31 所示，已知地面 $A$、$B$ 两点，用光电测距仪测出 $A$、$B$ 两点间的水平距离。

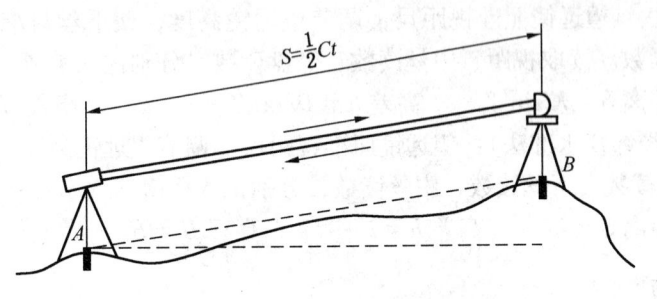

图 3-31　光电测距

电磁波测距是利用电磁波作为载波传输测距信号以测定两点间距离的一种方法，具有测程远、精度高、作业快、不受地形限制等优点。目前已成为大地测量、工程测量和地形测量中距离测量的主要方法。电磁波测距的仪器按其采用的载波可分为以下 3 种：① 用红外光作为载波的红外测距仪；② 用激光作为载波的激光测距仪；③ 用微波段的无线电波作为载波的微波测距仪。前两者又总称为光电测距仪。本节主要介绍光电测距仪的基本工作原理和测距方法。

### 一、光电测距仪的基本原理

光电测距仪的原理：利用已知光速 $C$，测定它在两点间的传播时间 $t$，以计算距离。如图 3-31 所示，欲测定 $A$、$B$ 两点间的距离时，将一台发射和接收光波的测距仪主机安置于一端点 $A$，另一端点 $B$ 安置反光棱镜，经过光的发射、接收和时间测定，两点间的距离 $S$ 可按式（3-35）计算。由于 $A$、$B$ 两点一般不可能位于同一高程，光电测距直接测定倾斜距离（斜距）$S$。根据光速和传播时间计算斜距的理论公式为

$$S = \frac{1}{2}Ct \tag{3-35}$$

通过垂直角测定，可以按斜距计算出两点间的平距和高差。

光在真空中的传播速度（光速）是一个重要的物理量。通过近代的物理实验，迄今所知在真空中光速的精确值 $C_0 = (299792458 \pm 1.2)$ m/s。光在大气中的传播速度为

$$C = \frac{C_0}{n} \tag{3-36}$$

式中，$n$ 为大气折射率（一个微大于 1 的数值），它是光的波长 $\lambda_g$、大气温度 $t$、大

气气压 $p$ 等的函数，即

$$n = f(\lambda_g, \ t, \ p) \tag{3-37}$$

各种光电测距仪所采用光波的波长有一定的数值（ $0.8 \sim 0.9 \ \mu m$ ），而大气的气温和气压则随时在变。因此，在光电测距作业中，在理论上需测定气温和气压，对所测距离进行气象改正。

真空中的光速是接近 $30 \times 10^4 \ km/s$ 的基本物理常数，虽具有一定的误差，但影响光速测距的相对误差甚小，气象改正的影响也不大，光电测距的精度主要取决于测定光波往返传播时间的精度。根据测定方式的不同，光电测距仪又分为脉冲式测距仪和相位式测距仪。

1. 脉冲式测距仪的基本原理

脉冲式测距仪的基本原理：在测站的仪器将发射光波的光强调制成脉冲光，射向目标并接收反射光，并据此测定光波在测站与目标间往返传播的时间。其工作原理如图 3-32 所示。

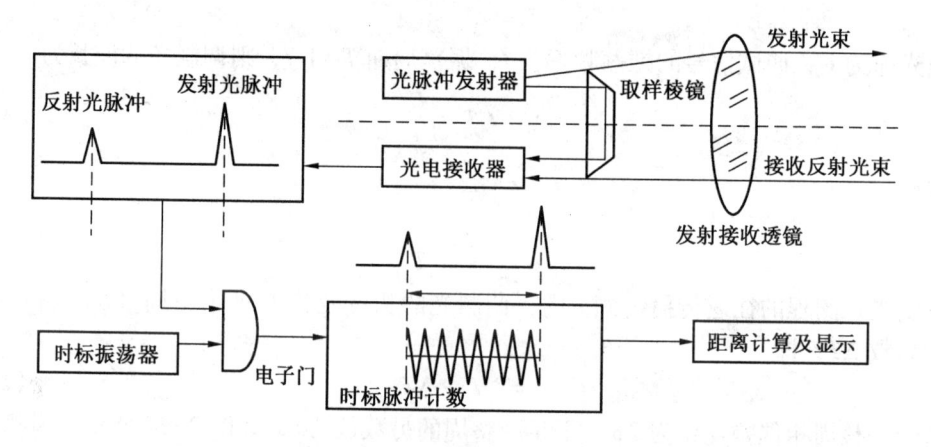

图 3-32　脉冲式测距仪工作原理

首先由光脉冲发射器将发射光的光强调制成具有一定频率的尖脉冲，通过发射接收透镜向目标定向发射；与此同时，由仪器内的取样棱镜取一小部分发射光送入光电接收器，将光脉冲转换为电脉冲（称为主波脉冲），由此打开电子门，让由时标振荡器发生的时标脉冲通过，时标脉冲计数器开始计数；从目标反射回来的反射光脉冲也被转化为电脉冲（称为回波脉冲），由此关闭电子门，时标脉冲计数器停止计数。设时标振荡器的振荡频率为 $f_0$（每秒振荡次数），周期 $T_0 = 1/f_0$（每振荡一次的时间），计数器所得时标脉冲为 $m$ 个，则脉冲光波往返传播的时间 $t = mT_0$，代入式（3-35），得到所测斜距为

$$S = \frac{1}{2} C m T_0 \tag{3-38}$$

脉冲式测距仪可以不用反射器（如反光棱镜）而接收目标体产生的激光漫反射进行测距，因此特别适用于地形测量和目标难以到达时的测距。但不用反射器的测距精度会略低于用反射器时的测距精度，所测距离的长度也受到一定的限制。

2. 相位式测距仪的基本原理

相位式测距仪的基本原理：利用周期为 $T$ 的高频电振荡将测距仪的发射光源（红外

测距仪采用砷化镓发光二极管）进行振幅调制，使光强随电振荡的频率而周期性地明暗变化 $\Delta\phi$，如图 3-33 所示。根据相位差间接计算出传播时间，从而计算距离。

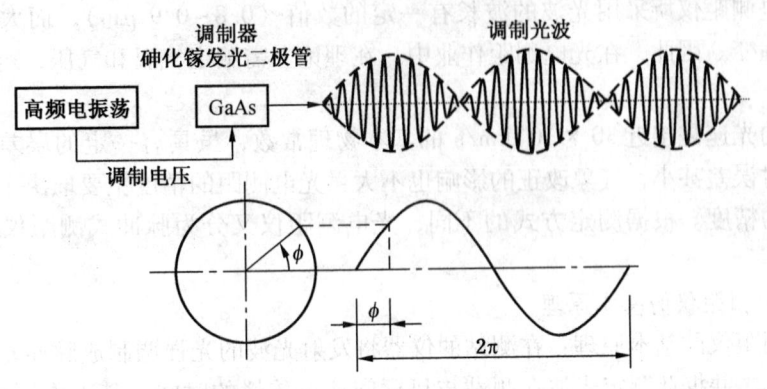

图 3-33　相位式测距光强调制

设光速为 $C$，调试信号的振荡频率为 $f$，振荡周期 $T=1/f$，则调制光的波长为

$$\lambda = CT = \frac{C}{f} \tag{3-39}$$

因此

$$C = \lambda f = \frac{\lambda}{T} \tag{3-40}$$

调制光在测程的往返传播时间 $t$ 内，调制光的相位变化了 $N$ 个整周（$NT$）和不足一整周的另数 $\Delta T$，即

$$t = NT + \Delta T \tag{3-41}$$

由于一整周相位差变化为 $2\pi$，不足一整周的另数位 $\Delta\phi$，如图 3-34 所示。因此

$$\Delta T = \frac{\Delta\phi}{2\pi}T \tag{3-42}$$

$$t = T\left(N + \frac{\Delta\phi}{2\pi}\right) \tag{3-43}$$

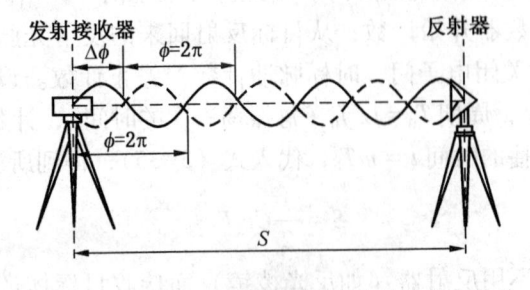

图 3-34　相位式测距的调制光波发射接收相位差

将式（3-40）和式（3-43）代入式（3-35），得到相位式光电测距的基本公式：

$$S = \frac{\lambda}{2}\left(N + \frac{\Delta\phi}{2\pi}\right) \tag{3-44}$$

由此可见，相位式光电测距的原理有一点和钢尺量距相似，即相当于用一支长度为 $\lambda/2$（半波长）的"光波尺"来量距，$N$ 为"整尺段数"，$(\lambda/2)\times(\Delta\phi/2\pi)$ 为"余长"。

因此，调制光的光尺长度可以由调制信号的频率 $f$ 来决定。例如，近似地取光速 $C = 3\times10^8$ m/s，则调制频率 $f$ 与调制光的光尺长度 $\lambda/2$ 的近似关系见表 3-13。

表 3-13　调制频率与光尺长度

| 调制频率 $f$ | 30 MHz | 15 MHz | 7.5 MHz | 1.5 MHz | 150 MHz |
|---|---|---|---|---|---|
| 光尺长 $\lambda/2$ | 5 m | 10 m | 20 m | 100 m | 1 km |

在相位式测距仪中，用相位计只能测定发射与接收光波相位差的尾数 $\Delta\phi$，而不能测定相位差的整周数 $N$，从而使式（3-42）产生多值解。只有当待测距离小于光尺长时，才有确定的数值。此外，相位计的相位差测定也只能有 4 位有效数值。因而，在相位式测距仪中设置有两种调制频率，产生两种光尺长度。例如，频率 $f_1 = 15$ MHz（约数），称为精尺频率，光尺长 $\lambda_1/2 = 10$ m，称为精尺长度，由此测定距离的尾数：米、分米、厘米、毫米数；频率 $f_2 = 150$ kHz（约数），称为粗尺频率，光尺长 $\lambda_2/2 = 1000$ m，称为粗尺长度，由此测定距离的尾数：千米、百米、十米和米数。两种调制频率的联合使用，即可测得完整的距离值。

## 二、光电测距的长度改正

### （一）测距的乘常数和加常数改正

**1. 乘常数改正**

无论是脉冲式测距仪或相位式测距仪，对光调制的频率设计和成品的检验校正都应有正确的数值。在仪器的使用过程中，由于电子元件的老化等原因，实际的调制频率与设计的标准频率可能会有微小的差别（如尺长误差），其影响与所测距的长度成正比。因此，需要定时（一般为每隔一年）进行测距仪检定，可以得到改正距离用的比例系数，称为测距仪的乘常数 $R$，据此对观测成果加以改正。通过将测距仪在标准长度的检定，可以得到测距仪的乘常数 $R$。

光电测距的乘常数改正与测距长度成正比。测距的乘常数改正值为

$$\Delta S_R = RS' \tag{3-45}$$

【例 3-2】$R = +6.3$ mm/km，测得斜距 $S' = 816.350$ m，则 $\Delta S_R = 6.3\times0.816 = +5$ mm。

**2. 加常数改正**

由于测距仪的距离起算中心与测距仪的安置中心不一致，以及反射棱镜的等效反射面与棱镜安置中心不一致，使测得距离与实际距离有一个固定的差数，称为测距仪的加常数 $C$。当测距仪与反射棱镜构成一套固定的设备后，加常数为一个固定值，可以设置在仪器中，使其自动改正。一般以"棱镜常数"的名义设置加常数。但在仪器使用过程中，此常数可能会发生变化，因此也需要定时进行检定，必要时，应对观测成果加以改正。

光电测距的加常数改正值 $\Delta S_c$ 与距离的长短无关，即

$$\Delta S_c = C \tag{3-46}$$

### （二）气象改正

影响光速的大气折射率 $n$ 为光的波长 $\lambda_g$、气温 $t$、气压 $p$ 的函数。对于某一型号的测距仪，

$\lambda_g$ 为一定值。因此，根据距离测量时测定的气温和气压，，可以计算距离的气象改正值 $A$。距离的气象改正值与距离的长度成正比，因此，测距仪的气象改正系数相当于另一个乘常数，其单位也取 mm/km，因此可以与仪器的乘常数一起进行改正。距离的气象改正值为

$$\Delta S_A = AS' \qquad (3-47)$$

对于单位 mm/km 为每千米改正 1 mm，是百分之一，因此又称百万分率，英文缩写为 "ppm"，或直接以 $10^{-6}$ 表示。例如，某测距仪说明书中给出该仪器的气象改正系数：

$$A = 279 - \frac{0.2904p}{1 + 0.00366t} \qquad (3-48)$$

式中  $p$——气压，MPa；

  $t$——气温，℃。

该式以 $p = 1013$ MPa、$t = 15$ ℃ 为标准状态，此时，$A = 0$，一般情况下，例如：$p = 987$ MPa、$t = 30$ ℃，代入式（3-48），得到 $A = +21$ ppm；对于斜距 $S' = 816.350$ m 时，其气象改正值为

$$\Delta S_A = +21 \times 10^{-6} \times 816.35 = +17 \text{ mm}$$

## 一、技能目标

（1）认识全站仪的构造，掌握全站仪各部操作螺旋的使用。

（2）掌握全站仪角度测量、距离测量和高差测量的按键操作。

## 二、实训器具

全站仪 1 台、反射棱镜 2 台、小钢卷尺 1 把、铅笔、计算器等。

## 三、实训要求

（1）学会全站仪的使用后才能开机操作。

（2）角度取位至 1″，水平距离取位至 0.001 m，高差取位至 0.001 m。

## 四、实训步骤

（1）测站点上安置仪器，对中整平，量取仪器高（精确至毫米）。

（2）在待测点上安置反射棱镜，棱镜朝向全站仪，量取棱镜高（精确至毫米）。

（3）认识全站仪操作面板，学会全站仪各部操作螺旋的使用。

（4）全站仪开机（视不同型号的全站仪决定是否在水平和竖直方向转动），进入开机界面（一般设置为角度测量模式）。

（5）全站仪盘左照准左侧棱镜中心，在角度测量模式下置零，进入距离测量模式测距，记录水平距离和高差，回到测角模式。

（6）全站仪盘左照准右侧棱镜中心，记录水平度盘读数；进入距离测量模式测距，记录水平距离和高差，回到测角模式。

（7）全站仪盘右照准右侧棱镜中心，记录水平度盘读数；进入距离测量模式测距，记录水平距离和高差，回到测角模式。

（8）全站仪盘右照准左侧棱镜中心，记录水平度盘读数；进入距离测量模式测距，记录水平距离和高差，回到测角模式。

### 五、注意事项

（1）全站仪价格昂贵，因此一定要按规程操作，保证仪器安全。

（2）实训以外的功能不要操作，尤其不要改变全站仪的设置。

（3）量取仪器高和棱镜高时，直接从地面点量至相应的中心位置。

（4）每次照准都要瞄准棱镜中心。

### 六、上交资料

每小组交合格的观测记录 1 份，每人交实训报告 1 份。

# 项目三　全站仪测量

在传统的测量中，人们已经提到了"速测法"，它是指用一种仪器在同一个测点，能够同时测定某一点的平面位置和高程的方法。速测仪最初就是根据这个原理而设计的，由于其距离测量是通过光学方法来实现的，所以称这种速测仪为光学速测仪。电子测距技术的出现大大地推动了速测仪的发展。用光电测距代替光学测距，用电子经纬仪代替光学经纬仪测角，使仪器的测量距离更远、时间更短、精度更高。随着仪器结构和功能的进一步完善，便出现了全站仪的概念。

全站仪是全站型电子速测仪的简称，它是一种可以同时进行角度（水平角、竖直角）测量、距离（斜距、平距、高差）测量和数据处理，由机械、光学、电子元件组合而成的测量仪器。由于只需一次安置，仪器便可以完成测站上所有的测量工作，故被称为全站仪。

随着全站仪技术的成熟和完善，使其操作更加方便，测量精度更高，结构更合理，并且越来越广泛地应用在测绘工程、建筑工程、交通与水利工程、地籍与房产测量、大型工业设备安装调试、大桥水坝的变形观测、地质灾害监测及体育竞技等领域。

## 任务一　全站仪的认识和使用

本任务旨在了解全站仪的基本构造及主要部件的名称与功能，清楚全站仪的按键功能和测量模式，掌握全站仪的安置、目标照准等基本操作使用。

以南方 NTS-962 型全站仪为例，辨认其主要部件的名称及功能，练习全站仪的基本设置、仪器安置和目标照准等使用操作。

### 一、全站仪的基本组成及结构

#### （一）全站仪的基本组成

全站仪由电子测角、电子测距、电子补偿、微机处理装置4部分组成，它本身就是一个带有特殊功能的计算机控制系统，其计算机处理装置由微处理器存储器输入部分和输出部分组成。由微处理器对获取的倾斜距离、水平角、垂直角、垂直轴倾斜误差、视准轴误差、垂直度盘指标差、棱镜常数、气温、气压等信息加以处理，从而获得各项改正后的观测数据和计算数据。在仪器的只读存储器中固化了测量程序，测量过程由程序完成。仪器的设计框架如图3-35所示。

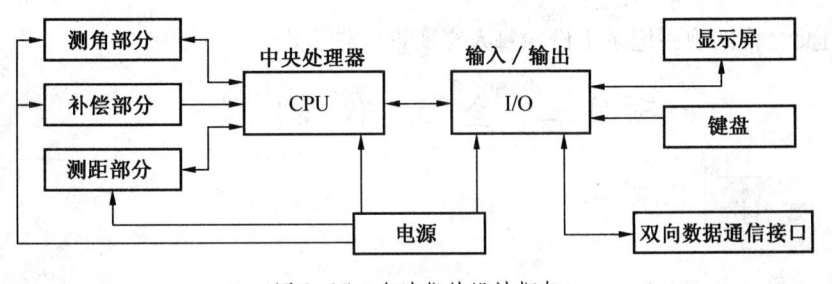

图3-35　全站仪的设计框架

图3-35中，电源部分是可充电电池，为各部分供电；测角部分为电子经纬仪，可以测定水平角、垂直角，设置方位角；补偿部分可以实现仪器垂直轴倾斜误差对水平、垂直角度测量影响的自动补偿改正；测距部分为光电测距仪，可以测定两点之间的距离；中央处理器接受输入指令、控制各种观测作业方式、进行数据处理等；输入/输出包括键盘、显示屏、双向数据通信接口。

从总体上看，全站仪的组成可分为两大部分：一是为采集数据而设置的专用设备，主要有电子测角系统、电子测距系统、数据存储系统、自动补偿系统等；二是测量过程的控制设备，主要用于有序地实现上述每一专用设备的功能，包括与测量数据相连接的外围设备及进行计算、产生指令的微处理器等。

只有上面两大部分有机结合才能真正地体现"全站"功能，既要自动完成数据采集，又要自动处理数据和控制整个测量过程。

#### （二）全站仪的基本结构

全站仪按其结构可分为组合式（积木式）与整体式两种。

1. 组合式全站仪

组合式全站仪由测距头、光学经纬仪及电子计算部分组合而成。这种全站仪出现较早，经不断地改进可将光学角度读数通过键盘输入测距仪并对倾斜距离进行计算处理，最后得出平面距离、高差、方位角和坐标差，这些结果可自动地传输到外部存储器中。后来发展为把测距头、电子经纬仪及电子计算部分拼装组合在一起，其优点是能通过不同的构件进行多样组合，当个别构件损坏时，可以用其他构件代替，具有很强的灵活性。早期的全站仪都采用这种结构。

图 3-36 所示为日本索佳公司生产的 RED mini 短程测距仪，仪器测程为 0.8 km。测距仪的支座下有插孔及制紧螺旋，可使测距仪牢固地安装在经纬仪的支架上方。旋紧测距仪支架上的竖直制动螺旋后，可调节微动螺旋使测距仪在竖直面内俯仰转动。测距仪发射接收镜的目镜内有十字丝分划板，用以瞄准反射棱镜。图 3-37 所示为组合式单块反射棱镜，当测程大于 300 m 时，可换装 3 块棱镜。

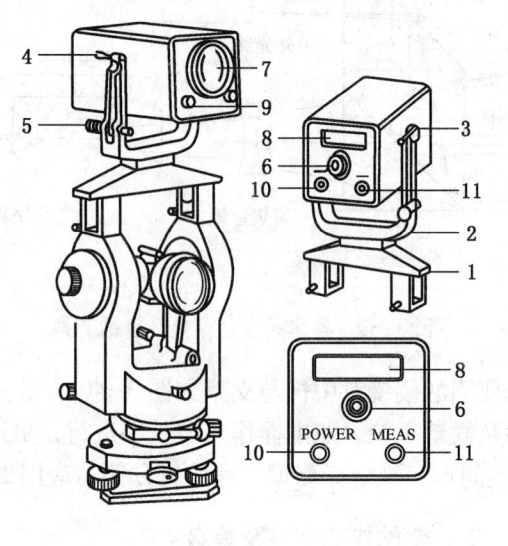

1—支架座；2—支架；3—主机；4—竖直制动螺旋；5—竖直微动螺旋；6—发射接收镜的目镜；
7—发射接收镜的物镜；8—显示窗；9—电源电缆插座；10—电源开关键（POWER）；11—测量键（MEAS）

图 3-36　组合式全站仪

## 2. 整体式全站仪

整体式全站仪是在一个机器外壳内含有电子测距、测角、补偿、记录、计算、存储等部分（图 3-38），将发射、接收、瞄准光学系统设计成同轴，共用一个望远镜（图 3-39），角度和距离测量只需一次瞄准，测量结果能自动显示并能与外围设备双向通信。其优点是体积小、结构紧凑、操作方便、精度高，现代的全站仪都采用整体式结构。

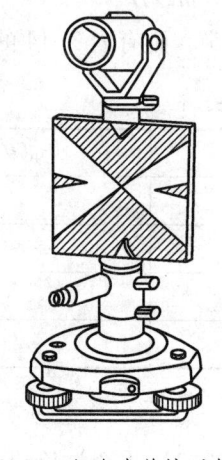

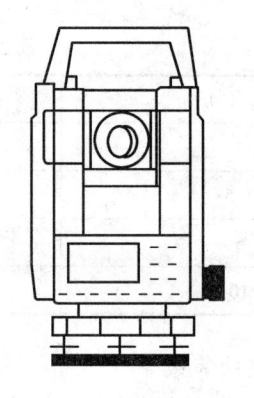

图 3-37　组合式单块反射棱镜　　　　　图 3-38　整体式全站仪

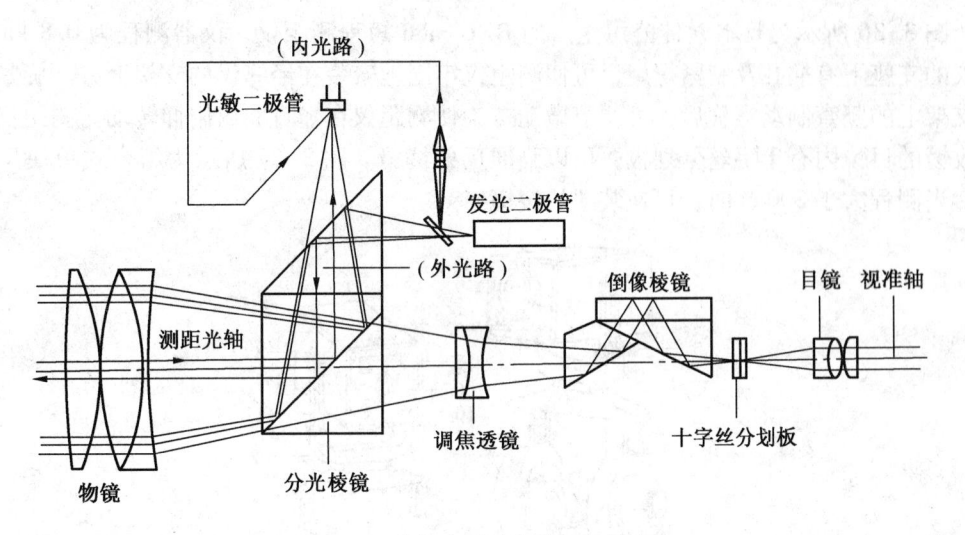

图 3-39　整体式全站仪望远镜的光路

整体式全站仪配套使用的棱镜对中杆与支架如图 3-40 所示。如果仪器有水平方向和竖直方向同轴双速制动及微动手轮，照准操作只需单手进行，更适合移动目标的跟踪测量及空间点三维坐标测量，操作更方便，应用更广泛。

图 3-40　棱镜对中杆与支架

## 二、全站仪的精度及等级

### 1. 全站仪的精度

全站仪是集光电测距、电子测距、电子补偿、微机数据处理为一体的综合型测量仪器，其主要精度指标是测距精度 $m_D$ 和测角精度 $m_\beta$。如南方 NTS-962 型全站仪的标称精度：测角标称精度 $m_\beta = \pm 2''$，测距标称精度 $m_D = \pm(2\ \text{mm} + 2 \times 10^{-6}D)$。

在全站仪的精度等级设计中，对测距和测角精度的匹配采用"等影响"原则，即

$$m_\beta/\rho = m_D/D \qquad (3-49)$$

式中，$D = 1 \sim 2\ \text{km}$，$\rho = 206265''$，则有表 3-14 的对应关系。

表 3-14　$m_\beta$ 与 $m_D$ 的关系

| $m_\beta/('')$ | $m_D(D=1\ \text{km})/\text{mm}$ | $m_D(D=2\ \text{km})/\text{mm}$ |
|---|---|---|
| 1 | 4.8 | 2.4 |
| 1.5 | 7.3 | 3.6 |
| 5 | 24.2 | 12.1 |
| 10 | 48.5 | 24.2 |

### 2. 全站仪的等级

根据《全站型电子速测仪检定规程》（JJG 100—2003）将全站仪的准确度划分为 4 个等级，见表 3-15。

表 3-15 全站仪的准确度等级

| 准确度等级 | 测角标准差 $m_{\beta}/('')$ | 测距标准差 $m_D/mm$ |
|---|---|---|
| I | $\|m_{\beta}\| \leq 1$ | $\|m_D\| \leq 5$ |
| II | $1 < \|m_{\beta}\| \leq 2$ | $\|m_D\| \leq 5$ |
| III | $2 < \|m_{\beta}\| \leq 6$ | $5 \leq \|m_D\| \leq 10$ |
| IV | $6 < \|m_{\beta}\| \leq 10$ | $\|m_D\| \leq 10$ |

注：$m_D$ 为每千米测距标准差。

I、II级仪器为精密型全站仪，主要用于高等级控制测量及变形观测等；III、IV级仪器主要用于道路和建筑场地的施工测量、电子平板数据采集、地籍测量和房地产测量等。

### 三、全站仪的分类

（一）按测量功能分

全站仪按测量功能可分成以下4类。

1. 经典型全站仪

经典型全站仪也称为常规全站仪，它具备全站仪电子测角、电子测距和数据自动记录的基本功能，有的还可以运行厂家或用户自主开发的机载测量程序。其经典代表为徕卡公司的 TC 系列全站仪。

2. 机动型全站仪

在经典全站仪的基础上安装轴系步进电机，可自动驱动全站仪照准部和望远镜的旋转，自动进行正、倒镜测量，徕卡 TCM 系列全站仪就是典型的机动型全站仪。

3. 无合作目标型全站仪

无合作目标型全站仪是指在无反射棱镜的条件下，可对一般的目标直接测距的全站仪。因此，对不便安置反射棱镜的目标进行测量，无合作目标型全站仪具有明显优势。如徕卡 TCR 系列全站仪，无合作目标距离测程可达 200 m，可广泛用于地籍测量、房地产测量和施工测量等。

4. 智能型全站仪

在机动型全站仪的基础上，仪器安装自动目标识别与照准的新功能，因此在自动化的过程中，全站仪进一步克服了需要人工照准目标的重大缺陷，实现了全站仪的智能化。在相关短距离软件的控制下，智能型全站仪在无人干预的条件下可自动完成多个目标的识别、照准与测量。因此，智能型全站仪又称"测量机器人"。典型的代表有徕卡的 TCA 系列全站仪等。

（二）按测距仪测距分

全站仪按测距仪测距可分为以下3类。

1. 测距全站仪

测距全站仪测程小于 3 km，一般精度为 $\pm(5\ mm + 5 \times 10^{-6}D)$，主要用于普通测量和城市测量。

2. 中测程全站仪

中测程全站仪测程为 3~15 km，一般精度为 $\pm(5\ mm + 2 \times 10^{-6}D)$，$\pm(2\ mm + 2 \times 10^{-6}D)$通常用于一般等级的控制测量。

### 3. 长测程全站仪

长测程全站仪测程大于 15 km，一般精度为 $\pm(5\ mm+1\times10^{-6}D)$，通常用于国家三角网及特级导线的测量。

由于目前国家控制网及工程控制网一般采用全球定位系统 GPS 测量，所以目前的全站仪主要以中、短程为主。

### 四、智能型全站仪的主要特点

智能型全站仪又称电脑全站仪，具有双轴倾斜补偿器，双边主、附显示器，双向传输通信，大容量的内存或磁卡与电子记录簿两种记录方式以及丰富的机内软件，因而测量速度快、观测精度高、操作简便、适用面广、性能稳定，深受广大测绘技术人员的青睐，是 1993 年以来全站仪主流发展方向。

智能型全站仪的主要特点如下：

（1）智能型操作系统。智能型全站仪具有像通常 PC 机一样的 Windows 操作系统。

（2）大屏幕显示。可显示数字、文字、图像，也可显示电子气泡居中情况，以提高仪器安置的速度与精度，并采用人机对话式控制面板。

（3）大容量的内存。一般内存在 16 M 以上，扩展内存为 64 M 甚至 1 G，能存储海量测量数据。

（4）采用国际计算机通用磁卡。所有测量信息都可以文件形式记入磁卡或电子记录簿，磁卡采用无触点感应式，可以长期保留数据。

（5）自动补偿功能。补偿器装有双轴倾斜传感器，能直接检测出仪器的垂直轴在视准轴方向和横轴方向上的倾斜量，经仪器处理计算出改正值并对垂直方向值和水平方向值加以改正，从而提高测角精度。

（6）测距时间短，耗电量少。

### 五、南方 NTS-962 型全站仪基本构造和功能

图 3-41 所示为南方 NTS-962 型全站仪的外形，下面以该型号仪器为例，说明全站仪的基本构造、功能及其使用方法。

（一）重要部件及功能

1. 各部件名称

各部件名称如图 3-41 所示。

2. 键盘及显示屏

南方 NTS-962 型全站仪的键盘及显示屏如图 3-42 所示。

3. 按键功能

各按键功能见表 3-16。

表 3-16　按　键　功　能

| 按　键 | 名　称 | 功　能 |
| --- | --- | --- |
| POWER | 电源键 | 控制电源的开/关 |
| F1~F4 | 软键 | 功能参见所显示的信息 |

表 3-16（续）

| 按　键 | 名　称 | 功　能 |
|---|---|---|
| 0~9 | 数字键 | 输入数字，用于欲置数值 |
| A~/ | 字母键 | 输入字母 |
| Tab | Tab 键 | 光标右移或下移一个字段 |
| B.S | 后退键 | 输入数字或字母时，光标向左删除一位 |
| Ctrl | Ctrl 键 | 同 PC 上 Ctrl 键功能 |
| Shift | Shift 键 | 同 PC 上 Shift 键功能 |
| Alt | Alt 键 | 同 PC 上 Alt 键功能 |
| Func | Func 键 | 执行软件定义的具体功能 |
| S.P | 空格键 | 输入空格 |
| ⊡ | 输入面板键 | 显示输入面板 |
| ◁◇▷ | 光标键 | 上下左右移动光标 |
| α | 字母切换键 | 切换到字母输入模式 |
| ★ | 星键 | 用于仪器若干常用功能的操作 |
| ESC | 退出键 | 退回到前一个显示屏或前一个模式 |
| ENT | 回车键 | 数据输入结束并认可时按此键 |

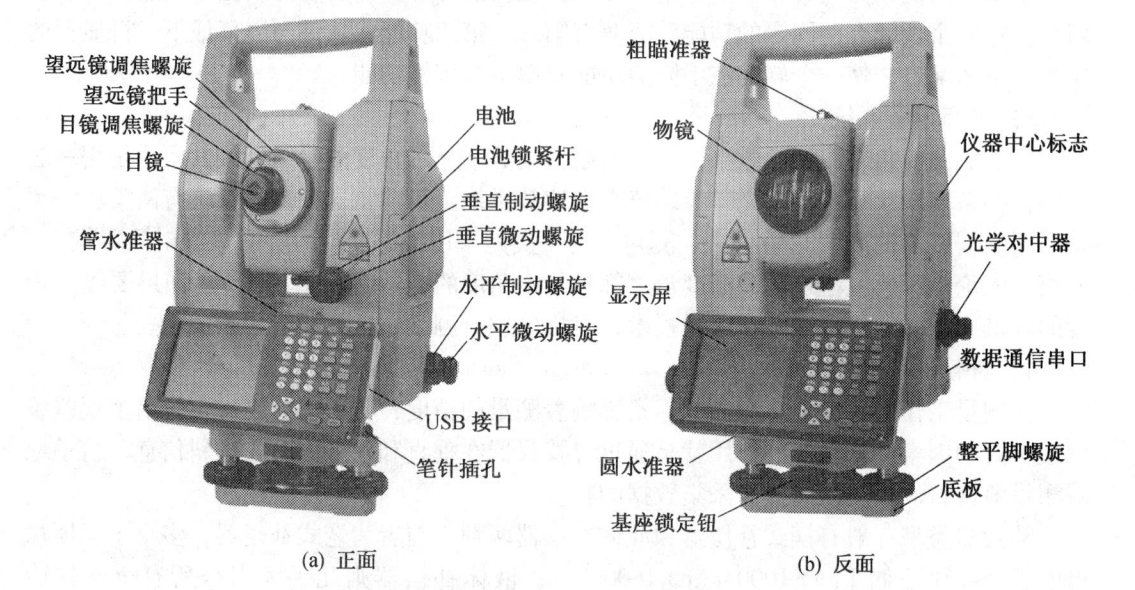

(a) 正面　　　　　　　　(b) 反面

图 3-41　南方 NTS-962 型全站仪外形

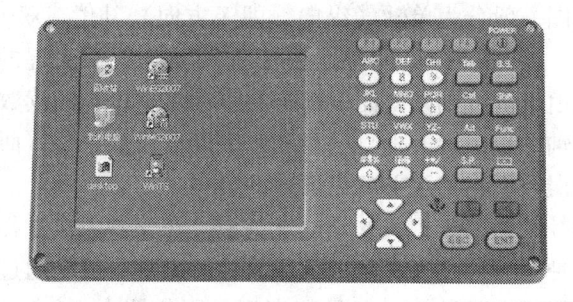

图 3-42　南方 NTS-962 型全站仪键盘及显示屏

4. 重要部件功能

1）同轴望远镜

全站仪的望远镜中，瞄准目标用的视准轴和光电测距仪的光波发射、接收系统的光轴是同轴的。望远镜与调光透镜中间设置分光棱镜系统，使它一方面可以接收目标发出的光线，在十字丝分划上成像，进行目标瞄准；又可使光电测距部分的发光管射出的测距光波经物镜射向目标棱镜，并经同一路径反射回来，由光敏二极管接收，并配置电子计算机中央处理机、存储器和输入输出设备，根据外业观测数据实时计算并显示所需要的测量结果。在全站仪测距仪中，安有两个光路与视准轴同轴的发射管，提供两种测距方式：一种方式为 IR，它可以利用棱镜和反射片发射和接收红外光束；另一种方式为 RL，它可以发射可见的红色激光束，不用反射镜（或反射片）即可测距。两种测量方式的转换可通过仪器键盘上的操作控制内部光路来实现，由此引起的不同的常数改正会由系统自动修正到测量结果上。正因为全站仪是同轴望远镜，因此，一次瞄准目标棱镜，即可同时测定水平角、垂直角和斜距。望远镜也能作 360° 纵转，通过直角目镜，甚至可以瞄准天顶的目标（工程测量中有此需要），并可测得其垂直距离（高差）。

2）键盘

全站仪的键盘为测量时的操作指令和数据输入的部件，键盘上的按键分为硬键和软键两种。每一个硬键有一固定的功能，或兼有第二、第三功能；软键与屏幕最下一行显示的功能菜单相配合，使一个软键在不同的功能菜单下有多种功能。

3）度盘读数系统

电子测角即角度测量的数字化，也就是自动数字显示角度测量结果，其实质是用一套角码转换系统来代替传统的光学经纬仪光学读数系统。目前，这种转换系统有两类：一类是采用光栅度盘的所谓"增量法"测角；另一类是采用编码度盘的所谓"绝对法"测角。然而，无论是编码度盘还是光栅度盘，都只给出角度的大数（格值为 1′）。如果要提高角度的分辨力，必须再采用电子内插技术，对格值进行测微，达到秒级才能成功。

4）补偿器

在测量工作中，有许多方面的因素影响着测量的精度，不正确安装常常是诸多误差源中最重要的因素。补偿器的作用就是通过寻找仪器在垂直和水平方向的倾斜信息，自动地对测量值进行改正，从而提高采集数据的精度。

补偿器类型一般有摆式补偿器和液体补偿器两种，前者为老式补偿器，多见于早期徕卡电子经纬仪［如 T(c) 1000/r(c) 1600 等］；液体补偿器则几乎为当今所有全站仪所使用。

补偿器按补偿范围一般分为单轴（纵向，即 $X$ 方向）补偿、双轴（纵横向，即 $XY$ 方向）补偿和三轴补偿。单轴补偿仅能补偿由于垂直轴倾斜而引起的垂直度盘读数误差；双轴补偿可同时补偿由于垂直轴倾斜而引起的垂直和水平度盘的读数误差；三轴补偿则不仅能补偿经纬仪垂直轴倾斜引起的垂直度盘和水平度盘读数误差，而且还能补偿由于水平轴倾斜误差和视准轴误差引起的水平度盘读数的影响。

与全站仪的双轴补偿器密切相关的是电子气泡。在仪器工作过程中，它显示的就是仪器的倾斜状态，而这种状态对垂直和水平度盘读数的影响，就是通过补偿器有关电路来进行改正。电子气泡的形式有两种：一种是数字型，用仪器在 $X$、$Y$ 方向的倾斜值来表示，当二者都为零时，仪器为整平状态；另一种是图形型，常常用一个圆点在大圆中的位置来表示，当圆点位于大圆的圆心时，仪器为整平状态。电子气泡的使用使仪器整平过程更加容易。在实际测量时，仪器允许电子气泡起作用并有效地整平。当倾斜量被自动地用来改正水平角和垂直角时，单面测量将会获得更高的精度，特别在垂直角较大时这一点很重要。大的补偿范围为测量工作者增强了信心，特别是工作在松软的地面上，或者接近震动源（如高速公路或铁路轨道）时更是这样。

5）存储器

把测量数据先在仪器内存储起来，然后传送到外围设备（电子记录手簿、计算机等），这是全站仪的基本功能之一。全站仪的存储器有机内存储器和存储卡两种。

机内存储器相当于计算机中的内存（RAM），利用它来暂时存储或读出测量数据，其容量的大小随仪器的类型而异，较大的内存可同时存储测量数据和坐标数据多达 3000 点以上，若仅存坐标数据可存储 8000 点。现场测量所必需的已知数据也可以放入内存。经过接口线将内存数据传输到计算机以后将其清除。

存储卡的作用相当于计算机的磁盘，用作全站仪的数据存储装置，卡内有集成电路、能进行大容量存储的元件和运算处理的微处理器。一台全站仪可以使用多张存储卡。通常，一张卡能存储大约 10000 个点的距离、角度和坐标数据。在与计算机进行数据传送时，通常使用称为卡片读出打印机（卡读器）的专用设备。

将测量数据存储在卡上后，把卡送往办公室处理测量数据。同样，在室内将坐标数据等存储在卡上后，送到野外测量现场，就能使用卡中的数据。

6）I/O 通信接口

全站仪可以将内存中的存储数据通过 I/O 接口和通信电缆传输给计算机，也可以接收由计算机传输来的测量数据及其他信息，称为数据通信。通过 I/O 接口和通信电缆，在全站仪的键盘上所进行的操作，也同样可以在计算机的键盘上操作，便于用户应用开发，即具有双向通信功能。

全站仪基本功能是照准目标后，能通过微处理器控制，自动完成测距、水平方向、竖直角的测量，并将测量结果进行显示与存储。可以自动记录测量数据和坐标数据，并直接与计算机传输数据，实现真正的数字化测量。随着计算机的发展，全站仪的功能也在不断扩展，生产厂家将一些规模较小但很实用的计算机程序固化在微处理器内，如悬高测量、偏心测量、对边测量、距离放样、坐标放样、设置新点、后方交会、面积计算等，只要进入相应的测量模式，输入已知数据，然后依照程序观测所需的观测值，即可随时显示结果。

（二）NTS-962 型全站仪基本使用操作

1. 全站仪的基本设置［星键（☆）模式］

按下星键（☆）可看到仪器常用的若干操作选项。由星键（☆）可作如下仪器操作：

（1）电子圆水准器显示。电子圆水准器可以用图形方式显示在屏幕上（图 3-43）。当圆气泡难以直接看到时，利用这项功能整平仪器就方便多了。一边观测电子气泡显示屏，一边调整脚螺旋，整平之后单击［返回］键可返回先前模式。

（2）设置温度、气压、大气改正值（PPM）、棱镜常数值（PSM）。单击［气象］即可查看温度、气压、PPM 和 PSM 值。若要修改参数，用笔针将光标移到待修改的参数处，输入新的数据即可，如图 3-44 所示。

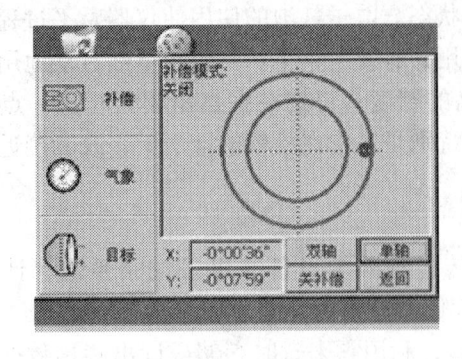

图 3-43　电子圆水准器图

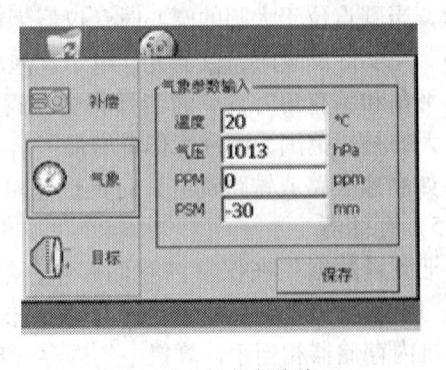

图 3-44　气象参数输入

（3）设置目标类型、十字丝照明和检测信号强度。单击［目标］键可设置目标类型、十字丝照明等功能。

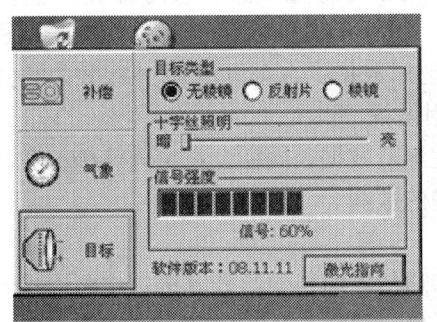

图 3-45　目标设置界面

NTS-962 型全站仪可设置为红色激光测距和不可见光红外测距，可选用的反射体有棱镜、无棱镜及反射片。用户可根据作业需要自行设置，使用时所用的棱镜需与棱镜常数匹配。用笔针点击选择目标，选项有无棱镜、反射片、棱镜，如图 3-45 所示。

用笔针移动滑块可设置十字丝照明亮度。暗：十字丝照明亮度微弱。亮：十字丝照明亮度很强。从左到右移动滑块，可使十字丝照明亮度由弱变强。

设置回光信号模式，该模式显示接收到的光线强度（信号强弱）。一旦接收到来自棱镜的反射光，仪器会发出蜂鸣声。当目标难以寻找时，使用该功能可以很容易地照准目标。

2. 全站仪的基本使用操作

1）全站仪的安置

将仪器安装在三脚架上，精确整平和对中，以保证测量成果的精度。具体操作方法如下。

（1）架设三脚架。将三脚架伸到适当高度，确保三腿等长，打开架腿，使三脚架顶面近似水平，且位于测站点的正上方。将三脚架腿支撑在地面上，使其中一条腿固定。

（2）安置仪器和对点。将仪器安置到三脚架上（仪器小心地安置到三脚架顶面上），拧紧中心连接螺旋，调整光学对点器，使十字丝成像清晰。双手握住另外两条未固定的架腿，通过对光学对点器的观察调节该两条架腿的位置。当光学对点器大致对准测站点时，使三脚架三条腿均固定在地面上。调节全站仪的三个脚螺旋，使光学对点器精确对准测站点。

（3）利用圆水准器粗平仪器（图3-46）：①旋转两个脚螺旋A、B，使圆水准器气泡移到与上述两个脚螺旋中心连线相垂直的直线上；②旋转脚螺旋C，使圆水准气泡居中。

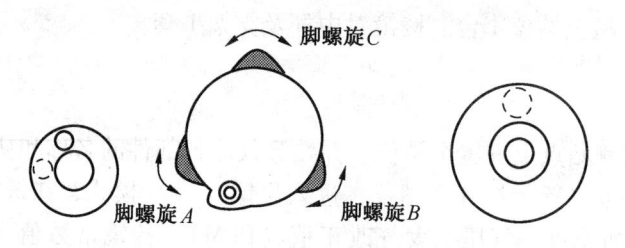

图3-46　全站仪粗平

（4）利用管水准器精平仪器（图3-47）：①松开水平制动螺旋，转动仪器使管水准器平行于某一对脚螺旋A、B的连线，再旋转脚螺旋A、B，使管水准器气泡居中；②仪器绕竖轴旋转90°，再旋转另一个脚螺旋C，使管水准器气泡居中；③再次旋转仪器90°，重复步骤①、②，直到4个位置上气泡居中为止。

（5）精确对中与整平。通过对光学对点器的观察，轻微松开中心连接螺旋，平移仪器（不可旋转仪器），使仪器精确对准测站点。再拧紧中心连接螺旋，再次精平仪器。此项操作重复至仪器精确对准测站点为止。

图3-47　全站仪精平

2）目标的照准

（1）目镜调焦。对准明亮的地方，调解目镜调焦螺旋使十字丝清晰。

（2）目标粗瞄。利用望远镜顶端粗瞄准器内三角形标志的顶尖瞄准目标点，并锁定制动螺旋。照准时眼睛与瞄准器之间应保留一定距离。

（3）精确照准。利用物镜调焦螺旋使目标成像清晰，然后利用微动螺旋在上下左右4个方向作适当调整，使十字丝中心与目标中心重合。

当目镜端上下或左右移动发现有视差时，说明调焦或目镜屈光度未调好（这将影响观测精度），应仔细调焦并调节目镜筒消除视差。

任 务 实 施

一、技能目标

（1）了解南方NTS-962型全站仪的基本构造及主要部件的名称与作用。

（2）掌握全站仪的基本操作方法。

## 二、实训器具

南方 NTS-962 型全站仪 1 台、棱镜对中杆及支架 1 套。

## 三、实训步骤

（1）在指定的测站点上安置全站仪，并熟悉仪器各部件的名称和功能。

（2）全站仪基本设置。打开全站仪，进入星键（☆）模式，在该模式下查看电子圆水准器，查看和设置温度、气压、大气改正值（PPM）、棱镜常数值（PSM），设置目标类型、十字丝照明和检测信号强度。

（3）全站仪安置。在完成全站仪基本设置后，按照正确的顺序和方法完成以下操作：①架设三脚架；②安置仪器；③对中；④整平。

（4）目标照准。在离全站仪较远处架设棱镜对中杆及支架，用于目标的照准。在完成全站仪的安置操作后，按以下顺序进行目标照准的操作：①调解十字丝清晰程度；②粗瞄；③调解成像清晰程度；④精确照准目标。

## 四、注意事项

（1）全站仪属于精密仪器，使用时要小心谨慎，注意仪器安全。

（2）观测者的手和身体其他部位不得触碰已架设好的三脚架。

（3）当一人观测时，其他同学只能给予语言上的帮助，不得同时操作一台仪器。

（4）严禁在实训时追逐打闹，做与实训内容无关的事。

## 五、上交资料

每人上交实训报告一份。

# 任务二　全站仪的基本测量

任 务 概 述

全站仪是一个由测距仪、电子经纬仪、电子补偿器、微处理机组合的整体。其测量功能可分为基本测量功能和程序测量功能。

全站仪的基本测量功能包括电子测角（水平角、垂直角）和电子测距（斜距、平距和高差）两部分；显示的数据为观测数据。测量的原理及技术指标要求与电子测距仪和电子经纬仪相同。全站仪坐标测量其实是根据设站参数及观测数据由微处理器结合程序计算得来。

本任务以南方 NTS-962 型全站仪为例，说明全站仪基本测量中角度测量、距离测量及坐标测量的具体操作步骤。

要求熟练掌握全站仪基本测量方法及操作，具备使用全站仪进行角度（水平角、竖直角）测量、距离（斜距、平距和高差）测量和坐标测量的能力。

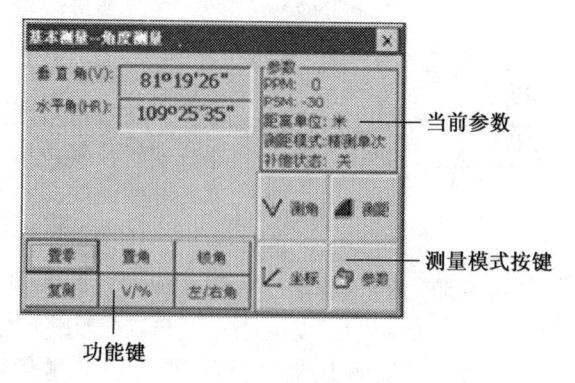

## 相关知识

### 一、基本测量模式

在 WinCE 桌面上双击图标""，进入 Win 全站仪功能主菜单，如图 3-48 所示。

图 3-48　功能主菜单

图 3-49　基本测量界面

单击"基本测量"，进入基本测量功能，屏幕显示如图 3-49 所示。

功能键显示在屏幕底部，并随测量模式的不同而改变。表 3-17 列举了各测量模式下的功能键。

表 3-17　各测量模式下的功能键

| 模式 | 显示 | 软件 | 功　　能 |
|---|---|---|---|
| V 测角 | 置零 | 1 | 水平角置零 |
| | 置角 | 2 | 预置一个水平角 |
| | 锁角 | 3 | 水平角锁定 |
| | 复测 | 4 | 水平角重复测量 |
| | V% | 5 | 垂直角/百分度的转换 |
| | 左/右角 | 6 | 水平角左角/右角的转换 |
| ◢ 测距 | 模式 | 1 | 设置单次精测/N 次精测/跟踪测量模式 |
| | m/ft | 2 | 距离单位米/国际英尺/美国英尺的转换 |
| | 放样 | 3 | 放样测量模式 |
| | 悬高 | 4 | 启动悬高测量功能 |
| | 对边 | 5 | 启动对边测量功能 |
| | 线高 | 6 | 启动线高测量功能 |
| ∠ 坐标 | 模式 | 1 | 设置单次精测/N 次精测/连续精测/跟踪测量模式 |
| | 设站 | 2 | 预置仪器测站点坐标 |
| | 后视 | 3 | 预置后视点坐标 |

表 3-17（续）

| 模式 | 显示 | 软件 | 功　　　能 |
|---|---|---|---|
| ↙ 坐标 | 设置 | 4 | 预置仪器高度和目标高度 |
| | 导线 | 5 | 启动导线测量功能 |
| | 偏心 | 6 | 启动偏心测量（角度偏心/距离偏心/圆柱偏心/屏幕偏心）功能 |

## 二、角度测量

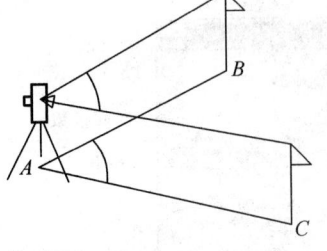

图 3-50　水平角测量

全站仪和经纬仪一样可以进行角度测量，而且更方便、快速。在进行角度测量前，首先也要在角顶点上进行安置仪器，安置仪器包括对中、整平和照准，其方法与经纬仪相同，不再介绍。

角度测量是测定测站至两目标间的水平夹角，同时可测定相应视线的天顶距。如图 3-50 所示，设地面上有 $A$、$B$、$C$ 三点，$A$ 为测站点，测定 $\angle BAC$ 的步骤如下。

在测站点安置仪器，开机进入基本测量模式，确认在角度测量模式下进行下列操作。

（一）水平角和垂直角测量

水平角和垂直角测量操作见表 3-18。

（二）水平角测量模式（右角/左角）的转换（确认在角度测量模式下）

水平角测量模式（右角/左角）的转换操作见表 3-19。

表 3-18　水平角和垂直角测量操作

| 操作步骤 | 按　键 | 显　　示 |
|---|---|---|
| （1）照准第一个目标 $B$ | 照准 $B$ | 基本测量—角度测量　　　　　　×<br>垂直角(V)：90°11′01″<br>水平角(HR)：108°42′17″<br>参数<br>PPM: 0<br>PSM: -30<br>距离单位：米<br>测距模式：精测单次<br>补偿状态：关<br>∨ 测角　◢ 测距<br>置零　置角　锁角<br>复测　V/%　左/右角　↙ 坐标　参数 |
| （2）设置目标 $B$ 的水平角读数为 0°00′00″。单击 [置零] 键，在弹出的对话框选择 [OK] 键确认 | [置零][OK] | 基本测量—角度测量　　　　　　×<br>垂直角(V)：90°11′01″<br>水平角：<br>水平角置零　OK ×<br>? 确定要将水平角置零吗？<br>置零　置角　锁角<br>复测　V/%　左/右角　↙ 坐标　参数 |

表 3-18（续）

| 操作步骤 | 按键 | 显示 |
|---|---|---|
| （3）照准第二个目标 $C$。仪器显示目标 $B$ 的水平角和垂直角 | 照准 $C$ | 基本测量--角度测量<br>垂直角(V)：82°40'26"<br>水平角(HR)：22°14'34"<br>参数：PPM：0，PSM：-30，距离单位：米，测距模式：精测单次，补偿状态：关<br>V 测角 测距<br>置零 置角 锁角<br>复测 V/% 左/右角 坐标 参数 |

表 3-19　水平角测量模式（右角/左角）的转换操作

| 操作步骤 | 按键 | 显示 |
|---|---|---|
| （1）确认在角度测量模式下 | | 基本测量--角度测量<br>垂直角(V)：90°11'01"<br>水平角(HR)：108°42'17"<br>参数：PPM：0，PSM：-30，距离单位：米，测距模式：精测单次，补偿状态：关<br>V 测角 测距<br>置零 置角 锁角<br>复测 V/% 左/右角 坐标 参数 |
| （2）单击［左/右角］键，水平角测量，右角模式转换成左角模式 | ［左/右角］ | 基本测量--角度测量<br>垂直角(V)：82°40'26"<br>水平角(HL)：354°30'52"<br>参数：PPM：0，PSM：-30，距离单位：米，测距模式：精测单次，补偿状态：关<br>V 测角 测距<br>置零 置角 锁角<br>复测 V/% 左/右角 坐标 参数 |

注：每次单击［左/右角］键，右角/左角便依次切换。

（三）水平度盘读数的设置

1. 利用［锁角］设置水平角（确认在角度测量模式下）

利用［锁角］设置水平角操作见表 3-20。

表 3-20　利用［锁角］设置水平角操作

| 操作步骤 | 按键 | 显示 |
|---|---|---|
| （1）利用水平制动与微动螺旋将水平度盘转到需要的水平方向 | | 基本测量--角度测量<br>垂直角(V)：4°12'27"<br>水平角(HR)：150°50'11"<br>参数：PPM：0，PSM：-30，距离单位：米，测距模式：精测单次，补偿状态：关<br>V 测角 测距<br>置零 置角 锁角<br>复测 V/% 左/右角 坐标 参数 |

表 3-20（续）

| 操 作 步 骤 | 按 键 | 显　　示 |
|---|---|---|
| （2）单击［锁角］键，启动水平度盘锁定功能 | ［锁角］ | 基本测量--角度测量<br>垂直角(V): 4°12′27″　参数: PPM:0 PSM:-30<br>水平角锁定<br>水平角: 150°50′11″<br>［解锁］　［取消］<br>置零　置角　锁角　坐标　参数<br>复测　V/%　左/右角 |
| （3）照准用于定向的目标点 | | |
| （4）单击［解锁］键或按［ENT］键，取消水平度盘锁定功能。屏幕返回到正常的角度测量模式，并将当前的水平角设置为刚才的角度 | ［解锁］ | 基本测量--角度测量<br>垂直角(V): 4°12′27″<br>水平角(HR): 150°50′11″<br>参数: PPM:0 PSM:-30 距离单位:米 测距模式:精测单次 补偿状态:关<br>测角　测距<br>置零　置角　锁角　坐标　参数<br>复测　V/%　左/右角 |

2. 利用输入模式设置水平角（确认在角度测量模式下）

利用输入模式设置水平角操作见表 3-21。

表 3-21　利用输入模式设置水平角操作

| 操 作 步 骤 | 按 键 | 显　　示 |
|---|---|---|
| （1）照准用于定向的目标点 | | 基本测量--角度测量<br>垂直角(V): 26°09′22″<br>水平角(HR): 202°06′47″<br>参数: PPM:0 PSM:-30 距离单位:米 测距模式:精测单次 补偿状态:关<br>置零　置角　锁角　坐标　参数<br>复测　V/%　左/右角 |
| （2）单击［置角］键，弹出如右图所示对话框<br>（3）输入所需的水平度盘读数，如 120°20′00″ | ［置角］<br>输入水平角度 | 基本测量--角度测量<br>垂直角　水平角设置<br>水平角　输入角度值: 120.2000<br>输入提示:<br>输入的角度值格式为:<br>12.2345(12°23′45″度单位)<br>12.7865(12.7865弧度单位)<br>12.45(12.45密尔单位)<br>［确定］　［取消］<br>置角　锁角<br>复测　V/%　左/右角 |
| （4）输入完毕，单击［确认］或按［ENT］键。至此，即可进行定向后的正常角度测量 | ［确认］ | 基本测量--角度测量<br>垂直角(V): 26°09′23″<br>水平角(HR): 120°20′01″<br>参数: PPM:0 PSM:-30 距离单位:米 测距模式:精测单次 补偿状态:关<br>测角　测距<br>置零　置角　锁角　坐标　参数<br>复测　V/%　左/右角 |

（四）垂直角百分度模式（确认在角度测量模式下）

垂直角百分度模式下的操作见表3-22。

表3-22　垂直角百分度模式下的操作

| 操作步骤 | 按　键 | 显　　　示 |
|---|---|---|
| （1）确认在角度测量模式下 | | 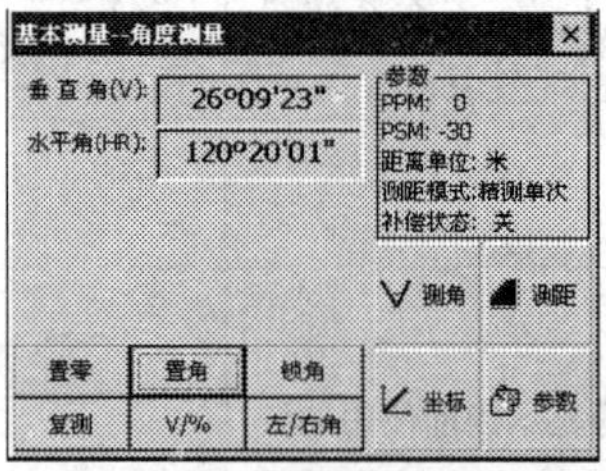 基本测量--角度测量　　　　　　　×<br>垂直角(V)：26°09′23″<br>水平角(HR)：120°20′01″<br>参数<br>PPM：0<br>PSM：-30<br>距离单位：米<br>测距模式：精测单次<br>补偿状态：关<br>∨测角　◢测距<br>置零　置角　锁角<br>复测　V/%　左/右角 |
| （2）单击［V/%］键* | ［V/%］ | 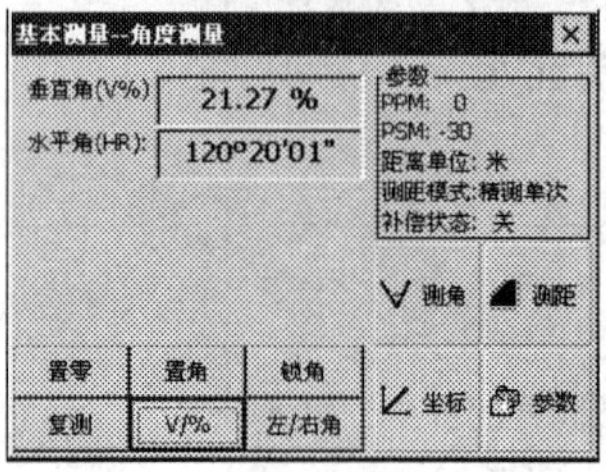 基本测量--角度测量　　　　　　　×<br>垂直角(V%)：21.27 %<br>水平角(HR)：120°20′01″<br>参数<br>PPM：0<br>PSM：-30<br>距离单位：米<br>测距模式：精测单次<br>补偿状态：关<br>∨测角　◢测距<br>置零　置角　锁角<br>复测　V/%　左/右角 |

注：*表示每次单击［V/%］键，垂直角显示模式便依次转换。

### 三、距离测量

在基本测量初始屏幕中，单击［测距］键进入距离测量模式，如图3-51所示。

（一）设置大气改正

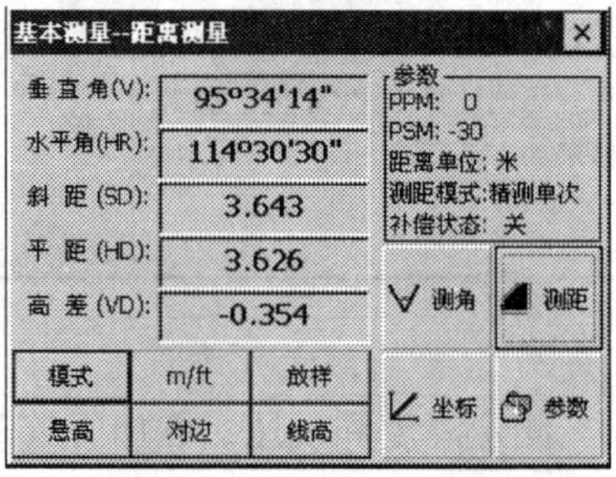

距离测量时，距离值会受测量时大气条件的影响。为了顾及大气条件的影响，距离测量时须使用气象改正参数修正测量成果。

温度：仪器周围的空气温度。

气压：仪器周围的大气压。

PPM值：计算并显示气象改正值。

1. 大气改正的计算

大气改正值是由大气温度、大气压力、海拔高度、空气湿度推算出来的。改正值与空气中的气压或温度有关。计算方式如下：

基本测量--距离测量　　　　　　　×<br>垂直角(V)：95°34′14″<br>水平角(HR)：114°30′30″<br>斜距(SD)：3.643<br>平距(HD)：3.626<br>高差(VD)：-0.354<br>参数<br>PPM：0<br>PSM：-30<br>距离单位：米<br>测距模式：精测单次<br>补偿状态：关<br>∨测角　◢测距<br>模式　m/ft　放样<br>悬高　对边　线高<br>↙坐标　参数

图3-51　距离测量模式

$$PPM = 273.8 - \frac{0.2900 \times 气压值}{1 + 0.00366 \times 温度值}$$

其中，若使用的气压单位是mmHg时，按1 hPa=0.75 mmHg进行换算。

NTS-962型全站仪标准气象条件（即仪器气象改正值为0时的气象条件）：气压为1013 hPa，温度为20 ℃。如果不顾及大气改正时，可将PPM值设为零。

设置大气改正操作见表3-23。

表 3-23　设置大气改正操作

| 操 作 步 骤 | 按 键 | 显 示 |
|---|---|---|
| （1）在全站仪功能主菜单中点击［系统设置］，在系统设置菜单栏单击［气象参数］ | ［系统设置］<br>［气象参数］ | 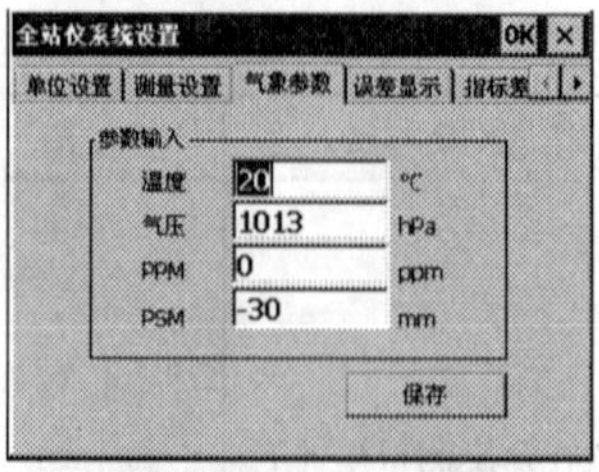 |
| （2）屏幕显示当前使用的气象参数。用笔针将光标移到需设置的参数栏，输入新的数据，如温度设置为 26 ℃ | 输入温度 | 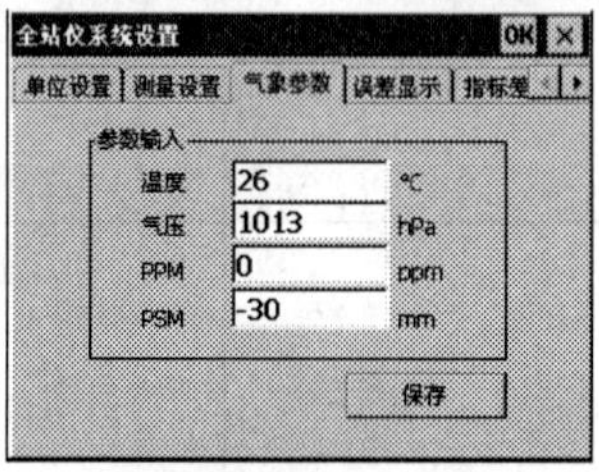 |
| （3）按照同样的方法，输入气压值。设置完毕，单击［保存］键 | 输入气压<br>［保存］ | 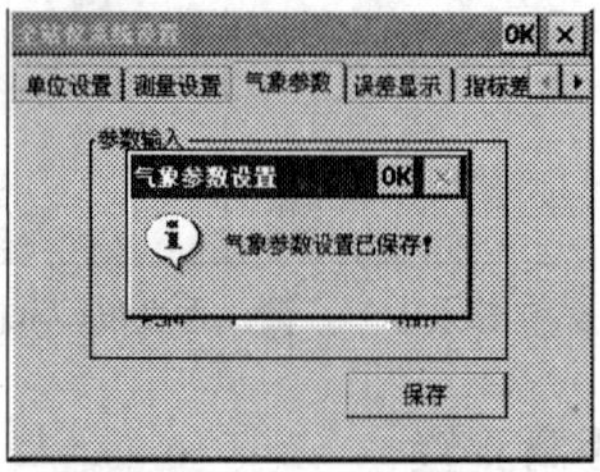 |
| （4）单击［OK］，设置被保存，系统根据输入的温度值和气压值计算出 PPM 值，屏幕显示如右图所示 | ［OK］ | 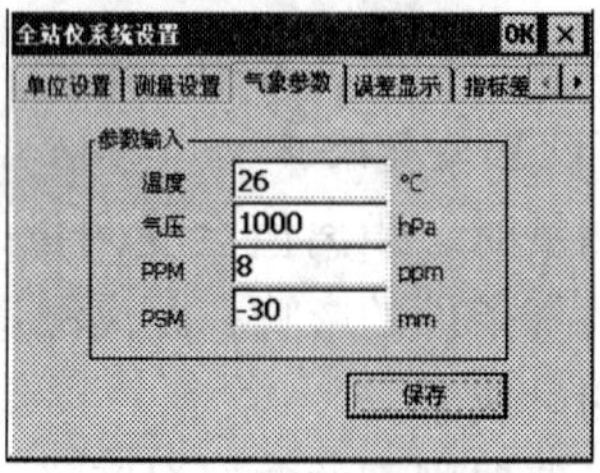 |

2. 直接输入大气改正值

测定温度和气压，并由大气改正公式求得大气改正值。

直接输入大气改正值操作见表 3-24。

表 3-24　直接输入大气改正值操作

| 操 作 步 骤 | 按 键 | 显 示 |
|---|---|---|
| （1）在全站仪功能主菜单中点击［系统设置］，在系统设置菜单栏单击［气象参数］ | ［系统设置］<br>［气象参数］ | 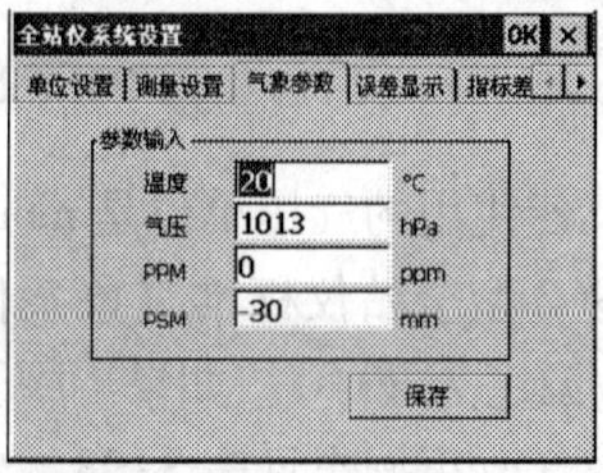 |

表 3-24（续）

| 操作步骤 | 按键 | 显示 |
|---|---|---|
| （2）清除已有的 PPM 值，输入新值* | 输入 PPM 值 | 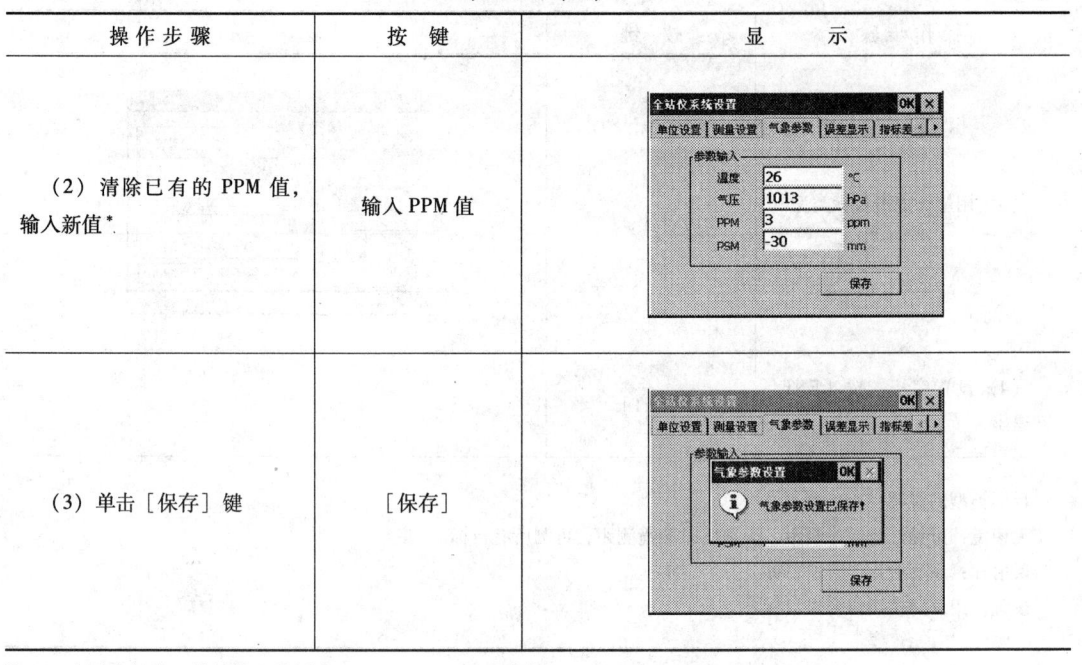 |
| （3）单击［保存］键 | ［保存］ | |

注：*表示大气改正值的输入范围为-100~+100 ppm（步长 1 ppm）。

（二）目标类型的设置

NTS-962 型全站仪可设置为红色激光测距和不可见光红外测距，可选用的反射体有棱镜、无棱镜及反射片。用户可根据作业需要自行设置。

在星键（☆）模式下可进行目标类型的设置，见表3-25。

表 3-25　目标类型的设置操作

| 操作步骤 | 按键 | 显示 |
|---|---|---|
| （1）在全站仪面板上按［☆］键进入星键模式 | ［☆］ | |
| （2）单击［目标］键进入目标类型设置功能 | ［目标］ | |

表 3-25（续）

| 操作步骤 | 按　键 | 显　　示 |
|---|---|---|
| （3）用笔针点击目标类型 | | 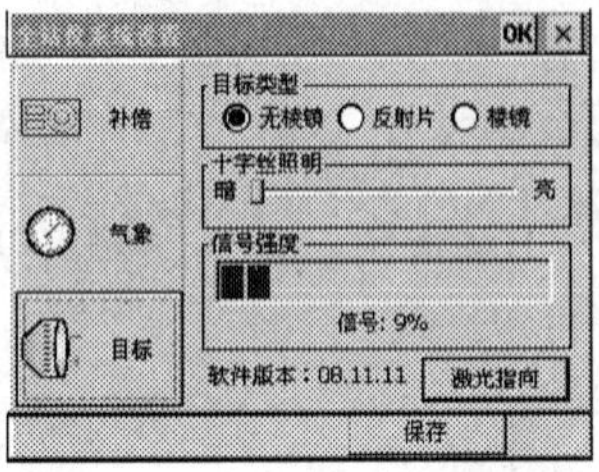 |
| （4）设置完毕，按［ENT］键退出 | ［ENT］ | |

目标类型的说明：

无棱镜：可见红色激光测距，无须反射棱镜测距，可测所有目标。

反射片：用反射片作合作目标。

棱镜：用反射棱镜作合作目标

（三）设置棱镜常数

当用棱镜作为反射体时，需在测量前设置好棱镜常数。一旦设置了棱镜常数，关机后该常数将被保存。设置棱镜常数操作见表 3-26。

（四）距离测量

1. 连续测量模式

连续测量模式下的距离测量操作见表 3-27。

表 3-26　设置棱镜常数操作

| 操作步骤 | 按　键 | 显　　示 |
|---|---|---|
| （1）在全站仪功能主菜单中点击［系统设置］，在系统设置菜单栏单击［气象参数］ | ［系统设置］ ［气象参数］ | 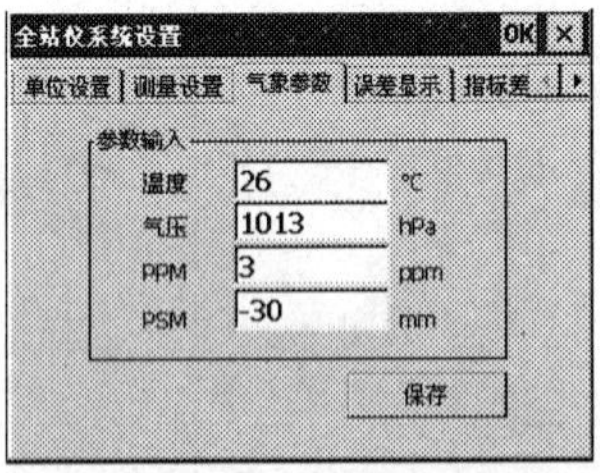 |
| （2）屏幕显示当前使用的气象参数。用笔针将光标移到 PSM 处，清除数据，输入新值* | 输入数据 | 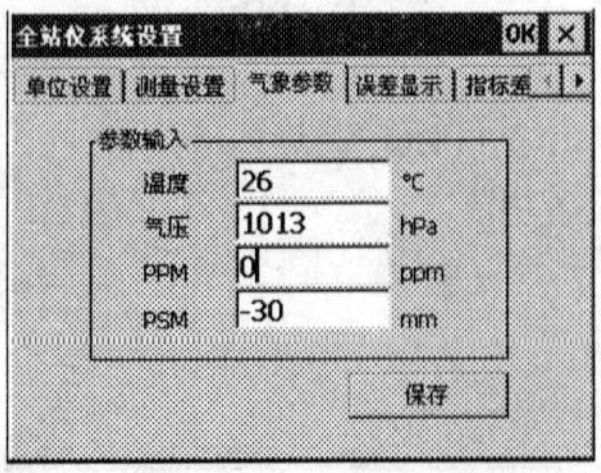 |

表 3-26（续）

| 操作步骤 | 按　键 | 显　　示 |
|---|---|---|
| （3）单击［保存］或按［ENT］键 | ［保存］ | 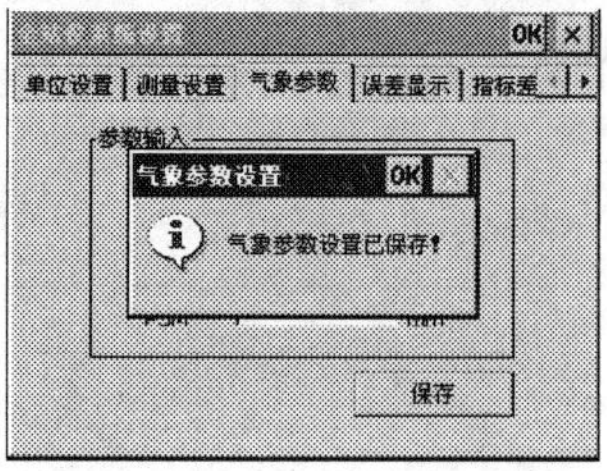 |
| （4）单击［OK］，设置被保存 | ［OK］ | |

注：＊表示棱镜常数 PC 的输入范围为-100～+100 mm（步长 1 mm）。

表 3-27　连续测量模式下的距离测量操作

| 操作步骤 | 按　键 | 显　　示 |
|---|---|---|
| （1）照准棱镜中心 | 照准 | 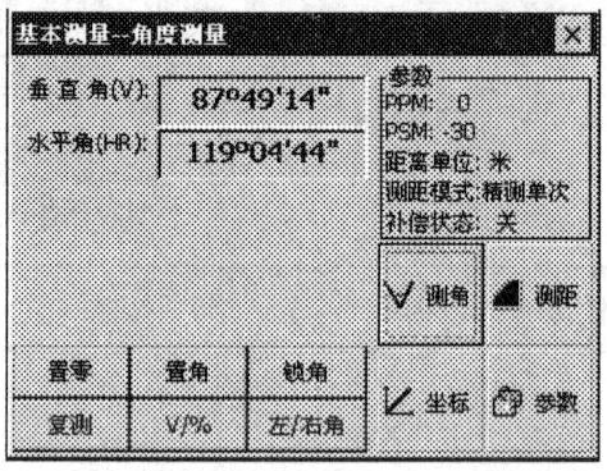 |
| （2）单击［测距］键进入距离测量模式。系统根据上次设置的测距模式开始测量 | ［测距］ | 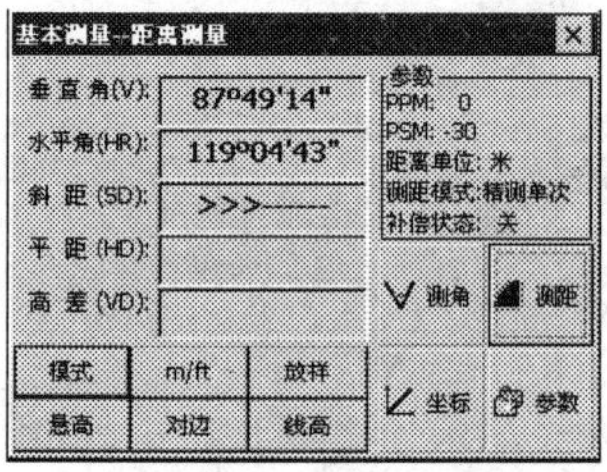 |
| （3）单击［模式］键进入测距模式设置功能。这里以［精测连续］为例 | ［模式］ | 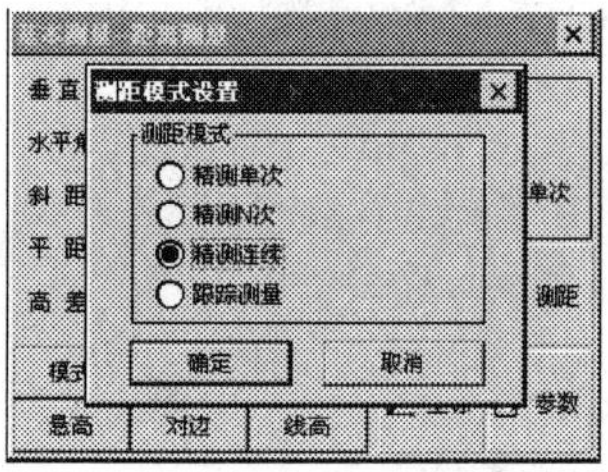 |

表3-27（续）

| 操作步骤 | 按 键 | 显 示 |
|---|---|---|
| （4）显示测量结果 |  | 基本测量·距离测量<br>垂直角(V): 89°41'21"<br>水平角(HR): 118°29'24"<br>斜距(SD): 22.124<br>平距(HD): 22.124<br>高差(VD): 0.120<br>参数<br>PPM: 0<br>PSM: -30<br>距离单位: 米<br>测距模式:精测连续<br>补偿状态: 关<br>模式 m/ft 放样<br>悬高 对边 线高<br>测角 测距 坐标 参数 |

注：1. 若再要改变测量模式，单击［模式］键，如步骤（3）那样进行设置。

2. 测量结果显示时伴随着蜂鸣声。

3. 若测量结果受到大气折光等因素影响，仪器会自动进行重复观测。

4. 返回角度测量模式，可按［测角］键。

2. 单次或 $N$ 次测量模式

当预置了观测次数时，仪器就会按设置的次数进行距离测量并显示出平均距离值。若预置为单次观测，故不显示平均距离。仪器出厂时设置的是单次观测。

设置观测次数操作见表3-28。

表3-28　设置观测次数操作

| 操作步骤 | 按 键 | 显 示 |
|---|---|---|
| （1）在测距模式下，单击［模式］键进入测距模式设置功能。系统默认设置为［精测单次］ | ［模式］ | 测距模式设置<br>测距模式<br>◉ 精测单次<br>○ 精测N次<br>○ 精测连续<br>○ 跟踪测量<br>确定　取消<br>单次 测距 |
| （2）用笔针单击［精测 N 次］或按［▲］／［▼］键。屏幕右上方会显示［次数］栏，用笔针单击空白方框，待光标出现，输入［精测 N 次］的观测次数 | ［精测 N 次］<br>输入精测次数 | 测距模式设置<br>测距模式<br>○ 精测单次　次数: 3<br>◉ 精测N次<br>○ 精测连续<br>○ 跟踪测量<br>确定　取消<br>单次 测距 |
| （3）单击［确定］或按［ENT］键。照准目标棱镜中心，系统按照刚才设置进行启动测量* | ［确定］ | 基本测量·距离测量<br>垂直角(V): 87°49'15"<br>水平角(HR): 118°53'02"<br>斜距(SD): 17.426<br>平距(HD): 17.413<br>高差(VD): 0.663<br>参数<br>PPM: 0<br>PSM: -30<br>距离单位: 米<br>测距模式:精测5次<br>补偿状态: 关<br>模式 m/ft 放样<br>悬高 对边 线高<br>测角 测距 坐标 参数 |

注：＊表示按［测角］键返回到角度测量模式。

3. 精测/跟踪模式

精测模式：这是正常距离测量模式。

跟踪模式：此模式测量时间要比精测模式短，主要用于放样测量中。在跟踪运动目标或工程放样中非常有用。

精测/跟踪模式下的操作见表3-29。

表3-29　精测/跟踪模式下的操作

| 操作步骤 | 按键 | 显示 |
|---|---|---|
| （1）照准棱镜中心 | 照准棱镜 | 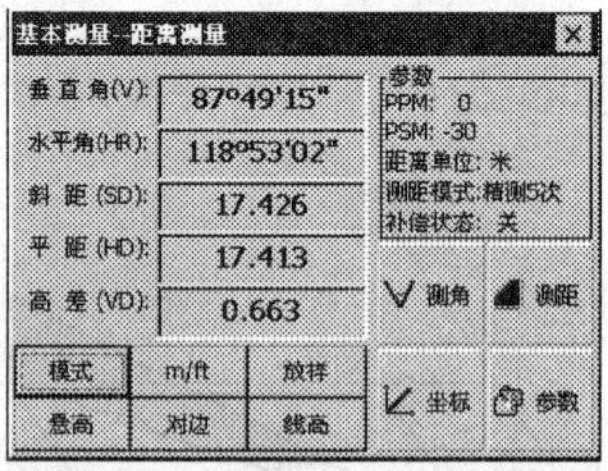 |
| （2）单击［模式］键进入测距模式设置功能，设置为［跟踪测量］ | ［模式］ | 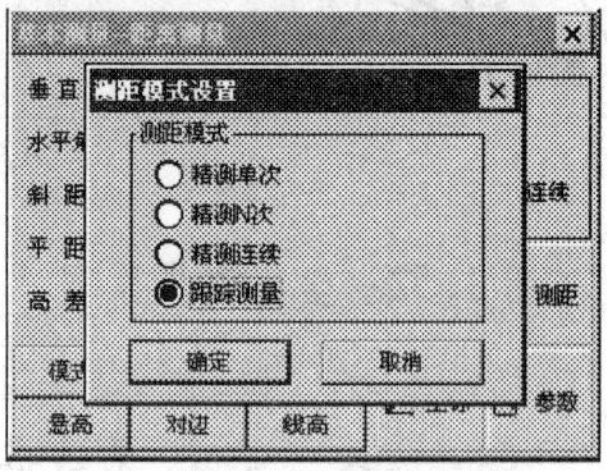 |
| （3）单击［确定］或按［ENT］键。照准目标棱镜中心，系统按照刚才设置进行启动测量 | ［确定］ | 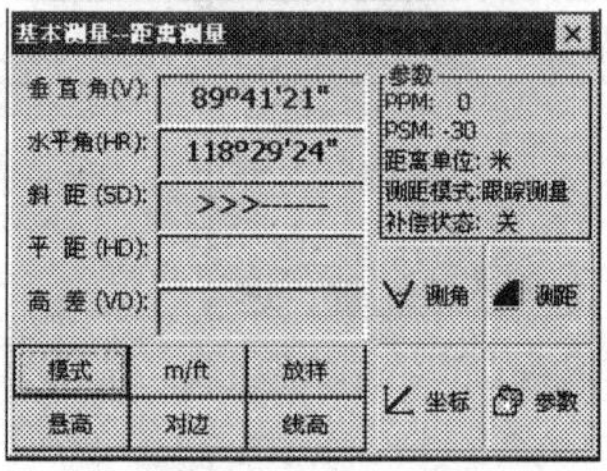 |

（五）距离单位的转换

在距离观测屏幕也可改变距离单位，见表3-30。

表3-30　距离单位的转换操作

| 操作步骤 | 按键 | 显示 |
|---|---|---|
| （1）单击［m/ft］键 | ［m/ft］ | 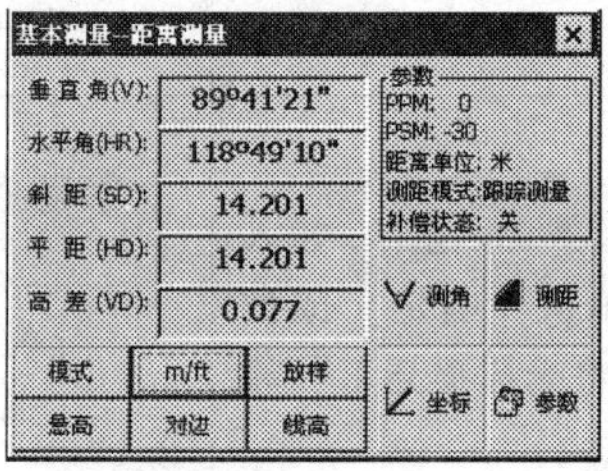 |

表 3-30（续）

| 操作步骤 | 按键 | 显示 |
|---|---|---|
| （2）改变的距离单位会显示在右上角 * | | |

注：＊表示每次单击［m/ft］键，距离单位就在米/国际英尺/美国英尺之间转换。

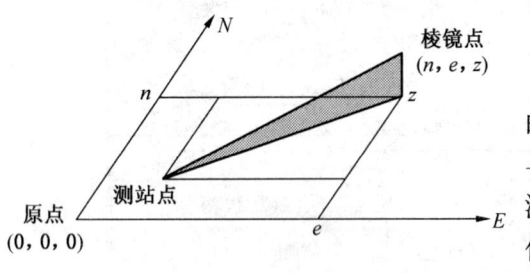

图 3-52 坐标测量原理

## 四、坐标测量

如图 3-52 所示，坐标测量是由设置好的测站点（仪器位置）的坐标，根据该位置与待测未知点的角度（水平角、垂直角）观测值和距离观测值，便可求出未知点（棱镜位置）的坐标。

1. 设置测站点坐标

设置测站点坐标操作见表 3-31。

表 3-31　设置测站点坐标操作

| 操作步骤 | 按键 | 显示 |
|---|---|---|
| （1）单击［坐标］键，进入坐标测量模式 | ［坐标］ | |
| （2）单击［设站］键 | ［设站］ | |
| （3）输入测站点坐标，输入完一项，单击［确定］或按［ENT］键将光标移到下一输入项 | ［确定］ | |

156

表 3-31（续）

| 操 作 步 骤 | 按 键 | 显 示 |
|---|---|---|
| （4）所有输入完毕，单击［确定］或按［ENT］键返回坐标测量屏幕 | ［确定］ | 基本测量--坐标测量<br>垂直角(V)：92°59'45"<br>水平角(HR)：117°36'32"<br>北坐标(N)：92.114<br>东坐标(E)：115.080<br>高程(Z)：9.109<br>参数 PPM：0 PSM：-30 距离单位：国际英尺 测距模式：跟踪测量 补偿状态：关<br>模式 设站 后视 设置 导线 偏心 测角 测距 坐标 参数 |

## 2. 设置后视点

设置后视点操作见表 3-32。

表 3-32　设 置 后 视 点 操 作

| 操 作 步 骤 | 按 键 | 显 示 |
|---|---|---|
| （1）单击［后视］键，进入后视点设置功能 | ［后视］ | 基本测量--坐标测量<br>垂直角(V)：92°46'33"<br>水平角(HR)：211°28'42"<br>北坐标(N)：>>>------<br>东坐标(E)：<br>高程(Z)：<br>参数 PPM：0 PSM：-30 距离单位：米 测距模式：跟踪测量 补偿状态：双轴<br>模式 设站 后视 设置 导线 偏心 测角 测距 坐标 参数 |
| （2）输入后视点坐标，输入完一项，单击［确定］或按［ENT］键将光标移到下一输入项 | ［确定］ | 基本测量--坐标测量<br>后视设置<br>坐标输入<br>N 0<br>E 0<br>确定 取消<br>米 双轴<br>测距 坐标 参数 |
| （3）输入完毕，单击［确定］ | ［确定］ | 基本测量--坐标测量<br>垂直角(V)：92°46'08"<br>水平角<br>后视设置<br>北坐<br>东坐<br>高 后视方位角为：后视设置 请照准后视点按<是>键设置↓<br>是(Y) 否(N)<br>参数 PPM：0<br>测量 测距<br>模式 设站 后视 设置 导线 偏心 坐标 参数 |
| （4）照准后视点，单击［是］。系统设置好后视方位角，并返回坐标测量屏幕。屏幕中显示刚才设置的后视方位角 | ［是］ | 基本测量--坐标测量<br>垂直角(V)：92°46'12"<br>水平角(HR)：45°00'00"<br>北坐标(N)：3.745<br>东坐标(E)：3.745<br>高程(Z)：-0.257<br>参数 PPM：0 PSM：-30 距离单位： 测距模式：跟踪测量 补偿状态：双轴<br>模式 设站 后视 设置 导线 偏心 测角 测距 坐标 参数 |

3. 设置仪器高/棱镜高

坐标测量须输入仪器高与目标高，以便直接测定未知点坐标。设置仪器高/棱镜高操作见表3-33。

表3-33　设置仪器高/棱镜高操作

| 操作步骤 | 按键 | 显示 |
| --- | --- | --- |
| （1）单击［设置］键，进入仪器高、目标高设置功能 | ［设置］ | 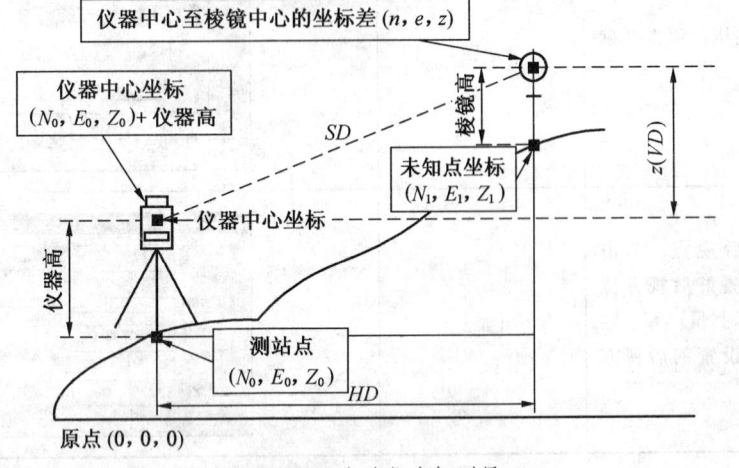 |
| （2）输入仪器高和目标高，输入完一项，单击［确定］或按［ENT］键将光标移到下一输入项 | 输入仪器高和目标高 | |
| （3）所有输入完毕，单击［确定］或按［ENT］键返回坐标测量屏幕 | ［确定］ | |

4. 测量坐标

在进行坐标测量时，通过设置测站坐标、后视方位角、仪器高和棱镜高，即可直接测定未知点的坐标（图3-53）。未知点坐标的计算和显示过程如下（表3-34）。

图3-53　全站仪坐标测量

测站点坐标：$(N_0, E_0, Z_0)$

仪器中心至棱镜中心的坐标差：$(n, e, z)$

未知点坐标：$(N_1, E_1, Z_1)$

$$N_1 = N_0 + n$$
$$E_1 = E_0 + e$$
$$Z_1 = Z_0 + 仪器高 + z - 棱镜高$$

表3-34　测量坐标操作

| 操作步骤 | 按　键 | 显　　　示 |
|---|---|---|
| （1）设置测站坐标和仪器高/棱镜高。<br>（2）设置后视方位角。<br>（3）照准目标点 | | 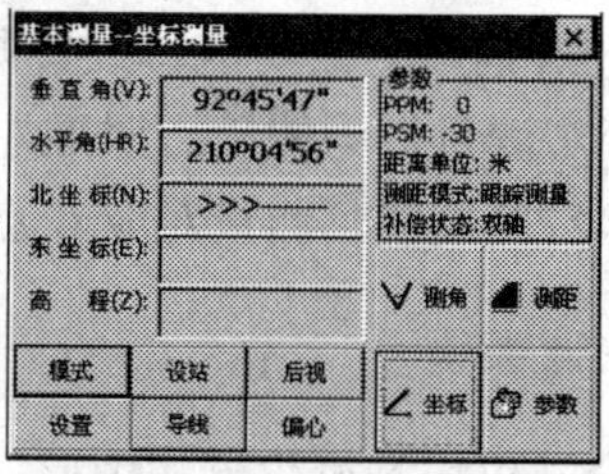 |
| （4）单击［坐标］键。测量结束，显示结果 | ［坐标］ | 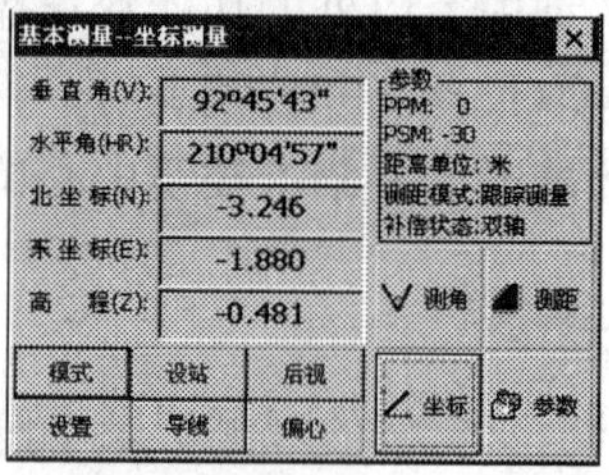 |

# 任 务 实 施

## 一、技能目标

（1）熟悉全站仪的基本操作，了解全站仪基本测量的内容及测量原理。

（2）掌握全站仪角度测量、距离测量和坐标测量的基本操作方法及相关设置。

## 二、实训器具

南方 NTS-962 型全站仪 1 台、反射棱镜 2 台、钢尺 1 把、铅笔、计算器等。

## 三、实训要求

（1）学会全站仪的使用后才可以开机操作。

（2）操作仪器时，尽量做到轻拿轻放，不要有大幅度快速的操作。

## 四、实训步骤

（1）在测站点上安置仪器，对中整平，量取仪器高，精确至毫米。

（2）在待测点上安置反射棱镜，棱镜朝向全站仪，量取棱镜高，精确至毫米。

（3）检查仪器及棱镜的完好性。

（4）全站仪开机，打开星键模式，进行相应设置。

（5）进入基本测量模式。

（6）在基本测量模式下，进入角度测量功能，盘左照准左侧棱镜，将水平角置零，读取该目标的竖直角角度，然后进入距离测量功能，分别测量该目标的斜距、平距及高差。

（7）顺时针旋转望远镜照准右侧棱镜，返回角度测量，读取水平角角度和竖直角角度，进入距离测量功能，分别测量该目标的斜距、平距及高差。计算两棱镜与全站仪所形成的水平角角度值。

（8）进入坐标测量功能，设置测站点坐标 $A$（1000，1000，1000），设置仪器高及棱镜高，选择观测目标为棱镜。照准左侧棱镜 $B$，设置后视方位角读数为 $90°00'00''$，旋转望远镜照准右侧棱镜，测量对应 $C$ 点坐标。

## 五、注意事项

（1）全站仪属精密仪器，因此一定要按相关规程操作，保证仪器安全。

（2）实训内容以外的功能禁止操作，尤其不要更改全站仪的设置参数。

（3）量取仪器高和棱镜高时，直接从地面点量至相应的中心位置。

（4）照准时需要瞄准棱镜中心位置。

## 六、上交资料

每小组上交合格的观测记录 1 份，每人上交实习报告 1 份。

# 项目四　导　线　测　量

任务概述

　　"从整体到局部"是测量工作进行的原则。所谓"整体"主要是指控制测量。控制测量的目的是在整个测区范围内用比较精密的仪器和严密的方法测定少量大致均匀分布的点位的精确位置，包括点的平面坐标（$x$，$y$）和高程 $H$，前者称为平面控制测量，后者称为高程控制测量。点的平面位置和高程也可以同时测定。所谓"局部"，一般是指细部测量，是在控制测量的基础上，为了测绘地形图而测定大量地物点和地形点的位置，或为了地籍测量而测定大量界址点的位置，或为了建筑工程的施工放样而进行大量设计点位的现场测设。细部测量可以在全面的控制测量的基础上分别进行或分期进行，但仍能保证其整体性和必要的精度。对于分级别布设的控制网而言，则上级控制网是"整体"，而下级控制网是"局部"。这样，也是为了能分期分批地进行控制测量，并能保证控制网的整体性和必要的精度。

　　传统的平面控制测量方法有三角测量、边角测量和导线测量等。所建立的控制网为三角网、边角网和导线网。三角网是将控制点组成连续的三角形，观测所有三角形的水平内角以及至少一条三角边的长度（该边称为基线），其余各边的长度均从基线开始按边角关系进行推算，然后计算各点的坐标；同时观测三角形内角和全部或若干边长的称为边角网。测定相邻控制点间边长，由此连成折线，并测定相邻折线间水平角，以计算控制点坐标的称为导线或导线网。

# 任务一　平面控制网的定位和定向

用罗盘仪完成直线磁北方向的标定。

## 相关知识

在新布设的平面控制网中，至少需要已知一条边的坐标方位角，才可以去确定控制网的方向，简称定向；至少需要已知一个点的平面坐标，才能确定控制网的位置，简称定位。因此，布设导线平面控制网时，如果已知网中的一点的坐标及该点至另一点的边的方位角，或已知网中两点的坐标，即可将控制网进行定向和定位。因此，一点坐标及起始边方位角或者两点坐标称为导线控制网的必要起算数据。在小地区建立平面控制网时，一般是与该地区已有大地控制网或城市控制网联测，以取得起算数据，即起始点的坐标和起点边的方位角，进行控制网的定位和定向。如果测区附近没有高级控制点可以联测，称为独立测区，则用罗盘仪施测导线起始边的磁方位角，并假定起始点的坐标作为起算数据。

### 一、直线方向的表示方法

确定直线的方向简称直线定向。为了确定地面点的平面位置，不但要已知直线的长度，并且要已知直线的方向。直线的方向也是确定地面点位置的基本要素之一，所以直线方向的测量也是基本的测量工作。确定直线方向首先要有一个共同的基本方向，此外要用一定的方法来确定直线与基本方向之间的角度关系。

（一）直线方向的种类

作为直线定向用的基本方向有真子午线方向、磁子午线方向、坐标纵轴方向 3 种。

1. 真子午线方向

过地球上某点及地球的北极和南极的半个大圆称为该点的真子午线，如图 3-54 所示。真子午线方向指出地面上某点的真北和真南方向。真子午线方向要用天文观测方法、陀螺经纬仪和 GPS 来测定。

由于地球上各点的真子午线都向两极收敛而汇集于两极，所以，虽然各点的真子午线方向都是指向真北和真南，然而在经度不同的点上，真子午线方向互不平行。两点真子午线方向间的夹角称为子午线收敛角。

子午线收敛角可近似地计算如下。图 3-55 中将地球看成是一个圆球，其半径为 $R$，设 $A$、$B$ 为位于同一纬度 $\varphi$ 上的两点，相距为 $S$。$A$、$B$ 两点真子午线的切线就是 $A$、$B$ 两点的真子午线方向，它们与地轴的延线相交于 $D$，它们之间的夹角 $\gamma$ 就是 $A$、$B$ 两点间的子午线收敛角。

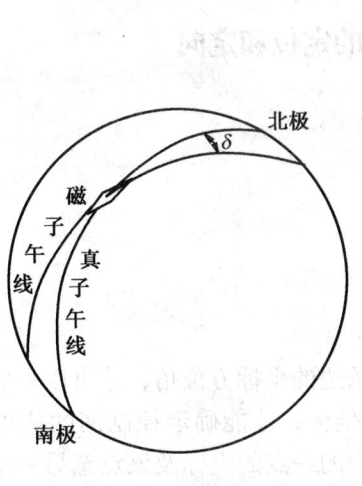

图 3-54 磁偏角

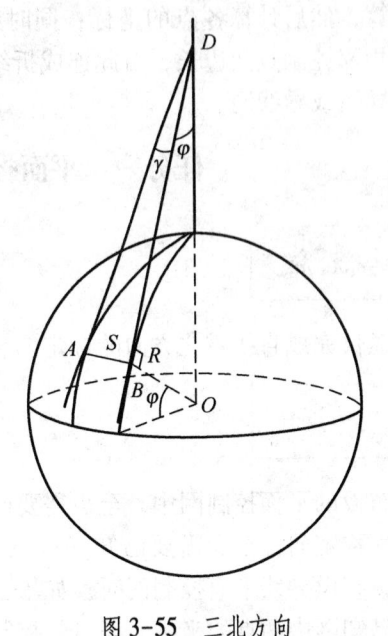

图 3-55 三北方向

从直角三角形 $BOD$ 中可得

$$\gamma = S/BD \cdot \rho \tag{3-50}$$

故

$$BD = \frac{R}{\tan\varphi} \tag{3-51}$$

将式（3-51）代入式（3-50）得

$$\gamma = \rho \frac{S}{R}\tan\varphi \tag{3-52}$$

式中可以看出：子午线收敛角随纬度的增大而增大，并与两点间的距离成正比。当 $A$、$B$ 两点不在同一纬度时，可取两点的平均纬度代入 $\varphi$，并取两点的横坐标之差代入 $S$。

2. 磁子午线方向

过地球上某点及地球南北磁极的半个大圆称为该点的磁子午线。所以，自由旋转的磁针静止下来所指的方向，就是磁子午线方向。磁子午线方向可用罗盘来确定。

由于地磁的两极与地球的两极并不一致，北磁极约位于西经 100.0°北纬 76.1°；南磁极约位于东经 139.4°南纬 65.8°。所以同一地点的磁子午线方向与真子午线方向不能一致，其夹角称为磁偏角，用符号 $\delta$ 表示（图 3-54）。磁子午线方向北端在真子午线方向以东时为东偏，$\delta$ 定为 "+"；在西时为西偏，$\delta$ 定为 "-"。磁偏角的大小随地点、时间而异，在我国磁偏角的变化约在 +6°（西北地区）~ -10°（东北地区）之间。由于地球磁极的位置不断地在变动，以及磁针受局部吸引等影响，所以磁子午线方向不宜作为精确定向的基本方向。但由于用磁子午线定向方法简便，所以在独立的小区域测量工作中仍可采用。

3. 坐标纵轴方向

不同点的真子午线方向或磁子午线方向都是不平行的，这使直线方向的计算很不方

162

便。采用坐标纵轴方向作为基本方向，这样各点的基本方向都是平行的，所以使方向的计算十分方便。

通常取测区内某一特定的子午线方向作为坐标纵轴，在一定范围内部以坐标纵轴方向作为基本方向。图 3-56 中以过 $O$ 点的真子午线方向作为坐标纵轴，所以任意点 $p$ 的真子午线方向与坐标纵轴方向间的夹角就是该点的子午线收敛角 $\gamma$，当坐标纵轴方向的北端偏向真子午线方向以东时，$\gamma$ 定为"+"，偏向西时 $\gamma$ 定为"−"。

（二）直线方向的表示

确定直线方向就是确定直线和基本方向之间的角度关系，有方位角和象限角两种方法。

1. 方位角

由基本方向的指北端起，按顺时针方向量到直线的水平角为该直线的方位角，用 $A$ 表示。所以方位角的定义域为（0°，360°），如图 3-57 中 $O_1$、$O_2$、$O_3$ 和 $O_4$ 的方位角分别为 $A_1$、$A_2$、$A_3$ 和 $A_4$。

确定一条直线的方位角，首先要在直线的起点做出基本方向（图 3-58）。如果以真子午线方向作为基本方向，那么得出的方位角称真方位角，用 $A$ 表示；如果以磁子午线方向为基本方向，则其方位角称为磁方位角，用 $A_m$ 表示；如果以坐标纵轴方向为基本方向，则其方位角称为坐标方位角，用 $\alpha$ 表示。由于一点的真子午线方向与磁子午线方向之间的夹角是磁偏角 $\delta$，真子午线方向与坐标纵轴方向之间的夹角是子午线收敛角 $\gamma$，所以从图 3-58 中不难看出：真方位角和磁方位角之间的关系为

$$A_{EF} = A_{mEF} + \delta_E \tag{3-53}$$

真方位角和坐标方位角的关系为

$$A_{EF} = \alpha_{EF} + \gamma_E \tag{3-54}$$

式中，$\delta$ 和 $\gamma$ 的值东偏时为"+"，西偏时为"−"。

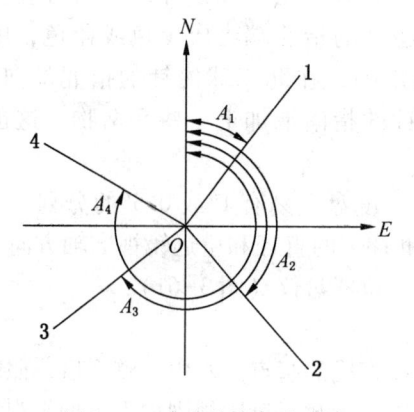

图 3-57　直线的坐标方位角

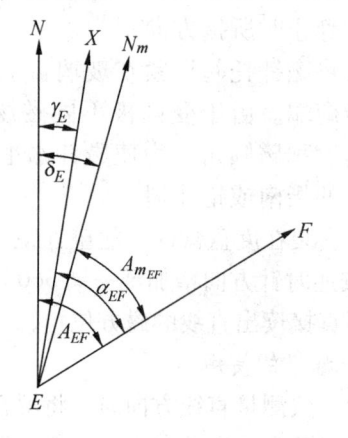

图 3-58　3 种方位角之间的关系

163

一条直线有正反两个方向，在直线起点量得的直线方向称直线的正方向，反之在直线终点量得该直线的方向称直线的反方向。如图 3-59 中，直线由 $E$ 到 $F$，在起点 $E$ 得直线的方位角为 $A_{EF}$ 或 $\alpha_{EF}$，而在终点 $F$ 得直线的方位角为 $A_{FE}$ 或 $\alpha_{FE}$，$A_{EF}$ 或 $\alpha_{EF}$ 是直线 $EF$ 的反方位角。同一直线的正反真方位角的关系为

$$A_{FE} = A_{EF} \pm 180° + \gamma_F \tag{3-55}$$

$\gamma$ 为 $EF$ 两点间的子午线收敛角。而正反坐标方位角的关系为

$$\alpha_{FE} = \alpha_{EF} \pm 180° \tag{3-56}$$

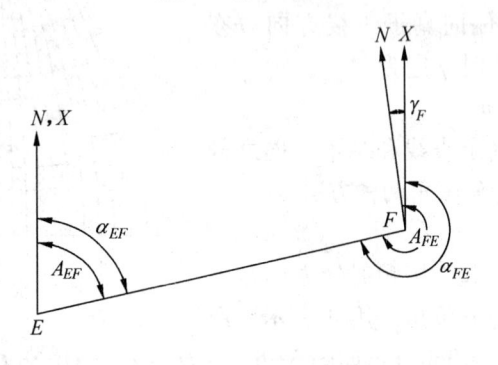

图 3-59　正反坐标方位角

由以上的变换关系可以看出，采用坐标方位角计算最为方便，因此在直线定向中一般均采用坐标方位角。

2. 象限角

直线与基本方向构成的锐角称为直线的象限角。

**二、罗盘仪的构造与使用**

1. 罗盘仪的构造

罗盘仪是测量直线磁方位角或磁象限角的一种仪器，它主要由望远镜（或照准觇板）、磁针和度盘三部分组成（图 3-60）。望远镜是照准用设备，它安装在支架上，而支架则连接在度盘盒上，可随度盘一起旋转。磁针支承在度盘中心的顶针上，可以自由转动，静止时所指方向即为磁子午线方向。为保护磁针和顶针，不用时应旋紧制动螺旋，可将磁针托起压紧在玻璃盖上。一般磁针的指北端染成黑色或蓝色，用来辨别指北或指南端。由于受两极不同磁场强度的影响，在北半球磁针的指北端向下倾斜，倾斜的角度称磁倾角。为使磁针水平，在磁针的指南端加上一些平衡物，这也有助于辨别磁针的指南或指北端。

度盘安装在度盘盒内，随望远镜一起转动。度盘上刻有 $1°$ 或 $0.5°$ 的分划，其注记是自 $0°$ 起按逆时针方向增加至一周 $360°$，过 $0°$ 和 $180°$ 的直径和望远镜视准轴方向一致，这种方式可直接读出直线的磁方位角，所以称为方位罗盘仪（图 3-61）。

2. 罗盘仪的使用

用罗盘仪测量直线方向时，将罗盘仪安置在直线的起点。对中、整平后，照准直线的另一端，然后放松磁针，当磁针静止后，即可进行读数。读数规则如下：如果观测时物镜靠近 $0°$，目镜靠近 $180°$，则用磁针的北端直接读出直线的磁方位角；反之，则用磁针的

南端读出。如图 3-61 所示，读得磁方位角为 40°。

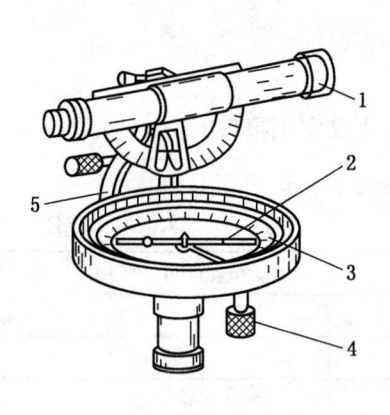
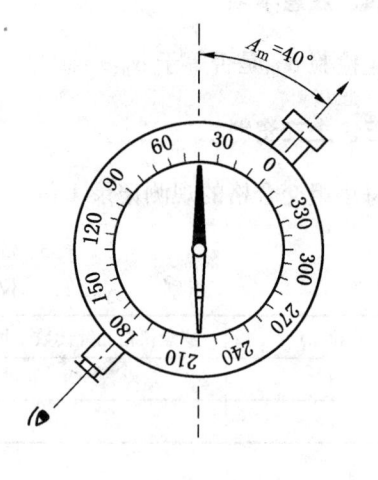

1—望远镜；2—磁针；3—度盘盒；4—制动螺旋；5—支架

图 3-60　罗盘仪　　　　　　　　　图 3-61　方位罗盘仪

　　使用罗盘仪测量时应注意使磁针能自由旋转，勿触及盒盖或盒底；周围不能有任何铁器，以免影响磁针位置的正确性。在铁路附近和高压电塔下以及雷雨天观测时，磁针的读数将会受到很大的影响，应该注意避免。测量结束时，必须旋紧磁针制动螺旋，避免顶针磨损，以保护磁针的灵活性。

### 一、技能目标

（1）认识罗盘仪的构造，掌握罗盘仪各部操作螺旋的使用。

（2）掌握罗盘仪方位角测量的方法和记录。

### 二、实训器具

罗盘仪 1 台、铅笔、计算器等。

### 三、实施步骤

（1）将罗盘仪在一直线端点 $A$ 上对中整平。

（2）照准直线的另一端 $B$。

（3）松开小磁针制动螺旋，待小磁针静止后，磁针的北端读数即为直线 $AB$ 的磁方位角，记为 $\alpha_{AB}$。

（4）将罗盘仪在一直线另一端点 $B$ 上对中整平。

（5）照准直线的另一端 $A$。

（6）松开小磁针制动螺旋，待小磁针静止后，磁针的北端读数即为直线 $BA$ 的磁方位角，记为 $\alpha_{BA}$。

## 四、注意事项

应检验 $\alpha_{AB}$ 是否等于 $\alpha_{BA} \pm 180°$。

## 五、上交资料

每小组交合格的观测记录 1 份（表 3-35），每人交实训报告 1 份。

表 3-35 磁方位角测量记录手簿

班级：　　　　组别：　　　　仪器编号：　　　　天气：　　　　年　月　日

| 照 准 点 | 罗盘仪指北针读数 | $\alpha_{BA}(\alpha_{AB})$ | $\alpha_{AB} = \alpha_{BA} \pm 180°$ | 备　注 |
|---|---|---|---|---|
| B | | | | |
| A | | | | |

# 任务二 导线测量和导线计算

导线测量是在地面上选定一系列点连成折线，在点上设置测站，然后采用测边、测角方式来测定这些点的水平位置。导线测量是建立国家大地控制网的一种方法，也是工程测量中建立控制点的常用方法。设站点连成的折线称为导线，设站点为导线点。测量每相邻两点间距离和每一导线点上相邻边间的夹角，从一起始点坐标和方位角出发，用测得的距离和角度依次推算各导线点的水平位置。

导线测量布设灵活，推进迅速，受地形限制小，边长精度分布均匀。如在平坦隐蔽、交通不便、气候恶劣地区，采用导线测量法布设大地控制网是有利的。但导线测量控制面积小、检核条件少，方位传算误差大。

现为某地区地形图测量布设导线，完成导线边长测量、角度测量及导线点坐标推算，如图 3-62 所示。

## 一、导线网的布设

在平面控制网中，导线网为常用的布网方法。导线网布设的基本形式有支导线、闭合导线和附合导线，如图 3-62 所示。设图中 A、B、C、D 为高级控制点（已知点），$T_1$、$T_2$、…、$T_{10}$ 为布设的导线点（待定点），构成各种形式的导线。

### （一）支导线

从一个高级点 C 和 CD 的已知方位角 $\alpha_{CD}$ 为起始边方位角，延伸出去的导线 D—C—$T_1$—$T_2$—$T_3$ 称为支导线。由于支导线只是具有必要的起算数据，缺少对观测数据的检核，因此，只限于在图根导线和地下工程导线中使用。对于图根导线，一般规定支导线的点数

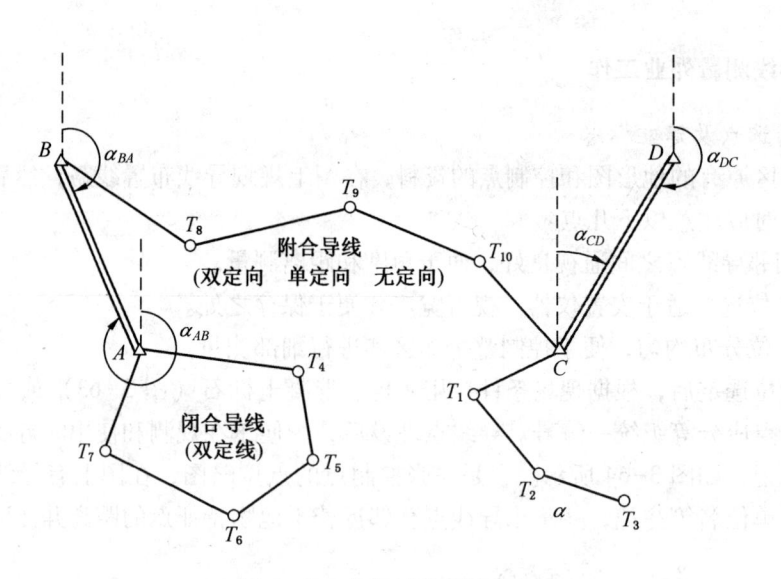

图 3-62　导线网的布置形式

不超过 3 个。

（二）闭合导线

以高级点 $A$ 为起始点，以 $AB$ 边的坐标方位角 $\alpha_{AB}$ 为起始方位角，布设 $B—A—T_4—$ $T_5—T_6—T_6—T_7—A$，即从 $A$ 点出发仍回到 $A$ 点。形成一个闭合多边形，称为闭合导线。闭合导线一般在小范围的独立地区布设，它可以进行导线转折角测量的检核和导线点坐标计算的检核。

（三）附合导线

导线点两端连接于高级控制点 $B$、$C$ 的称为附合导线。随后两端连接已知方位的情况不同，再分为双定向附合导线、单定向附合导线和无定向附合导线。

1. 双定向附合导线

导线线路 $A—B—T_8—T_9—T_{10}—C—D$ 两端连测 $AB$ 和 $CD$ 已知边，其已知方位角 $\alpha_{AB}$ 和 $\alpha_{CD}$ 均可用于导线点的定向，故称为双定向附合导线。对于观测的导线转折角和导线点的坐标计算均可得到检核。双定向附合导线是在高级控制点下进行控制点加密的最常用形式，一般简称为附合导线。

2. 单定向附合导线

导线线路 $A—B—T_8—T_9—T_{10}—C$ 仅能在 $B$ 点一端连接 $AB$ 边的已知方位角，取得导线计算的定向数据，但不能检核导线的转折角，故称为单定向附合导线。由于从已知点 $A$ 附合到另一已知点 $C$，故对于导线的坐标计算仍可进行检核。

3. 无定向附合导线

导线线路 $A—B—T_8—T_9—T_{10}—C$ 两端连接已知点，但均未能连测已知方位角，缺少导线计算的直接定向数据，故称为无定向附合导线（简称无定向导线）。导线计算时可以用间接计算的方法取得定向数据，并有闭合边（起点和终点的连线）长度的检核。布置附合导线从双定向到无定向是由于缺少可以定向的已知点，虽然都可以计算出导线的坐标，但其点位精度也会随定向数据的减少而有所降低。

## 二、导线测量外业工作

1. 踏勘选点及建立标志

收集测区原有的地形图和控制点的资料，在图上规划导线布置线路，然后到现场踏勘选点。选点时应注意以下几点：

（1）相邻导线点之间通视良好，便于角度和距离测量。

（2）点位选择适于安置仪器、视野宽广和便于保存之处。

（3）点位分布均匀，便于控制整个测区和进行细部测量。

导线点位选定后，根据现场条件，用木桩、混凝土标石（图3-63）或大铁钉等标志点位。导线点应分等级统一编号。导线点埋设后，为便于在观测和使用时寻找，应绘制控制点的点之记，如图3-64所示。它是一张控制点的点位略图，在图上有导线点编号、地名、路名、单位名等注记，并量出导线点至邻近若干地物特征点的距离并注明于图上。

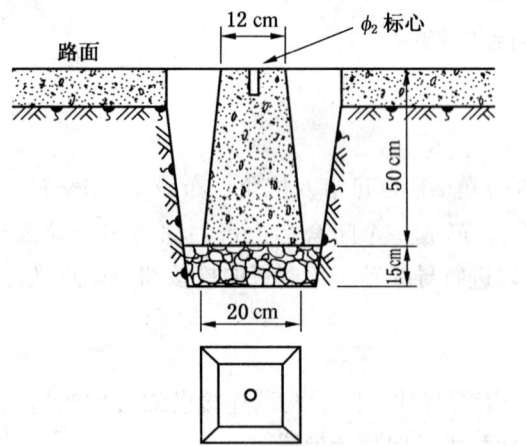

图 3-63　混凝土导线点标石

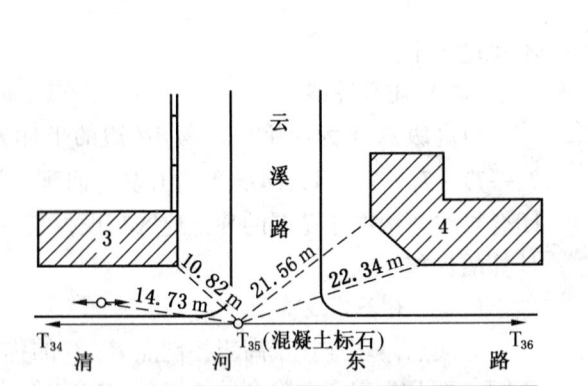

图 3-64　导线点的点之记

2. 导线边长测量

导线边长一般用电磁波测距仪或全站仪观测，同时观测垂直角将斜距化为平距。图根导线的边长也可以用经过鉴定的钢尺往返或两次丈量，当钢尺的尺长改正数大于尺长的1/10000时，应加尺长改正；当量距时温度与检定相差10℃以上时，应加温度改正；当沿地面丈量而坡度大于1%时，应加倾斜改正或高差改正。

3. 导线转折角测量

导线的转折角是在导线点上由相邻两导线边构成的水平角。导线的转折角分为左角和右角，在导线前进方向左侧的转折角称为左角，在导线前进方向右侧的称为右角。导线的转折角测量可以用$DJ_2$、$DJ_6$级经纬仪或5″级全站仪观测水平角一测回。

## 三、导线测量内业计算

导线测量内业计算的主要目的是计算导线点的坐标，在计算之前，应全面检查导线测量外业的水平角、垂直角和距离观测记录有无遗漏或记错，是否符合测量的限差要求。然后绘制导线略图，在图上注明已知点（高级点）及导线点点号等。

导线计算的主要内容为方位角推算、坐标正反算和闭合差的调整。一般可以利用科学式电子计算器，在设计的表格中进行，或利用可编程计算器编制导线计算程序（详见本书附录），或利用微机中的 Excel 软件编制导线计算自动化表格。数值计算时，角度值取至秒，长度和坐标值取至毫米或分米。按不同的导线形式，计算方法有一定区别。

在控制网平差计算中，必须进行坐标方位角的推算和平面直角坐标的正、反算。

1. 坐标方位角的推算

如图 3-65 所示，已知直线 $AB$ 的坐标方位角为 $\alpha_{AB}$，$B$ 点处的转折角为 $\beta$，当 $\beta$ 为左角（图 3-65a）时，则直线 $BC$ 的坐标方位角 $\alpha_{BC}$ 为

$$\alpha_{BC} = \alpha_{AB} + \beta - 180° \tag{3-57}$$

当 $\beta$ 为右角时（图 3-65b），则直线 $BC$ 的坐标方位角 $\alpha_{BC}$ 为

$$\alpha_{BC} = \alpha_{AB} - \beta + 180° \tag{3-58}$$

由式（3-57）、式（3-58）可推算坐标方位角的一般公式为

$$\alpha_{前} = \alpha_{后} \pm \beta \pm 180° \tag{3-59}$$

式（3-59）中，$\beta$ 为左角时，其前取"＋"；$\beta$ 为右角时，其前取"－"。如果推算出的坐标方位角大于 360°，则应减去 360°，如果出现负值，则应加上 360°。

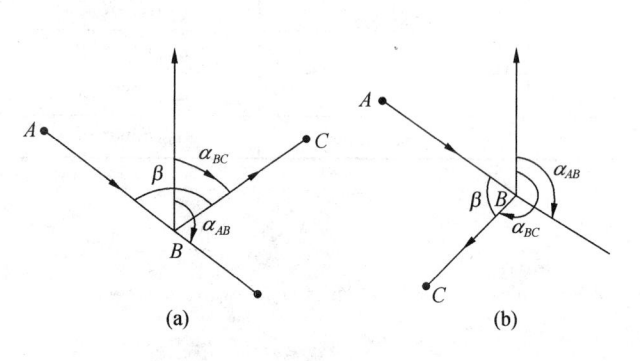

图 3-65　坐标方位角推算

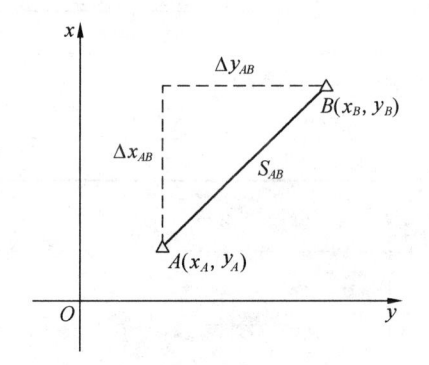

图 3-66　坐标正、反算

2. 平面直角坐标正、反算

如图 3-66 所示，设 $A$ 为已知点，$B$ 为未知点，当 $A$ 点坐标（$x_A$，$y_A$）、$A$ 点至 $B$ 点的水平距离 $S_{AB}$ 和坐标方位角 $\alpha_{AB}$ 均为已知时，则可求得 $B$ 点坐标（$x_B$，$y_B$），通常称为坐标正算问题。由图 3-66 可知：

$$\begin{cases} x_B = x_A + \Delta x_{AB} \\ y_B = y_B + \Delta y_{AB} \end{cases} \tag{3-60}$$

$$\begin{cases} \Delta x_{AB} = S_{AB} \cdot \cos\alpha_{AB} \\ \Delta y_{AB} = S_{AB} \cdot \sin\alpha_{AB} \end{cases} \tag{3-61}$$

所以，式（3-61）也可写成：

$$\begin{cases} x_B = x_A + S_{AB} \cdot \cos\alpha_{AB} \\ y_B = y_B + S_{AB} \cdot \sin\alpha_{AB} \end{cases} \tag{3-62}$$

式中　$\Delta x_{AB}$、$\Delta y_{AB}$——坐标增量。

直线的坐标方位角和水平距离可根据两端点的已知坐标反算出来，这称之为坐标反算问题。如图3-66所示，设 $A$、$B$ 两已知点的坐标分别为（$x_A$，$y_A$）和（$x_B$，$y_B$），则直线 $AB$ 的坐标方位角 $\alpha_{AB}$ 和水平距离 $S_{AB}$ 为

$$\alpha_{AB} = \arctan(\Delta y_{AB}/\Delta x_{AB}) \tag{3-63}$$

$$S_{AB} = \frac{\Delta y_{AB}}{\sin\alpha_{AB}} = \frac{\Delta x_{AB}}{\cos\alpha_{AB}} = \sqrt{\Delta x_{AB}^2 + \Delta y_{AB}^2} \tag{3-64}$$

其中：

$$\Delta x_{AB} = x_B - x_A$$
$$\Delta y_{AB} = y_B - y_A$$

由式（3-64）能算出多个 $S_{AB}$，可作相互校核。

应当指出，式（3-64）中 $\Delta y_{AB}$、$\Delta x_{AB}$ 应取绝对值，计算得到的为象限角 $R$，象限角取值范围为 $0° \sim 90°$。而测量工作中通常用坐标方位角表示直线的方向，因此，计算出象限角 $R$ 后，应将其转化为坐标方位角，其转化方法见表3-36。

表3-36　象限角转化为坐标方位角

| $\Delta y_{AB}$ | $\Delta x_{AB}$ | 象　　　限 | 坐标方位角 |
|:---:|:---:|:---:|:---:|
| + | + | I | $\alpha_{AB} = R$ |
| + | − | II | $\alpha_{AB} = 180° - R$ |
| − | − | III | $\alpha_{AB} = 180° + R$ |
| − | + | IV | $\alpha_{AB} = 360° - R$ |

## 一、闭合导线算例

图3-67 由 4 个控制点构成闭合导线。$A$ 点为起点，其坐标是（1000.00 m，1000.00 m），外业测量数据如图3-67所示。

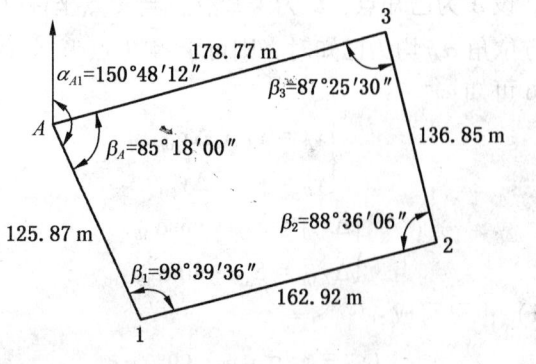

图3-67　四点闭合导线示意图

（一）角闭合差和平差计算

1. 角闭合差

$$f_\beta = \sum \beta_测 - \sum \beta_理 = \sum \beta_测 - (n-2) \times 180° = 359°59'12'' - 360° = -48''$$

2. 检验角闭合差

$$f_{\beta容} = \pm 60'' \sqrt{n} = \pm 60'' \times \sqrt{4} = \pm 120''$$

因为 $|f_\beta| \leqslant |f_{\beta容}|$，所以精度满足要求，可以进行平差计算。

3. 观测角的调整（平差）

（1）计算改正数。将角闭合差反符号平均分配到各观测角中，得角度改正数，即

$$v_\beta = -\frac{f_\beta}{n} = -\frac{-48''}{4} = +12''$$

$$\sum v_\beta = 4 \times 12'' = 48''$$

（2）改正后的观测角：

$$\beta_改 = \beta_测 + v_\beta$$
$$\beta_A = 85°18'00'' + 12'' = 85°18'12''$$
$$\beta_1 = 98°39'36'' + 12'' = 98°39'48''$$
$$\beta_2 = 88°36'06'' + 12'' = 88°36'18''$$
$$\beta_3 = 87°25'30'' + 12'' = 87°25'42''$$
$$\sum \beta_改 = 360°00'00''$$

（3）计算检核：

$$\begin{cases} \sum v_\beta = -f_\beta \\ \sum \beta_改 = \sum \beta_理 = (n-2) \times 180° \end{cases}$$

（二）导线边坐标方位角的计算

$$\begin{cases} 左角法公式：\alpha_前 = \alpha_后 + \beta_左 \mp 180° \\ 右角法公式：\alpha_前 = \alpha_后 - \beta_右 \pm 180° \end{cases}$$

起算方位角 $\alpha_{A1} = 150°48'12''$，逆时针推算，左角法：

$$\alpha_{12} = 150°48'12'' + 98°39'48'' - 180° = 69°28'00''$$
$$\alpha_{23} = 69°28'00'' + 88°36'18'' + 180° = 338°04'18''$$
$$\alpha_{3A} = 338°04'18'' + 87°25'42'' - 180° = 245°30'00''$$
$$\alpha_{A1} = 245°30'00'' + 85°18'12'' - 180° = 150°48'12''$$

（三）坐标正算公式

对于任意相邻导线点的坐标（图3-68），存在如下关系式：

$$\begin{cases} X_{i+1} = X_i + \Delta X_{i,\,i+1} \\ Y_{i+1} = Y_i + \Delta Y_{i,\,i+1} \end{cases}$$

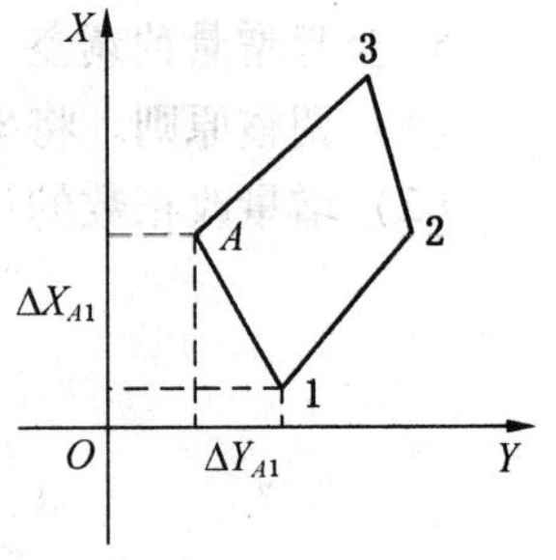

图3-68　坐标关系示意图

（四）坐标增量计算公式

$\Delta X$、$\Delta Y$ 称为坐标增量,即

$$\begin{cases} \Delta X_{i,\,i+1} = X_{i+1} - X_i = D_{i,\,i+1}\cos\alpha_{i,\,i+1} \\ \Delta Y_{i,\,i+1} = Y_{i+1} - Y_i = D_{i,\,i+1}\sin\alpha_{i,\,i+1} \end{cases}$$

坐标增量有正有负。可见,要想推算导线点的坐标,首先计算坐标增量。

$$\begin{cases} \Delta X_{A1} = 125.87 \times \cos150°48'12'' = -109.88 \\ \Delta X_{12} = 162.92 \times \cos69°28'00'' = +57.14 \\ \Delta X_{23} = 136.85 \times \cos338°04'18'' = +126.95 \\ \Delta X_{3A} = 178.77 \times \cos245°30'00'' = -74.13 \end{cases}$$

$$\begin{cases} \Delta Y_{A1} = 125.87 \times \sin150°48'12'' = +61.40 \\ \Delta Y_{12} = 162.92 \times \sin69°28'00'' = +152.57 \\ \Delta Y_{23} = 136.85 \times \sin338°04'18'' = -51.11 \\ \Delta Y_{3A} = 178.77 \times \sin245°30'00'' = -162.67 \end{cases}$$

（五）坐标增量闭合差和平差计算

因为闭合导线的坐标增量的总和理论上应等于零,所以

$$\begin{cases} f_X = \sum \Delta X_测 - \sum \Delta X_理 = \sum \Delta X_测 \\ f_Y = \sum \Delta Y_测 - \sum \Delta Y_理 = \sum \Delta Y_测 \end{cases}$$

1. 纵、横坐标增量闭合差

$$f_D = \sqrt{f_X^2 + f_Y^2}$$

2. 导线全长闭合差

$$K = \frac{f_D}{\sum D} = \frac{1}{\sum D/f_D}$$

3. 导线全长相对闭合差

本例中:

$$f_X = +0.08\ \text{m} \qquad f_Y = +0.19\ \text{m} \qquad f_D = 0.21\ \text{m} \qquad K = \frac{1}{604.41/0.21} = \frac{1}{2880}$$

4. 闭合差检验

因 $K_容 = 1/2000$,$K < K_容$,所以可以进入平差计算。

5. 坐标增量的调整（平差）

（1）调整原则。将坐标增量闭合差反符号与边长成正比例分配到各坐标增量中。

（2）增量改正数的计算。

$$\begin{cases} v_{Xi} = -\dfrac{f_X}{\sum D} \times D_i \\ v_{Yi} = -\dfrac{f_Y}{\sum D} \times D_i \end{cases}$$

$$\begin{cases} \sum v_{Xi} = -f_X \\ \sum v_{Yi} = -f_Y \end{cases}$$

本例中先计算常数项，后计算改正数，再进行"四舍六入五凑偶"。

$$\begin{cases} f_X / \sum D = +0.08 / 604.41 = 1.32 \times 10^{-4} \\ f_Y / \sum D = +0.19 / 604.41 = 3.14 \times 10^{-4} \end{cases}$$

$$\begin{cases} v_{X1} = -1.32 \times 10^{-4} \times 125.87 = -0.016 \Rightarrow -0.02 \\ v_{X2} = -1.32 \times 10^{-4} \times 162.92 = -0.022 \Rightarrow -0.02 \\ v_{X3} = -1.32 \times 10^{-4} \times 136.85 = -0.018 \Rightarrow -0.02 \\ v_{X4} = -1.32 \times 10^{-4} \times 178.77 = -0.024 \Rightarrow -0.02 \\ \sum v_{Xi} = -0.08 = -f_X \end{cases}$$

则

$$\begin{cases} v_{Y1} = -3.14 \times 10^{-4} \times 125.87 = -0.040 \Rightarrow -0.04 \\ v_{Y2} = -3.14 \times 10^{-4} \times 162.92 = -0.051 \Rightarrow -0.05 \\ v_{Y3} = -3.14 \times 10^{-4} \times 136.85 = -0.043 \Rightarrow -0.04 \\ v_{Y4} = -3.14 \times 10^{-4} \times 178.77 = -0.056 \Rightarrow -0.06 \\ \sum v_{Yi} = -0.19 = -f_Y \end{cases}$$

（3）改正后的坐标增量。

计算公式：
$$\begin{cases} \Delta X_{i改} = \Delta X_i + v_{Xi} \\ \Delta Y_{i改} = \Delta Y_i + v_{Yi} \end{cases}$$

检验：
$$\sum \Delta X_i = 0 \qquad \sum \Delta Y_i = 0$$

本例中：
$$\begin{cases} \Delta X_{A1改} = -109.88 + (-0.02) = -109.90 \\ \Delta X_{12改} = +57.14 + (-0.02) = +57.12 \\ \Delta X_{23改} = +126.95 + (-0.02) = +126.93 \\ \Delta X_{3A改} = -74.13 + (-0.02) = -74.15 \\ \sum \Delta X_{i改} = 0 \end{cases}$$

$$\begin{cases} \Delta Y_{A1改} = +61.40 + (-0.04) = +61.36 \\ \Delta Y_{12改} = +152.57 + (-0.05) = +152.52 \\ \Delta Y_{23改} = -51.11 + (-0.04) = +51.15 \\ \Delta Y_{3A改} = -162.67 + (-0.06) = -162.73 \\ \sum \Delta Y_{i改} = 0 \end{cases}$$

（六）导线点坐标的计算

先给出起算点 $A$ 点坐标，$(X_A, Y_A) = (1000.00, 1000.00)$，再推算其他坐标。

坐标推算公式：
$$\begin{cases} X_{i+1} = X_i + \Delta X_{i,\ i+1}^{改} \\ Y_{i+1} = Y_i + \Delta Y_{i,\ i+1}^{改} \end{cases}$$

本例中：
$$\begin{cases} X_1 = X_A + \Delta X_{A1改} = 1000.00 + (-109.90) = 890.10 \\ X_2 = X_1 + \Delta X_{12改} = 890.10 + (+57.12) = 947.22 \\ X_3 = X_2 + \Delta X_{23改} = 947.22 + (+126.93) = 1074.15 \\ X_A = X_3 + \Delta X_{3A改} = 1074.15 + (-74.15) = 1000.00 \end{cases}$$

$$\begin{cases} Y_1 = Y_A + \Delta Y_{A1改} = 1000.00 + (+61.36) = 1061.36 \\ Y_2 = Y_1 + \Delta Y_{12改} = 1061.36 + (+152.52) = 1213.88 \\ Y_3 = Y_2 + \Delta Y_{23改} = 1213.88 + (-51.15) = 1162.73 \\ Y_A = Y_3 + \Delta Y_{3A改} = 1162.73 + (-162.73) = 1000.00 \end{cases}$$

在实际工作中，采用导线计算表（表3-37）。

表3-37 闭合导线坐标计算表

| 点号 | 观测角 | 坐标方位角 | 边长/m | 坐标增量/m | | 改正后坐标增量 | | 导线点坐标/m | |
|---|---|---|---|---|---|---|---|---|---|
| | | | | $\Delta X$ | $\Delta Y$ | $\Delta X'$ | $\Delta Y'$ | $X$ | $Y$ |
| A | | | | | | | | 1000.00 | 1000.00 |
| | | 150°48′12″ | 125.87 | (−2) −109.88 | (−4) +61.40 | −109.90 | +1.36 | | |
| 1 | (+12) 98°39′36″ | | | | | | | 890.10 | 1061.36 |
| | | 69°28′00″ | 162.92 | (−2) +57.14 | (−5) +152.57 | +57.12 | +152.52 | | |
| 2 | (+12) 88°36′06″ | | | | | | | 947.22 | 1213.88 |
| | | 338°04′18″ | 136.85 | (−2) +126.95 | (−5) −51.11 | +126.93 | −51.15 | | |
| 3 | (+12) 87°25′30″ | | | | | | | 1074.15 | 1162.73 |
| | | 245°30′00″ | 178.77 | (−2) −74.13 | (−6) −162.67 | −74.15 | −162.73 | | |
| A | (+12) 85°18′00″ | | | | | | | 1000.00 | 1000.00 |
| | | 150°48′12″ | | | | | | | |
| 1 | | | | | | | | | |
| Σ | 359°59′12″ | | 604.41 | +0.08 | +0.19 | 0 | 0 | | |

$\sum \beta_{理} = (n-2) \times 180° = 360°$

$f_\beta = \sum \beta_{测} - \sum \beta_{理} = -48″$

$f_{\beta容} = \pm 60″\sqrt{n} = \pm 120″$

$v_\beta = -(-48″)/4 = +12″$

$f_X = +0.08 \quad f_Y = +0.19 \quad f_D = 0.21$

$K = f_D / \sum D = 1/2880 \quad K_容 = 1/2000$

$f_X / \sum D = +0.08/604.41 = 1.32 \times 10^{-4}$

$f_Y / \sum D = +0.19/604.41 = 3.14 \times 10^{-4}$

## 二、附合导线算例

由6个控制点构成附合导线（图3-69）。A、B、C、D 为已知控制点，1、2 为待测点。其中 A、D 点为引测点，B 点为起点，C 点为终点。已知：坐标 B（2453.84 m，3709.65 m），C（2123.44 m，4147.75 m）；坐标方位角 $\alpha_{AB} = 149°40′00″$，$\alpha_{CD} = 8°52′55″$。测量数据见表3-39。

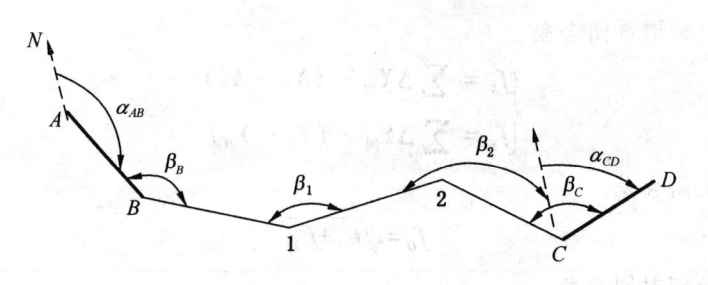

图 3-69　附合导线草图

**（一）角闭合差和平差计算**

**1. 角闭合差**

附合导线的角闭合差是由观测角推算的终边方位角和已知的终边方位角相比较，按其附合程度来确定的。

因此

$$f_\beta = \alpha_{终测} - \alpha_{终知} = \alpha'_{CD} - \alpha_{CD}$$

因为

$$\alpha'_{CD} = \alpha_{AB} \pm \sum \beta_{测} \pm n \times 180°$$

所以

$$f_\beta = \alpha_{AB} \pm \sum \beta_{测} \pm n \times 180° - \alpha_{CD}$$

当 $\beta$ 为左角时：

$$f_\beta = \alpha_{AB} + \sum \beta_{左} - n \times 180° - \alpha_{CD}$$

当 $\beta$ 为右角时：

$$f_\beta = \alpha_{AB} - \sum \beta_{右} + n \times 180° - \alpha_{CD}$$

**2. 角闭合差的检验**

$$f_{\beta容} = \pm 60'' \sqrt{n}$$

当 $|f_\beta| \le |f_{\beta容}|$ 满足时，可以进行平差计算。

**3. 观测角的调整（平差）**

调整方法与闭合导线完全相同。

**（二）坐标方位角的计算**

$$\begin{cases} 左角法公式\ \alpha_{前} = \alpha_{后} + \beta_{左} - 180° \\ 右角法公式\ \alpha_{前} = \alpha_{后} - \beta_{右} + 180° \end{cases}$$

**（三）坐标增量的计算**

计算方法与闭合导线完全相同。

**（四）坐标增量闭合差的计算和平差**

因为附合导线的坐标增量的总和理论上应等于终点已知坐标减去始点已知坐标，即

$$\begin{cases} \sum \Delta X_{理} = X_C - X_B \\ \sum \Delta Y_{理} = Y_C - Y_B \end{cases}$$

1. 纵、横坐标增量闭合差

$$\begin{cases} f_X = \sum \Delta X_测 - (X_C - X_B) \\ f_Y = \sum \Delta Y_测 - (Y_C - Y_B) \end{cases}$$

2. 导线全长闭合差

$$f_D = \sqrt{f_X^2 + f_Y^2}$$

3. 导线全长相对闭合差

$$K = \frac{f_D}{\sum D} = \frac{1}{\sum D / f_D}$$

4. 闭合差检验

因 $K_容 = 1/2000$，$K < K_容$，所以可以进入平差计算。

5. 坐标增量的调整（平差）

调整方法与闭合导线完全相同。

（五）导线点坐标的计算

计算方法与闭合导线完全相同，见表3-38。

表3-38　附合导线坐标计算表

| 点号 | 观测角 | 坐标方位角 | 边长/m | 坐标增量/m | | 改正后坐标增量 | | 导线点坐标/m | |
|---|---|---|---|---|---|---|---|---|---|
| | | | | $\Delta X$ | $\Delta Y$ | $\Delta X'$ | $\Delta Y'$ | $X$ | $Y$ |
| A | | 149°40′00″ | | | | | | | |
| B | (-10) 168°03′24″ | | | | | | | 2453.84 | 3709.65 |
| | | 137°43′14″ | 236.02 | (-9) -174.62 | (-4) +158.78 | -174.71 | +158.74 | | |
| 1 | (-10) 145°20′48″ | | | | | | | 2279.13 | 3868.39 |
| | | 103°03′52″ | 189.11 | (-7) -42.75 | (-4) +184.22 | -42.82 | +184.18 | | |
| 2 | (-10) 216°46′36″ | | | | | | | 2236.31 | 4052.57 |
| | | 139°50′18″ | 147.62 | (-5) -112.82 | (-3) +95.21 | -112.87 | +95.18 | | |
| C | (-11) 49°02′48″ | | | | | | | 2123.44 | 4147.75 |
| | | 8°52′55″ | | | | | | | |
| D | | | | | | | | | |
| $\sum$ | 579°13′36″ | | 572.75 | -330.19 | +438.21 | -330.40 | +438.10 | | |

$\alpha_{CD测} = \alpha_{AB} + \sum\beta_测 - n \times 180°$

　　　$= 28°53′36″$

$f_\beta = \alpha_{CD测} - \alpha_{CD} = +41″$

$f_{\beta容} = \pm 60\sqrt{n} = \pm 120″$

$v_\beta = -(+41″)/4 = -10″,$

　　余 (-1″)

$f_X = \sum\Delta X - (X_C - X_B) = +0.21\,m$

$f_Y = \sum\Delta Y - (Y_C - Y_B) = +0.11\,m$

$f_D = 0.24\,m$

$K = f_D / \sum D = 1/2390 < K_容 = 1/2000$

$f_X / \sum D = +0.21/572.75 = 3.67 \times 10^{-4}$

$f_Y / \sum D = +0.11/572.75 = 1.92 \times 10^{-4}$

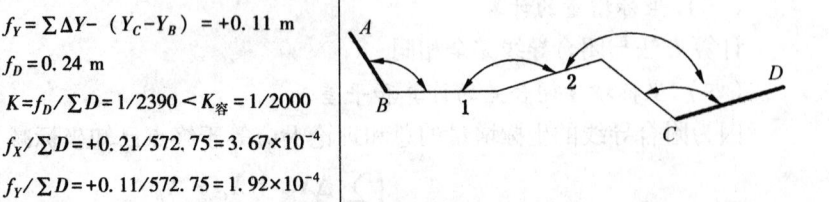

小地区平面控制网的布设可用上述导线测量方法，但是个别控制点的加密测可用测角交会、测边交会、边角交会和后方交会等交会定点方法，这些方法也可用于工程测量中。下面介绍测角交会的计算。

从相邻两个已知点 $A$、$B$ 向待定点 $P$ 观测水平角 $\alpha$、$\beta$，用以计算待定点 $P$ 的坐标，称为测角交会（又称前方交会），如图 3-70 所示。计算待定点坐标的方法如下。

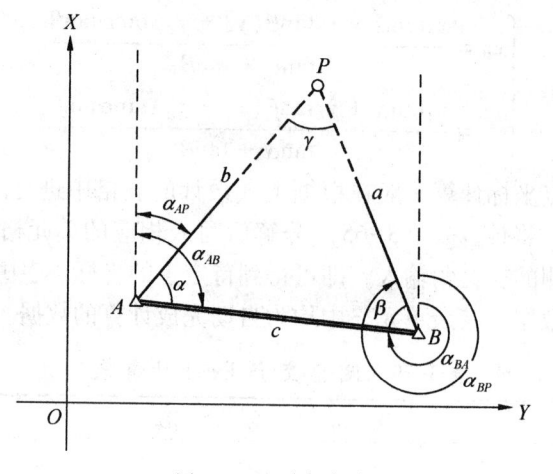

图 3-70 测角交会

### 一、已知点坐标反算

根据两个已知点的坐标，用坐标反算公式计算两点间的边长 $c$ 和方位角 $\alpha_{AB}$，即

$$c = \sqrt{(x_B - x_A) + (y_B - y_A)^2}$$

$$\alpha_{AB} = \arctan \frac{y_B - y_A}{x_B - x_A}$$

### 二、待定边边长和方位角计算

按三角正弦定律计算已知点至待定点的边长 $a$、$b$，即

$$a = \frac{c\sin\alpha}{\sin\gamma} = \frac{c\sin\alpha}{\sin(\alpha + \beta)}$$

$$b = \frac{c\sin\alpha}{\sin\gamma} = \frac{c\sin\beta}{\sin(\alpha + \beta)}$$

按下式计算待定边的方位角，即

$$\alpha_{AP} = \alpha_{AB} - \alpha \qquad \alpha_{BP} = \alpha_{BA} + \beta = \alpha_{AB} + \beta \pm 180°$$

### 三、待定点坐标计算

根据已知点至待定点的边长和方位角，按坐标正算公式，分别从已知点 $A$、$B$ 计算待定点 $P$ 的坐标，两次算得的坐标应相等，作为计算的检核，即

$$x_P = x_A + b\cos\alpha_{AP}$$
$$y_P = y_A + b\sin\alpha_{AP}$$
$$x_P = x_B + a\cos\alpha_{BP}$$
$$y_P = y_B + a\sin\alpha_{BP}$$

### 四、直接计算待定点坐标的公式

将以上按测角交会计算待定点坐标的一系列公式，经过化算可得到直接计算待定点坐标的一种公式（正切公式）为

$$\begin{cases} x_P = \dfrac{x_A\tan\alpha + x_B\tan\beta(y_B - y_A)\tan\alpha\tan\beta}{\tan\alpha + \tan\beta} \\[3mm] y_P = \dfrac{y_A\tan\alpha + y_B\tan\beta(x_A - x_B)\tan\alpha\tan\beta}{\tan\alpha + \tan\beta} \end{cases} \tag{3-65}$$

测角交会的待定点坐标计算一般在根据上式设计的表格中进行。该表格可以用 Excel 软件设计（表 3-39），将计算式（3-65）分解后写入相应的单元格中。需要计算时，只要将已知点坐标和观测的交会角输入，即可得到待定点的坐标。表中有阴影的单元格为输入的已知数据和观测数据，其余单元格中均为自动完成计算的数据。

表 3-39　测角交会 Excel 计算表

| 测 角 交 会 计 算 | | | | | | | | |
|---|---|---|---|---|---|---|---|---|

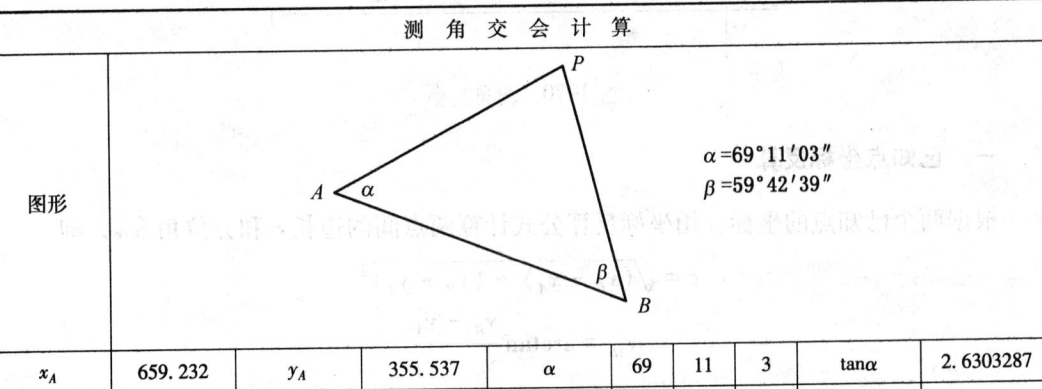

图形　　$\alpha = 69°11'03''$　　$\beta = 59°42'39''$

| $x_A$ | 659.232 | $y_A$ | 355.537 | $\alpha$ | 69 | 11 | 3 | $\tan\alpha$ | 2.6303287 |
|---|---|---|---|---|---|---|---|---|---|
| $x_B$ | 406.593 | $y_B$ | 654.051 | $\beta$ | 59 | 42 | 39 | $\tan\beta$ | 1.7120379 |
| $x_A - x_B$ | 252.639 | $y_B - y_A$ | 298.514 | $\tan\alpha \times \tan\beta$ | 4.5032225 | | | $\tan\alpha + \tan\beta$ | 4.3423666 |
| $x_A \times \tan\alpha$ | | 1733.9969 | | | $y_A \times \tan\alpha$ | | | | 935.1792 |
| $x_B \times \tan\beta$ | | 696.1026 | | | $y_B \times \tan\beta$ | | | | 1119.7601 |
| $(y_B - y_A) \times \tan\alpha \times \tan\beta$ | | 1344.2750 | | | $(x_A - x_B) \times \tan\alpha \times \tan\beta$ | | | | 1137.6896 |
| $x_P$ | | 869.198 | | | $y_P$ | | | | 735.228 |

任 务 实 施

### 一、技能目标

掌握图根导线的外业工作内容、步骤及操作方法，以及图根导线的内业计算方法。

## 二、实训器具

全站仪 1 台、反光镜 2 个、脚架 3 个、钢尺 1 个、记录笔 1 支。

## 三、实训步骤

（1）每组布设一条导线，每条导线选点数不少于 5 点，用铁钉在地面上刻划临时点位标志。

（2）从一已知点开始，用全站仪进行角度测量和边长测量。

（3）内业计算，每位学生根据本组观测的导线资料计算导线各点的坐标。

## 四、实训要求

（1）每人必须进行至少一站的操作。

（2）仪器对中误差不应大于 2 mm，整平时，水准管气泡中心偏离整置中心不超过 1 格。

（3）每一测站水平角和距离均观测一个测回，上下半测回角度校差不大于 30″，测距读数校差不大于 4 mm。

（4）每条导线角度闭合差允许误差为 $60″\sqrt{n}$，相对闭合差不大于 1/3000。

（5）内业计算按表格进行，必须严格按格式要求进行，各项检核都应符合要求。

## 五、注意事项

（1）相邻导线点间通视良好，以便角度测量和距离测量。如果采用钢尺量距，则沿线地势应较平坦，没有丈量的障碍物。

（2）点位应选在土质坚实并便于保存之处。

（3）在点位上，视野应开阔，便于测绘周围的地物和地貌。

（4）导线边长应按有关规定，最长不超过平均边长的 2 倍，相邻边长尽量不使其长短相差悬殊。

（5）导线点在测区内要布点均匀，便于控制整个测区。

（6）导线点应避免选在影响交通的道路上。

## 六、上交资料

外业记录表格，每人上交导线内业计算资料 1 份，每人上交实训报告 1 份。

# 项目五 基本测量最可靠值的计算及精度评定

任 务 概 述

测量工作是由观测者使用一定的测量仪器和工具，采用一定的测量方法和程序，在一定的观测条件中进行的。对某一个未知量进行测定的过程，称为观测。在各项测量工作中发现，对某个量进行多次观测，各个观测值之间总会存在差异。例如，对一段距离进行多次丈量，所得结果往往不一致；又如对若干量进行观测，如果知道这几个量所构成的某个函数等于某一理论值，而实际用这些量的观测值代入上述函数通常与理论值不一致；再如对某一平面三角形三内角测量，三角值之和与180°存在差异。为什么会出现这种差异呢？那是因为观测结果中存在观测误差。

# 任务一  测量误差理论基础

统计一组观测误差。对观测误差进行计算分析，找出特性。

每一个物理量都是客观存在的，在一定的条件下具有不以人的意志为转移的客观大小，人们将它称为该物理量的真值。进行测量是想要获得待测量的真值。然而测量要依据一定的理论或方法，使用一定的仪器，在一定的环境中，由具体的人进行。由于实验理论上存在着近似性，方法上难以完善，实验仪器灵敏度和分辨能力有局限性，周围环境不稳定等因素的影响，待测量的真值是不可能测得的，测量结果和被测量真值之间总会存在或多或少的偏差，这种偏差就称为测量值的误差。

## 一、测量误差产生的原因

测量工作的实践表明，对于某一客观存在的量，如地面某两点之间的距离或高差、某三点之间构成的水平角等，尽管采用了合格的测量仪器和合理的观测方法，测量人员的工作态度也认真负责，但是多次重复测量的结果总是有差异，这说明观测值中存在测量误差，或者说，测量误差是不可避免的。测量中真值与观测值之差称为误差，严格意义上讲应称为真误差。在实际工作中真值不易测定，一般把某一量的准确值与其近似值之差也称为误差。产生测量误差的原因，概括起来有人的原因、仪器的原因、外界环境的原因等。

### 1. 人的原因

由于观测者的感觉器官的辨别能力存在局限性，所以对于仪器的对中、整平、瞄准、读数等操作都会产生误差。例如，在厘米分划的水准尺上，由观测者估读毫米数，则1 mm以下的估读误差是完全有可能产生的。另外，观测者技术熟练程度也会给观测结果带来不同程度的影响。

### 2. 仪器的原因

测量工作是需要用测量仪器进行的，而每一种测量仪器具有一定的精确度，使测量结果受到一定的影响。例如，测角仪器的度盘分划误差可能达到3″，由此使所测的角度产生误差。另外，仪器结构的不完善，如测量仪器轴线位置不准确，也会引起测量误差。

### 3. 外界环境的影响

测量工作进行时所处的外界环境中的空气温度、气压、湿度、风力、日光照射、大气折光、烟雾等客观情况时刻在变化，使测量结果产生误差。例如，温度变化使钢尺产生伸缩，风吹和日光照射使仪器的安置不稳定，大气折光使望远镜的瞄准产生偏差等。

人、仪器和环境是测量工作得以进行的必要条件，通常把这3个方面综合起来称为观测条件。这些观测条件都有其本身的局限性和对测量精度的影响，因此，测量结果中的误差是不可避免的。误差的大小决定观测的精度。凡是观测条件相同的同类观测称为等精度观测，观测条件不同的同类观测则称为不等精度观测，这对于观测值的结果处理应有所区别。

**二、测量误差的分类与处理原则**

**（一）测量误差的分类**

测量误差按其产生的原因和对观测结果影响性质的不同，可以分为系统误差、偶然误差和粗差三类。

1. 系统误差

在相同的观测条件下，对某一量进行一系列的观测，如果出现的误差在符号和数值上都相同，或按一定的规律变化，这种误差称为系统误差。例如，用名义长度为 30 m 而实际正确长度为 30.004 m 的钢尺量距，每量一尺段就有使距离量短了 0.004 m 的误差，其量距误差的符号不变，且与所量距离的长度成正比。因此，系统误差具有积累性。系统误差对观测值的影响具有一定的数学或物理上的规律性。如果这种规律性能够被找到，则系统误差对观测的影响可加以改正，或者用一定的测量方法加以抵消或削弱。

2. 偶然误差

在相同的观测条件下，对某一量进行一系列的观测，如果误差出现的符号和数值大小都不相同，从表面上看没有任何规律性，这种误差称为偶然误差。偶然误差是由人力所不能控制的因素和无法估计的因素（如人眼的分辨能力、仪器的极限精度和气象因素等）共同引起的测量误差，其数值的正负、大小纯属偶然。例如，在厘米分划的水准尺上读数，估读毫米数时，有时估读偏大，有时估读偏小。因此，多次重复观测，取其平均数，可以抵消一些偶然误差。

偶然误差是不可避免的，在相同的观测条件下观测某一量，所出现的大量偶然误差具有统计的规律，或称之为具有概率论的规律。

3. 粗差

由于观测者的粗心或各种干扰造成的大于限差的误差称为粗差，如瞄错目标、读错大数等。

**（二）误差处理原则**

粗差是大于限差的误差，是由于观测者的粗心大意或受到干扰所造成的错误。错误应该可以避免，包含有错误的观测值应该舍弃，并重新进行观测。

为了防止错误的发生和提高观测结果的精度，在测量工作中，一般需要进行多于必要的观测，称为多余观测。例如，一段距离用往、返丈量，如果将往测作为必要观测，则返测就属于多余观测。又如，由3个地面点构成一个平面三角形，在3个点上进行水平角观测，其中两个角度属于必要观测，则第三个角度的观测就属于多余观测。有了多余观测，就可以发现观测值中的错误，以便将其剔除和重测。由于观测值中的偶然误差不可避免，有了多余观测，观测值之间必然产生矛盾（往返差、不符值、闭合差）。根据差值的大小，可以评定测量的精度。差值如果大到一定程度，就认为观测值误差超限，应予重测（返工）；差值如果不超限，则按偶然误差的规律加以处理（称为闭合差的调整），以求得最可靠的数值。

至于观测值中的系统误差，应尽可能按其产生的原因和规律加以改正、抵消或削弱。例如，用钢尺量距时，按其检定结果对量得长度进行尺长改正。

### 三、偶然误差的特性

测量误差理论主要讨论根据一系列具有偶然误差的观测值如何求得最可靠的结果和评定观测结果的精度。为此，需要对偶然误差的性质作进一步的讨论。

设某一量的真值为 $x$，在相同的观测条件下对此量进行 $n$ 次观测，得到的观测值为 $l_1$、$l_2$、$\cdots$、$l_n$，在每次观测中产生的偶然误差（又称真误差）为 $\Delta_1$、$\Delta_2$、$\cdots$、$\Delta_n$，则定义 $\Delta_i = x - l_i$，$i = 1$，$2$，$\cdots$，$n$。从单个偶然误差来看，其符号的正负和数值的大小没有任何规律性。但是，如果观测的次数很多，观察其大量的偶然误差，就能发现隐藏在偶然性下面的必然规律。进行统计的数量越大，规律性也越明显。下面结合某观测实例，用统计方法进行说明和分析。在某一测区，在相同的观测条件下共观测了 358 个三角形的全部内角，由于每个三角形内角之和的真值（180°）为已知，因此，可以按式（3-66）计算每个三角形内角之和的偶然误差 $\Delta$（三角形闭合差），将它们分为负误差和正误差，按误差绝对值由小到大排列次序。以误差区间 $d\Delta = 3''$ 进行误差个数 $k$ 的统计，并计算其相对个数 $k/n$（$n = 358$），$k/n$ 称为误差出现的频率。偶然误差的统计见表 3-40。

为了直观地表示偶然误差的正负和大小的分布情况，可以按表 3-40 的数据作图（图 3-71）。图中以横坐标表示误差的正负和大小，以纵坐标表示误差出现于各区间的频率（$k/n$）除以区间（$d\Delta$），每一区间按纵坐标画成矩形小条，则每一小条的面积代表误差出现于该区间的频率，而各小条的面积总和等于 1。该图在统计学上称为频率直方图。

表 3-40    偶 然 误 差 的 统 计

| 误差区间 dΔ | 负误差 | | 正误差 | | 误差绝对值 | |
|---|---|---|---|---|---|---|
| | $k$ | $k/n$ | $k$ | $k/n$ | $k$ | $k/n$ |
| 0~3 | 45 | 0.126 | 46 | 0.128 | 91 | 0.254 |
| 3~6 | 40 | 0.112 | 41 | 0.115 | 81 | 0.226 |
| 6~9 | 33 | 0.092 | 33 | 0.092 | 66 | 0.184 |
| 9~12 | 23 | 0.064 | 21 | 0.059 | 44 | 0.123 |
| 12~15 | 17 | 0.047 | 16 | 0.045 | 33 | 0.092 |
| 15~18 | 13 | 0.036 | 13 | 0.036 | 26 | 0.073 |
| 18~21 | 6 | 0.017 | 5 | 0.014 | 11 | 0.031 |
| 21~24 | 4 | 0.011 | 2 | 0.006 | 6 | 0.017 |
| 24 以上 | 0 | 0 | 0 | 0 | 0 | 0 |
| Σ | 181 | 0.505 | 177 | 0.495 | 358 | 1.000 |

从表 3-40 的统计中，可以归纳出偶然误差的特性如下：

（1）在一定观测条件下的有限次观测中，偶然误差的绝对值不会超过一定的限值。

（2）绝对值较小的误差出现的频率大，绝对值较大的误差出现的频率小。

（3）绝对值相等的正、负误差具有大致相等的出现频率。

（4）当观测次数无限增大时，偶然误差的理论平均值趋近于零，即偶然误差具有抵偿性。用公式表示为

$$\lim_{n\to\infty}\frac{\Delta_1+\Delta_2+\cdots+\Delta_n}{n}=\lim_{n\to\infty}\frac{[\Delta]}{n}=0 \tag{3-66}$$

式中　[ ]——取括号中数值的代数和。

以上根据 358 个三角形角度观测值的闭合差画出的误差出现频率直方图，表现为中间高、两边低并向横轴逐渐逼近的对称图形，这并不是一种特例，而是统计偶然误差时出现的普遍规律，并且可以用数学公式来表示。

若误差的个数无限增大（$n\to\infty$），同时又无限缩小误差的区间 d$\Delta$，则图 3-71 中各小长条的顶边的折线就逐渐成为一条光滑的曲线。该曲线在概率论中称为正态分布曲线或称误差分布曲线，它完整地表示了偶然误差出现的概率 $P$。即当 $n\to\infty$ 时，上述误差区间内误差出现的频率趋于稳定，成为误差出现的概率。

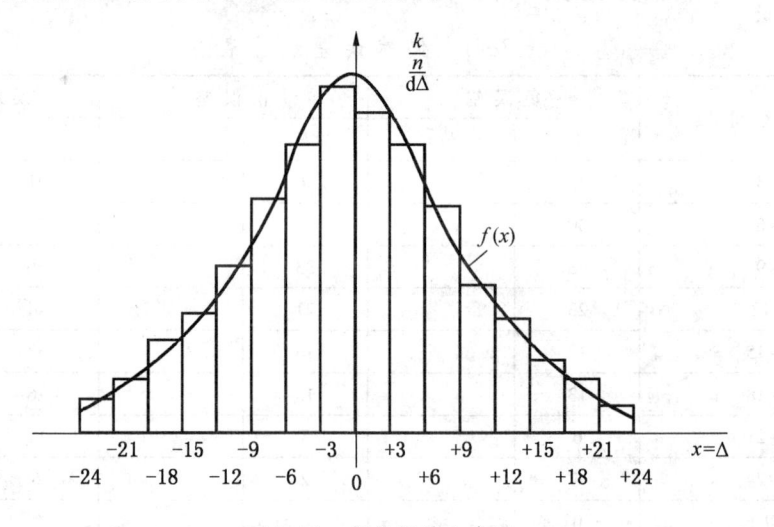

图 3-71　偶然误差分布图

正态分布曲线的数学方程式为

$$f(\Delta)=\frac{1}{\sqrt{2\pi}\,\sigma}e^{-\frac{\Delta^2}{2\sigma^2}} \tag{3-67}$$

式中，$\sigma$ 为标准差，标准差的平方 $\sigma^2$ 为方差。方差为偶然误差平方的理论平均值：

$$\sigma^2=\lim_{n\to\infty}\frac{\Delta_1^2+\Delta_2^2+\cdots+\Delta_n^2}{n}=\lim_{n\to\infty}\frac{[\Delta^2]}{n} \tag{3-68}$$

因此，标准差为

$$\sigma=\lim_{n\to\infty}\sqrt{\frac{[\Delta^2]}{n}}=\lim_{n\to\infty}\sqrt{\frac{[\Delta\Delta]}{n}} \tag{3-69}$$

由上可知，标准差的大小取决于在一定条件下偶然误差出现的绝对值的大小。由于在计算标准差时取各个偶然误差的平方和，因此，当出现有较大绝对值的偶然误差时，在标

准差的数值大小中会得到明显的反映。

正态分布的密度函数以偶然误差 $\Delta$ 为自变量，以标准差 $\sigma$ 为密度函数的唯一参数，$\sigma$ 是曲线拐点的横坐标值。

### 一、实训步骤

（1）对一组观测值误差进行统计。
（2）表示误差的正负和大小分布情况。
（3）归纳误差特性。

### 二、上交资料

完成表 3-41，并每人上交 1 份。

表 3-41　偶然误差统计表

| 误差区间 dΔ | 负误差 | | 正误差 | | 误差绝对值 | |
|---|---|---|---|---|---|---|
| | $k$ | $k/n$ | $k$ | $k/n$ | $k$ | $k/n$ |
| 0~3 | 45 | | 46 | | 91 | |
| 3~6 | 40 | | 41 | | 81 | |
| 6~9 | 33 | | 33 | | 66 | |
| 9~12 | 23 | | 21 | | 44 | |
| 12~15 | 17 | | 16 | | 33 | |
| 15~18 | 13 | | 13 | | 26 | |
| 18~21 | 6 | | 5 | | 11 | |
| 21~24 | 4 | | 2 | | 6 | |
| 24 以上 | 0 | | 0 | | 0 | |
| Σ | 181 | | 177 | | 358 | |

## 任务二　测量精度评定

对几组已知观测数据进行精度评定。

在相同的观测条件下，对某一个量所进行的一组观测对应着一种误差分布，因此，这一组中的每一个观测值都具有同样的精度。可以方便地用某个数值来反映误差分布的密集

或离散程度，这个数值就是下面将要介绍的几种衡量精度的标准。

## 一、中误差

标准差的平方 $\sigma^2$ 为方差，为了统一衡量在一定观测条件下观测结果的精度，取标准差 $\sigma$ 作为依据是比较合适的。但是，在实际测量工作中，不可能对某一个量作无穷多次观测。因此，在测量中定义按有限的几次观测的偶然误差求得的标准差为中误差，用 $m$ 表示，即

$$m = \pm \sqrt{\frac{\Delta_1^2 + \Delta_2^2 + \cdots + \Delta_n^2}{n}} = \pm \sqrt{\frac{[\Delta\Delta]}{n}} \tag{3-70}$$

【例 3-3】对 10 个三角形的内角进行了两组观测，根据两组观测值中的偶然误差（三角形的角度闭合差——真误差），分别计算其中误差，列于表 3-42 中。

表 3-42　按观测值的真误差计算中误差

| 次序 | 第一组观测值 | | | 第二组观测值 | | |
|---|---|---|---|---|---|---|
| | 观测值 | 真误差 Δ | $\Delta^2$ | 观测值 | 真误差 Δ | $\Delta^2$ |
| 1 | 180°00′03″ | −3″ | 9″ | 180°00′00″ | 0 | 0 |
| 2 | 180°00′02″ | −2″ | 4″ | 179°59′59″ | +1″ | 1″ |
| 3 | 179°59′58″ | +2″ | 4″ | 180°00′07″ | −7″ | 49″ |
| 4 | 179°59′56″ | +4″ | 16″ | 180°00′02″ | −2″ | 4″ |
| 5 | 180°00′01″ | −1″ | 1″ | 180°00′01″ | −1″ | 1″ |
| 6 | 180°00′00″ | 0 | 0 | 179°59′59″ | +1″ | 1″ |
| 7 | 180°00′04″ | −4″ | 16″ | 179°59′52″ | +8″ | 64″ |
| 8 | 179°59′57″ | +3″ | 9″ | 180°00′00″ | 0 | 0 |
| 9 | 179°59′58″ | +2″ | 4″ | 179°59′57″ | +3″ | 9″ |
| 10 | 180°00′03″ | −3″ | 9″ | 180°00′01″ | −1″ | 1″ |
| Σ | | 24″ | 72″ | | 24″ | 130″ |
| 中误差 | $m_1 = \pm\sqrt{\dfrac{\sum\Delta^2}{10}} = \pm 2.7''$ | | | $m_2 = \pm\sqrt{\dfrac{\sum\Delta^2}{10}} = \pm 3.6''$ | | |

由此可见，第二组观测值的中误差 $m_2$ 大于第一组观测值的中误差 $m_1$。虽然这两组观测值的误差绝对值之和是相等的，可是在第二组观测值中出现了较大的误差（−7″，+8″），因此，计算出来的中误差就较大，或者相对来说其精度较低。

在一组观测值中，如果标准差已经确定，就可以画出它所对应的偶然误差的正态分布曲线。按式（3-70），当 $\Delta = 0$ 时，$f(\Delta)$ 有最大值。如果以中误差代替标准差，则其最大值为 $\dfrac{1}{\sqrt{2\pi}\,m}$。当 $m$ 较小时，曲线在纵轴方向的顶峰较高，在纵轴两侧迅速逼近横轴，表示小误差出现的频率较大，误差分布比较集中；当 $m$ 较大时，曲线的顶峰较低，曲线形状平缓，表示误差分布比较离散。以上两种情况的正态分布曲线如图 2-72 所示。

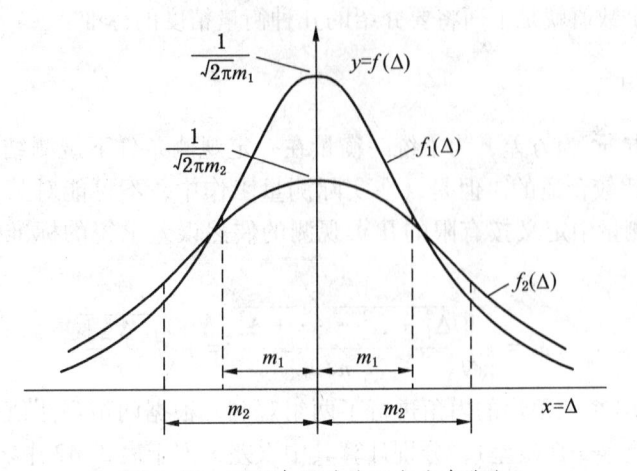

图 3-72  不同中误差的正态分布曲线

## 二、相对误差

在某些测量工作中，对观测值的精度仅用中误差来衡量还不能正确反映出观测值的质量。例如，用钢尺丈量 200 m 和 40 m 两段距离，量距的中误差都是 ±2 cm，但不能认为两者的精度是相同的，因为量距的误差与其长度有关，为此，应用观测值的中误差与观测值之比的形式（称为相对中误差）描述观测的质量。上述例子中，前者的相对中误差为 0.02/200 = 1/10000，而后者则为 0.02/40 = 1/2000，显然前者的量距精度高于后者。

## 三、极限误差

由频率直方图可知：图中各矩形小条的面积代表误差出现在该区间中的频率，当统计误差的个数无限增加、误差区间无限减小时，频率逐渐趋于稳定而成为概率，直方图的顶边即形成正态分布曲线。因此，根据正态分布曲线，可以表示出误差出现在微小区间 $d\Delta$ 中的概率：

$$P(\Delta) = f(\Delta)d\Delta = \frac{1}{\sqrt{2\pi}\,m}e^{-\frac{\Delta^2}{2m^2}}d\Delta \qquad (3-71)$$

根据上式的积分，可以得到偶然误差在任意大小区间中出现的概率。设以 $k$ 倍中误差作为区间，则在此区间中误差出现的概率为

$$P(|\Delta| < km) = \int_{-km}^{+km}\frac{1}{\sqrt{2\pi}\,m}e^{-\frac{\Delta^2}{2m^2}}d\Delta \qquad (3-72)$$

分别以 $k=1$、$k=2$、$k=3$ 代入式（3-72），可得到偶然误差的绝对值不大于中误差、2 倍中误差和 3 倍中误差的概率：

$$P(|\Delta| \leqslant 1\,m) = 0.683 = 68.3\%$$
$$P(|\Delta| \leqslant 2\,m) = 0.954 = 95.4\%$$
$$P(|\Delta| \leqslant 3\,m) = 0.997 = 99.7\%$$

由此可见，偶然误差的绝对值大于 2 倍中误差的约占误差总数的 5%，而大于 3 倍中

误差的仅占误差总数的 0.3%。一般进行的测量次数有限，2 倍中误差应该很少遇到，因此，以 2 倍中误差作为允许的误差极限，称为允许误差，简称限差，即 $\Delta_允 = 2m$。现行测量规范中通常取 2 倍中误差作为限差。

## 任务实施

### 一、实训步骤

（1）对 10 个三角形的内角进行了两组观测。

（2）根据两组观测值中的偶然误差（三角形的角度闭合差——真误差），分别计算其中误差。

（3）绘制不同中误差的正态分布曲线。

（4）求出相对误差。

### 二、注意事项

在相同的观测条件下，对某一个量所进行的一组观测对应着一种误差分布。因此，这一组中的每一个观测值都具有同样的精度。可以方便地用某个数值来反映误差分布的密集或离散程度，这个数值就是几种衡量精度的标准。

### 三、上交资料

两组观测值的中误差、两组观测值的误差分布曲线图、两组观测值的相对误差。

# 模块四　地形图测绘与应用

地形图作为国民经济建设过程中的"原料"，为桥梁、隧道、公路等工程项目提供基础性服务。地形图测绘根据所使用的仪器设备和成图方法的不同被分为传统测图和数字测图。传统测图利用经纬仪或者大平板仪在野外观测，并实地通过图解的方式在图纸上手工绘制图形。数字测图是将地表的地形和地理要素转换为数字量，然后利用计算机对其进行处理形成数字化图形，必要时可连接打印设备输出。广义的数字测图主要包括：全野外数字测图（地面数字测图）、地图数字化成图、摄影遥感数字成图。狭义的数字测图指的是全野外数字测图，主要是利用全站仪在野外进行数据采集，然后利用计算机软件绘制成图。

## 项目一　地形测图

每个作业小组在控制测量的基础上，采用适当的测量方法，测定每个控制点周围地形特征点的平面位置和高程，以此为依据，将所测的地物、地貌按照特定的符号逐一勾绘于图纸上。

目前大比例尺地形图测绘，主要采用模拟测图（也称白纸测图或传统测图）和数字测图两种。

各作业小组的测区范围大约为 200 m×250 m，根据实际情况确定；地形图测绘采用经纬仪测记法（极坐标法），只有个别地区高差比较大，距离丈量比较困难，可以采用交会法等测绘方法；图根控制测量中建立的控制点均可以作为测站点，个别地区控制点密度不够时，可以采用经纬仪支导线、交会法、视距导线等方法进行增补测站。

### 任务一　坐标方格网的绘制与控制点展绘

要完成地形图测量任务，测绘地形图前必须进行必要的准备工作，如抄录测区内所有的控制点资料（平面位置和高程位置），收集已有的图件，准备测图规范及地形图图式，了解测区其他情况，准备测量仪器及工具，绘制坐标格网及展绘控制点等。

**一、图纸准备**

大比例尺地形图的图幅大小一般为 50 cm×50 cm、50 cm×40 cm、40 cm×40 cm。为保

证测图的质量，应选择优质绘图纸。一般临时性测图，可直接将图纸固定在图板上进行测绘；需要长期保存的地形图，为减少图纸的伸缩变形，通常将图纸裱糊在锌板、铝板或胶合板上。目前各测绘部门大多采用聚酯薄膜代替绘图纸，它具有透明度好、伸缩性小、不怕潮湿、牢固耐用等特点。聚酯薄膜图纸的厚度为 0.07~0.1 mm，表面打毛，可直接在底图上着墨复晒蓝图，如果表面不清洁，还可用水洗涤，因而方便和简化了成图的工序。但聚酯薄膜易燃、易折、易老化，故在使用保管过程中应注意防火防折。

## 二、绘制坐标格网

控制点是根据其直角坐标值 $x$、$y$ 展绘在图纸上的，为了使控制点位置绘得比较准确，需先在图纸上精确地绘制 10 cm×10 cm 的直角坐标格网。通常用对角线法、坐标格网尺法和绘图仪绘制等方法绘制。此外，测绘用品商店还有印刷好坐标格网的聚酯薄膜图纸出售。下面介绍对角线法绘制格网。

## 三、展绘控制点

展绘控制点前，首先要按图的分幅位置，确定坐标格网线的坐标值，也可根据测图控制点的最大和最小坐标值来确定，使控制点安置在图纸上的适当位置，坐标值要注在相应格网边线的外侧（图 4-1）。按坐标展绘控制点，先要根据其坐标，确定所在的方格。

## 任务实施

1. 图纸选择

磅纸（白纸图纸）、聚酯薄膜（0.07~0.13 mm），其图纸大小工具需要选择。

2. 绘制坐标格网（10 cm×10 cm）

采用对角线法。如图 4-1 所示，先用直尺在图纸上绘出两条对角线，以交点 $o$ 为圆心沿对角线量取等长线段，得 $a$、$b$、$c$、$d$ 点，用直线顺次连接 4 点，得到矩形 $abcd$。再从 $a$、$d$ 两点起各沿 $ab$、$dc$ 方向每隔 10 cm 定一点；从 $d$、$c$ 两点起各沿 $da$、$cb$ 方向每隔 10 cm 定一点，连接矩形对边上的相应点，即得坐标格网。坐标格网是测绘地形图的基础，每一个方格的边长都应该准确，纵横格网线应严格垂直。因此，坐标格网绘好后，要进行格网边长和垂直度的检查。小方格网的边长检查，可用比例尺量取，其值与 10 cm 的误差不应超过 0.2 mm；小方格网对角线长度与 14.14 cm 的误差不应超过 0.3 mm。方格网垂直度的检查，可用直尺检查格网的交点是否在同一直线上（如图 4-1 中 $mn$ 直线），其偏离值不应超过 0.2 mm。如检查值超过限差，应重新绘制方格网。

3. 展绘控制点

步骤：

（1）按分幅规定或实际需要确定图幅左下角坐标（391400，8400）。

（2）根据测图比例尺标出对应方格网线坐标（20，40，60，60）。

（3）确定控制点所在方格。如控制点 $D$ 的坐标 $x_D = 420.34$ m，$y_D = 423.43$ m。根据 $D$

点的坐标值，可确定其位置在 *efhg* 方格内。

（4）精确确定控制点的位置，并标出"+"号。如控制点 *D* 分别从 *ef* 和 *gh* 按测图比例尺各量取 20.34 m，得 *i*、*j* 两点；然后从 *i* 点开始沿 *ij* 方向按测图比例尺量取 23.43 m，得 *D* 点。

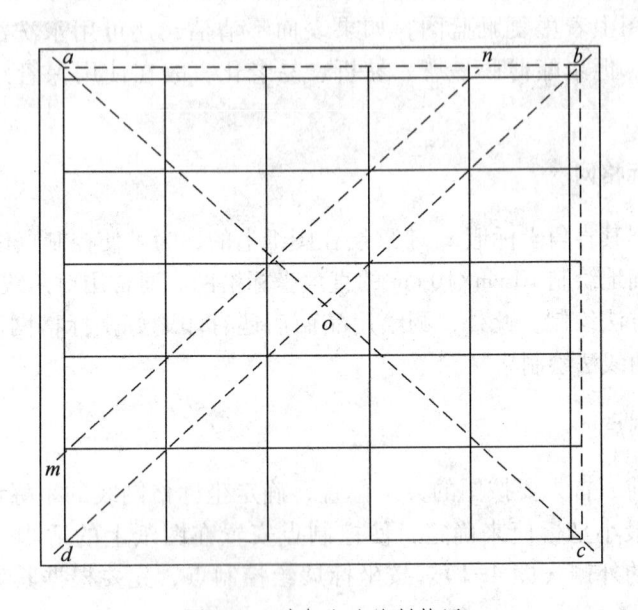

图 4-1  对角线法绘制格网

用相同的方法，可将图幅内所有控制点展绘在图纸上，最后量取相邻控制点之间的距离和已知的距离相比较，作为展绘控制点的检核，其最大误差在图纸上应不超过 ±0.3 mm，否则控制点应重新展绘。经检查无误，在图纸上的控制点要注记点名和高程，一般可在控制点的右侧以分数形式注明，分子为点名，分母为高程，如图 4-2 中 *A*，…，*D* 点。这样就完成了测图前的准备工作。

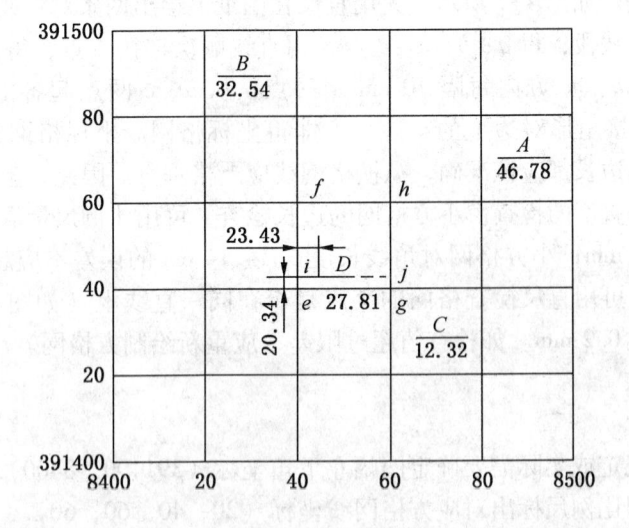

图 4-2  控制点展绘

# 任务二 大比例尺地形图测绘

任 务 概 述

在已建立的控制点上设站，确定地物和地貌的特征点（地物特征点和地面特征点统称为地形特征点），然后按照一定的要求和方法，利用测绘仪器将地物、地貌位置的特征点测定下来，将这些点展绘在图纸上，再通过一定的方法绘制，即可获得地物和地貌在图上的位置、大小和形状。

相 关 知 识

地形图测绘的方法较多，传统的测图方法按照使用工具的不同有经纬仪测绘法、大平板测图法、小平板与经纬仪联合测图法等。随着科学技术的发展，数字测图已经是目前测图的主要方法，但在小范围内测图不具备数字测图技术时，传统测图方法仍是不可缺少的测图方法。

## 一、碎部点平面位置测定的基本方法

根据地形条件不同，测定碎步点平面未知位置的方法有极坐标法、直角坐标法、角度交会法和距离交会法，其中极坐标法应用最为广泛。

1. 极坐标法

如图 4-3 所示，要测定碎部点 $a$ 的位置，可将经纬仪安置在控制点 $A$ 上，以 $AB$ 线为依据，测出 $AB$ 及 $Aa$ 线的夹角 $\beta$，并量得 $A$ 点至 $a$ 点的距离，则 $a$ 点的位置就确定了。此法用途最广，适用于开阔地区。

2. 直角坐标法

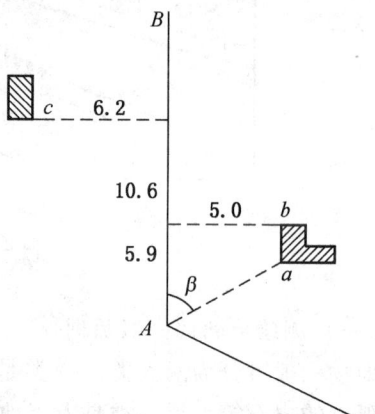

图 4-3 极坐标法与直角坐标法测定
点的平面位置示意图

如图 4-3 所示，在测定碎部点 $b$（或 $c$）时，可由 $b$（或 $c$）点向控制边 $AB$ 作垂线，如果量得控制点 $A$ 至垂足的纵距为 5.9 m（或 10.6 m），量得 $b$（或 $c$）点至垂足的垂距为 5.0 m（或 6.2 m），则根据此两距离即可在图纸上定出点位。此法适用于碎部点距导线较近的地区。

3. 角度交会法

如图 4-4 所示，从两个已知控制点 $A$、$B$ 上，分别测得水平角 $\alpha$ 与 $\beta$，以此确定 $a$ 点的平面位置。此法适用于碎部点较远或不易到达的地方。采用角度交会法时，交会角宜在 $30° \sim 120°$。

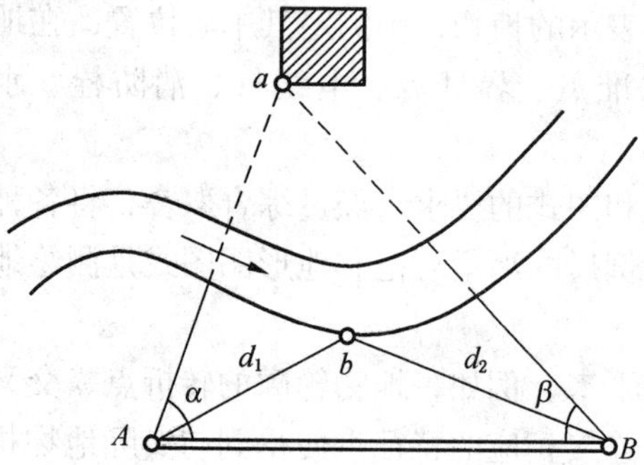

图 4-4 角度交会法与距离交会法
测定点的平面位置示意图

### 4. 距离交会法

如图 4-4 所示，要测定 $b$ 点的平面位置，从两个已知控制点 $A$ 及 $B$ 分别量到 $b$ 点的距离 $d_1$ 及 $d_2$，根据这两段距离，可以在图上交会出 $b$ 点的平面位置。

## 二、地物特征点的选择

为了正确在图上描绘地形，测绘时立尺点要选择能反映地物和地貌形态的特征点上，以便准确绘出地形的真实面貌。地物特征点是指构成地物平面轮廓线的变化点，即池塘、河流、道路曲折的转弯点、交叉点，建筑物平面轮廓的拐点等，如图 4-5 所示。

图 4-5　地物碎步点的选择

### （一）测绘地物的一般原则

地物一般可分为两大类：一类是自然地物，如河流、湖泊、森林、草地、陡坎的边界、孤立的岩石等。另一类是人工地物，如房屋、铁路、公路、水渠、桥梁、高压输电线路等。所有这些地物都需要在地形图上标示出来。

地物在地形图上的表示原则是：凡是能依比例尺表示的地物，则将它们轮廓的几何形状表示在图上，边界内再加绘相应的地物属性的符号。例如，房屋的结构和层数、耕地和树林的种类等符号。对于面积较小、不能依比例尺表示的地物，则测定其中心位置，在地形图上以相应的地物符号来表示，如导线点、水准点、界址点、电线杆、消防栓、水井等。

测绘地物必须根据规定的测图比例尺，按规范和图式的要求，经过综合取舍，将各种地物表示在图上。政府测绘主管部门制定的各种比例尺的测量规范和地形图图式是测绘地形图的依据，因此必须遵守。

地物测绘主要是将地物几何形状的特征点测定下来。例如，地物轮廓的转折点、交叉点、曲线上的曲率变化点、独立地物的中心点等。连接相应的特征点便得到与实际地物相似的图形。除形状外，地物测绘还应记录和表示其属性，例如房尾的结构和层数、公路的等级和路面材料等属性。以下具体介绍对于大比例尺地形图测绘各类地物的要求和取舍原则。

192

（二）测绘各类地物的要求和取舍原则

1. 居民地的测绘

对于居民地的外部轮廓，应准确测绘。其内部的主要街道以及较大的空地应区分出来。对散列式的居民地、独立房屋应分别测绘。

（1）固定建筑物应实测其墙基外角，并注明结构和层次。

（2）房屋附属设施，如廊、建筑物下的通道、台阶、室外扶梯、闸墙、门墩和支柱等，应按实际测绘。

（3）起境界作用的栅栏、栏杆、篱笆、活树篱笆、铁丝网等应测绘。

2. 道路及桥梁的测绘

1）铁路和其他交通轨道

（1）铁路轨道、电车轨道、缆车轨道等应按轨道测绘。

（2）火车站及附属设施（包括站台、天桥、地道、信号设备、水鹤等）应分别按实际位置测绘。

（3）测绘铁路时，应测定铁轨中心线上的点，并量取轨距。在曲线部分及道岔部分，测点需要密一些，使能正确表示其实际位置。

2）公路

（1）高速公路、等级公路、等外公路等应按其宽度测绘，并注记公路等级代码和路面材料，国道应注出其编号。

（2）高架路的路面宽度及其走向应按实际投影测绘。

（3）公路按路面或路肩边线位置测绘。公路的弯道和道路交叉处，测点应密一些，使其能正确表达曲线的线型（如圆曲线、缓和曲线等）。

3）其他道路

（1）大车路、乡村路应按其实宽依比例尺测绘。

（2）人行小路主要是指居民地之间来往的通道，应实测其中心线位置，其图上宽度小于 2 mm 的，可用单线表示。

（3）单位或住宅小区的内部道路应按实际形状测绘。

4）道路的附属设施

（1）路堑、路堤、边坡、挡土墙应按实际位置测绘；里程碑应实测其位置，并注记里程。

（2）对于立体交叉路，铁路在上时，公路应在铁路路基处中断；反之，公路在上时，铁路在公路处中断。

5）桥梁及渡口

（1）公路桥、铁路桥的桥台、桥墩和桥梁应按实际测绘，并注记其结构。

（2）渡口应区分行人渡口和车辆渡口。分别标注"人渡"或"车渡"，同时绘示航线。

3. 管线的测绘

1）电力线

（1）高压线应测定其电线杆、铁塔，电线走向在图上用双箭头符号表示。

（2）低压线应测定其电线杆，电线走向在图上用单箭头符号表示。

（3）电线杆上变压器应实测其位置，用符号绘示。

2）通信线

通信线应测定其电线杆，用符号表示线路走向。

3）地面管道

地面上的管道应实测其位置，架空的管道应测定其管架位置，并标明管径和用途。

4）地下管线检修井

地下管线的检修井应实测井盖的中心位置，并按管线类别用相应符号表示。

4. 水系及附属设施的测绘

水系包括河流、渠道、湖泊、池塘等，通常均以岸边为界（岸线）进行测绘。如果要求测出水涯线（水面与地面的交线）、洪水位（历史上最高水位的位置）及平水位（常年一般水位的位置）时，应按要求在调查的基础上进行测绘。对于水系的附属设施，其测绘规定如下：

（1）水闸，其宽度在图上大于 4 mm 的，应按依比例尺的地物测绘；否则不按比例尺的地物测绘，以图式符号标示其中心位置和方位。

（2）防洪墙应按实宽测绘，双线绘示。

（3）陡岸为人工建筑，应测绘岸线，并根据土质或石质按相应的图示符号表示。

5. 植被的测绘

根据覆盖地面的植物种类（植被）区分土地的类别，测定地类的界线（称为地类界），并在每个地块中用图式规定的植被符号表示。土地的类别有：耕地（应区分稻田、旱田、菜地），园地（注明农作物名称），林地（应区分树林、竹林、苗圃，并注明树种），草地（区分天然草地、人工草地）。铁路、公路、河流旁的行道树应测绘，实测首末位置，中间用符号绘示；独立树应实测中心位置，并注明树种。

6. 土质的测绘

地块的特殊土质有沙泥地、砂砾地、石块地、盐碱地、小草丘地、龟裂地、沼泽地、盐田、盐场等，应按图式绘示。

7. 高程点测定

在平坦地区的地物平面图上，主要是表示出地物平面位置的相互关系，但地面各处仍有一定的高差，因此还需要在平面图上加测某些高程注记点（简称高程点）。对于高程点测定，有以下规定：

（1）高程点的间距。平坦地区高程点的分布，其间距在图上以 5~7 cm 为宜，如遇地势起伏变化较大时，应适当加密。

（2）居民地高程点。在建成区街坊内部空地及广场内的高程，应设在该地块内能代表一般地面的适中部位；如空地范围较大，应按规定间距测定。

（3）农田高程点的布设。在倾斜起伏的旱地上应设在高低变化处及制高部位的地面上，在平坦田块上，应选择有代表性的位置测定其高程。

（4）高低显著的地形，如高地、土堆、洼坑及高低田坎等，其高差在 0.5 m 以上者，均应在高处及低处分别测注高程，并测定其范围。

### 三、地貌特征点的选择

在测绘等高线地形图时，对于高低起伏、从表面上看没有规则的地貌，仍与测绘地物一样，也应测定其"地貌特征点"，然后才能用等高线正确地表示其形状。虽然自然地貌十分复杂和琐碎，对于地貌特征点也应有取舍原则。因此，地貌特征点的选择是十分重要的。

不管地形怎样复杂，实际上都可以把地面看成是由向着各个不同方向倾斜和具有不同坡度的面所组成的多面体。山脊线、山谷线、山脚线（山坡和平地的交界线）等可以看作是多面体的棱线，称为地性线。测定地性线的空间位置，地形的轮廓也就确定下来了。因此，这些棱线上的转折点（方向变化和坡度变化处）就是地貌特征点。地貌特征点还包括山顶、鞍部、洼坑底部等以及其他地面坡度变化处。如图4-6所示，竖立棱镜标杆的点位即为地貌特征点。

图4-6 地貌特征点的选择

1. 地形点的测定方法

在地形图测绘中，地物点和地形点的平面位置测定是相同的，而对于每个地形点，还必须测定其高程，注记于点旁。即地形点是测定三维坐标（$x$，$y$，$H$）的点。并且用一定的临时性线条标明是山脊线、山谷线或是山脚线：例如，用点划线表示脊线，用虚线表示山谷线，用临时性符号标明山头和鞍部等，以便于正确绘制等高线。待等高线绘制完成后，可去掉这些临时性的线条和符号。地形图测绘的常规方法按所用的仪器分为经纬仪测图法和电子全站仪测绘法等。

2. 地形点的分布和间距

在进行地形图测绘时，立尺员必须正确选定地形特征点，如山头、鞍部、山脊线和山谷线上方向或坡度变化处的点。如果某处的地面坡度变化甚小，地性线的方向也没有变化，但每隔一定的距离，也要测定地形点，使其均匀分布，这样才能较精确地绘制等高线。进行大比例尺测图时，地形点间距的规定见表4-1。

表4-1 地形点最大间距与最大视距                                                                    m

| 测图比例尺 | 地形点最大间距 | 地形点最大视距 | |
| --- | --- | --- | --- |
| | | 主要地物 | 次要地物及地形点 |
| 1：500 | 15 | 60 | 100 |
| 1：1000 | 30 | 100 | 150 |
| 1：2000 | 50 | 180 | 250 |
| 1：5000 | 100 | 300 | 350 |

**3. 等高线绘制**

在地形图上，为了能详尽地表示地貌的变化情况，又不使等高线过密而影响地形图的清晰，必须按规定基本等高距（表4-2）绘制等高线。对于不能用等高线表示的地形，例如悬崖、峭壁、土坎、土堆、冲沟等，应按图式所规定的符号表示。

表4-2　地形图的基本等高距 $h$ 　　　　　　　　　m

| 比例尺 | 地 形 类 别 | | | |
|---|---|---|---|---|
| | 平 地 | 丘陵地 | 山 地 | 高山地 |
| 1:500 | 0.5 | 0.5 | 0.5 或 1.0 | 1.0 |
| 1:1000 | 0.5 | 0.5 或 1.0 | 1.0 | 1.0 或 2.0 |
| 1:2000 | 0.5 或 1.0 | 1.0 | 2.0 | 2.0 |

由于等高线所代表的地面高程为整米数（少数为0.5 m），而测定的地面点高程一般不为整数，因此，在这些地面点之间，必须用内插法确定高程为整米数的点，这些点就是等高线通过的位置。

图4-7所示为根据地形点的高程，用内插法求得整米高程点，然后用光滑的曲线连接等高点，绘制成局部的等高线地形图。

当地形测量数据通过计算机绘图时，则等高线的内插计算、曲线的光滑处理和绘制都可以用编制的软件自动进行，最后绘制成等高线地形图。

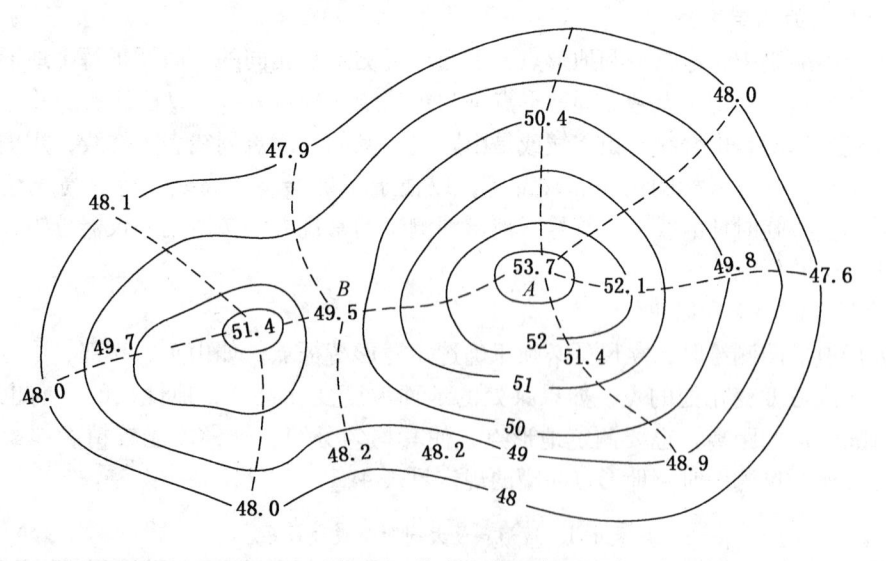

图4-7　等高线的勾绘

**4. 注记的字向**

注记的方向一般为正向，即字头朝向北图廓。对于雁行字列，如果字中心连线与南、北图廓的交角小于45°，则字向垂直于连线；如果交角大于45°，则字向平行于连线，称为雁行字列注字的"光线法则"。如图4-8所示道路名、弄堂和门牌号等应按"光线法则"进行注记。

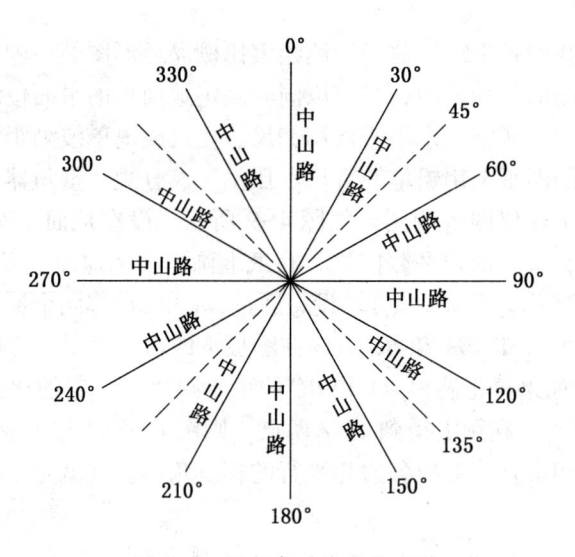

图 4-8  雁行字列的光线法则

5. 名称注记

城市、集镇、村宅、街道、里弄、新村、公寓等居民地名称和政府机构、企业单位等名称，均应查明注记；一般应采用水平字列，根据图形的特殊情况，也可采用垂直字列或雁行字列。

6. 说明注记

建筑物的结构、层次、道路等级、路面材料，管线的用途、属性，土地的土质和植被种类等，凡属用图形线条和图式符号不能充分说明的地物，需加说明注记。说明注记用的字符应尽可能简单，例如对于房屋结构和层次："5"（混凝土结构 5 层）、"混 3"（混合结构 3 层）、"钢 10"（钢结构 10 层）等。注记的位置应在地物内部适中的位置，不偏于一隅，并以不妨碍地物线条为原则。

7. 数字注记

数字注记包括控制点的点号和高程、等高线和高程点的高程值、沿街房屋的门牌号、公路等级代码和编号及其他数字注记等。各种数字注记应选用图式规定的字号。

（1）门牌注记宜全部逐号注记，毗邻房屋过密的，可分段注以起讫号。

（2）对于高程注记数字以 m 为单位，重要地物高程注记至 cm，例如桥、闸、坝、铁路、公路、市政道路、防洪墙等，其余高程点可注至 dm，注记字头一律向北。

（3）等高线高程的注记对每一条计曲线应注明高程值；在地势平缓、等高线较稀时，每一条等高线都应注明高程值，数字的排列方向应与等高线平列，字头应向高处。

**四、地形图的测绘方法**

在野外测绘地形图，常用的测图方法有平板仪测图法、经纬仪测绘法以及光电测距仪测绘法等。

1. 平板仪图解法测图

平板仪测图法是以相似形理论为依据，以图解法为手段，将地面点的位置和高程测绘到平面图纸上而形成地形图的技术过程。

平板仪测图曾是我国各生产单位用于测绘大比例尺地形图的一种传统方法。平板仪是在野外直接测绘地形图的一种仪器，它可以同时测定地面点的平面位置和高程。在平板仪测图中，水平角用图解法测定，水平距离用钢尺、皮尺或电磁波测距测定。在现场按测得的几何元素在平板仪的图纸上用铅笔、直尺、比例尺、分规、量角器等作图工具绘图。因此，平板仪测图又称平板仪图解测图。如图 4-9 所示，设在地面上有 A、B、C 点，在 B 点上水平地安置平板，板上固定一张图纸，在纸上画出表示地面点 B 的 b 点，使 B 点、b 点在同一条铅垂线上（称为平板对点）。设想通过 BA 和 BC 作两个铅垂面，与图板的交线为 bm 和 bn（称方向线），即 BA 和 BC 方向在图板上的水平投影。方向线 bm 和 bn 的夹角即为 ABC 的水平角。如果再将测得 BA 和 BC 的水平距离按一定的比例尺缩小。从 b 起截取 BA 和 BC 的水平距离，在图上得到 a、c 两点，则图上 abc 3 点组成的图形与实地 ABC 3 点组成的图形为顶点相重合、对应各边相平行的相三角形。这就是平板仪测定地物点平面位置的基本原理。

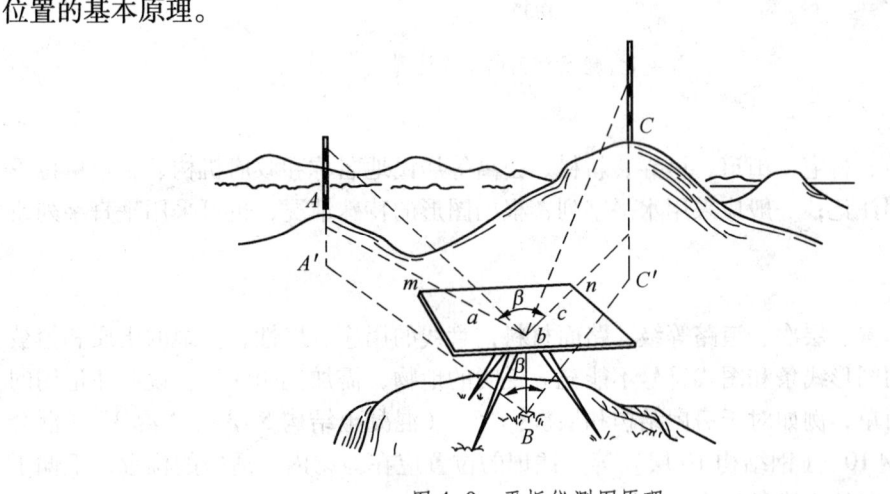

图 4-9　平板仪测图原理

2. 经纬仪测绘法

经纬仪测绘法是按极坐标法定位的解析测图法。利用经纬仪的水平度盘、竖盘安装在经纬仪上的测距仪（或用卷尺）量取测定点位的必要数据，最后用各种作图方法进行绘图。

如图 4-10 所示，在图根控制点 A 上安置经纬仪，量取仪器高。瞄准另一图根控制点 B（称为定向点）进行水平度盘定向，转动照准部依次瞄准地物点 1，2，3，…，上竖立的牌或棱镜（其高度为已知，称为目标高），测定定向点与地物点间的水平角 $\beta_i$；同时用卷尺或测距仪测定测站至地物点的水平距离 $D_i$ 及高差 $h_i$。有了这些数据以后，就可以选择一种合适的方法绘图。经纬仪测图法需要把观测数据记录下来，根据数据进行绘图，所以称为经纬仪测记法。

经纬仪测记法现场测图的具体方法如下：经纬仪安置在图根控制点，将小平板放在经纬仪旁边，作为一张野外的绘图桌。图根控制点事先展绘在图纸上，测站至地物点的水平角和平距测定以后，随即用量角器和比例尺按极坐标法标定点位，也可以用计算器算得的地物点坐标展绘点位。将地物特征点的点位用线条连接、即可在图上绘出地物的平面位置。这种测绘方法，可以与平板仪测图一样，在现场绘制局部的地形，便于与实地的地物

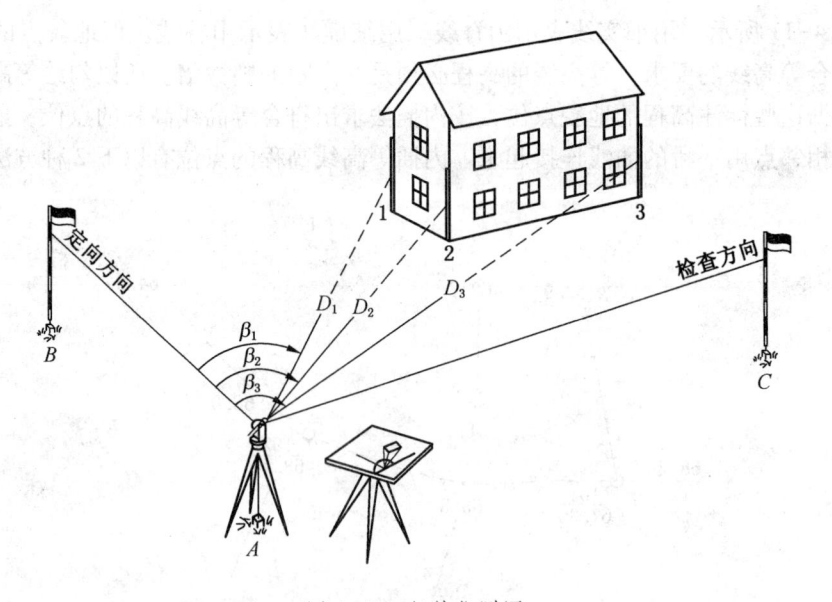

图 4-10　经纬仪测图

相对照，易于发现测图中可能发生的错误和遗漏。需要测定高程的点，可将测得的高程注记在点旁。

改进的经纬仪测记法是将测得的观测数据用 PDA（个人移动掌上电脑）在现场记录下来，用计算程序算出各地物点的三维坐标（$x_i$，$y_i$，$H_i$），连同地物点的编号及特征代码储存在 PDA 中。有些 PDA 还可显示所测地物的平面图形，作为现场检核。最后，通过数据通信，把这些数据传输到计算机中，通过相应的测图软件绘制成数字地形图。

3. 光电测距仪测绘法

光电测距仪测绘地形图与经纬仪测绘法基本相同，所不同的是用光电测距来代替经纬测距。先在测站上安置测距仪，量出仪器高 $i$，后视另一控制点进行定向，使水平度盘读数为 $0°0000''$。立尺员将测距仪的单棱镜装在专用的测杆上，并读出棱镜标志中心在测杆上的高度 $v$，可使 $v=i$。立尺时将棱镜面向测距仪立于碎部点上。观测时，瞄准棱镜的标志中心，测出斜距 $L$，竖直角 $\alpha$，读出水平度盘读数 $\beta$，并作记录；将 $\alpha$、$L$ 输入计算器，计算平距 $D$ 和碎部点高程 $H$；然后，与经纬仪测绘法一样，将碎部点展绘于图上。

**五、地形图的绘制**

在外业工作中，当碎部点展绘在图上后，就可对照实地随时描绘地物和等高线。如果测区较大，由多幅图拼接而成，还应及时对各图幅衔接处进行拼接检查，经过检查与整饰，才能获得合乎要求的地形图。

1. 地物描绘

地物要按地形图图式规定的符号表示。房屋轮廓需用直线连接起来，而道路、河流的弯曲部分则是逐点连成光滑的曲线。不能依比例描绘的地物，应按规定的非比例符号表示。

2. 等高线勾绘

碎部测量中，当图纸上有足够数量的地貌特点时，要及时将山脊线、山谷线勾绘出来，如图 4-11 所示，用细实线表示山脊线，用细虚线表示山谷线。但地貌点的高程不一定恰好符合等高线的要求，等高线的高程必须是等高距的整数倍。所以勾绘等高线时，首先必须根据这些标注高程的地貌点位，按内插法求出符合等高线高程的点位，最后再将高程相等的相邻点用平滑的曲线连接起来。内插等高线高程的点位有以下 2 种方法。

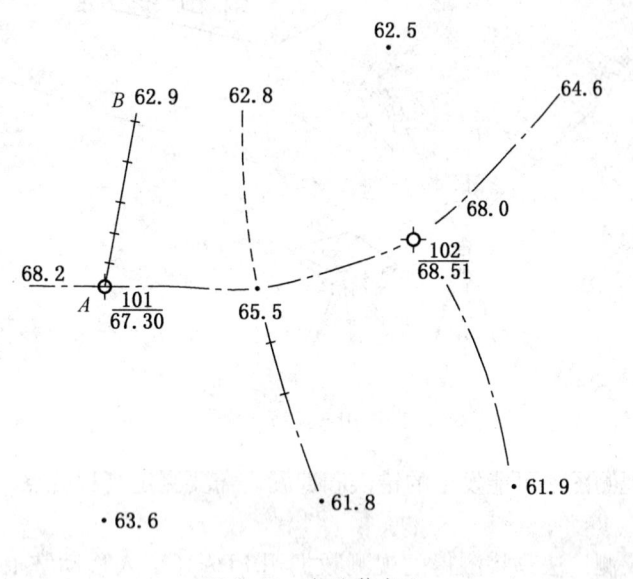

图 4-11　勾绘等高线

1）解析法

如图 4-12 所示，$A$、$C$ 为已测定的两个碎部点，其高程分别为 207.4 m 和 202.8 m，若等高距为 1 m，在这两点中将通过高程为 203 m、204 m、205 m、206 m、207 m 五根等高线。首先计算首、尾 203 m、207 m 等高线与 $A$、$C$ 两点的平距 $C_m$、$A_q$。由图上量得 $AC$ 两点的平距为 66 mm。高程为 203 m 的等高线与 $C$ 点的高差为 203−202.8＝0.2 m，根据等高线高差与平距成正比的关系得：

$$C_m = \frac{AC}{h_{AC}} \times h_{C_m}$$

$$C_m = \frac{66 \text{ mm}}{4.6 \text{ m}} \times 0.2 \text{ m} = 3 \text{ mm}$$

同理得 207 m 的等高线与 $A$ 点的高差为 0.4 m，平距 $A_q$ 计算如下：

$$A_q = \frac{AC}{h_{AC}} \times h_{A_q}$$

$$A_q = \frac{66 \text{ mm}}{4.6 \text{ m}} \times 0.4 \text{ m} = 6 \text{ mm}$$

从 $A$、$C$ 两点分别量取 $C_m$、$A_q$ 平距得 203 m 和 207 m 两等高线所通过的位置。然后将 203 m 和 207 m 之间的平距等分得 204 m、205 m、206 m。这一方法称为"取头定尾，中间等分"。用相同方法定出相邻地形点间的等高线位置，然后依次将相同高程的点用圆滑曲线连接，就构成等高线图，如图 4-13 所示。

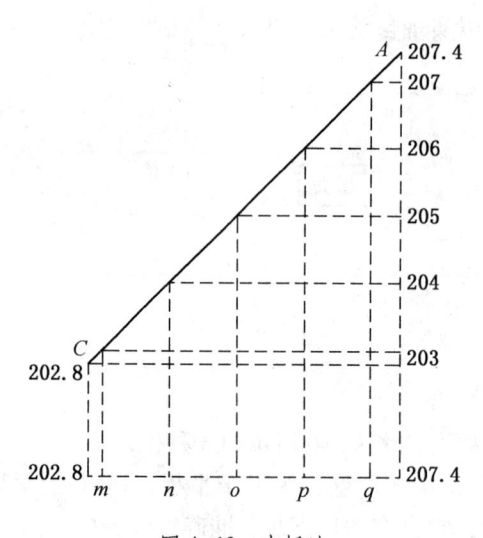

图 4-12 内插法

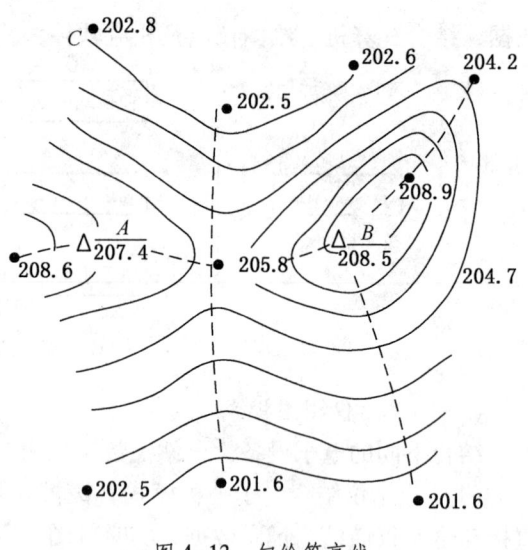

图 4-13 勾绘等高线

2）图解法

如图 4-14 所示，在一张透明纸上绘出等间隔若干条平行线，覆盖在等待勾绘等高线的图上，转动透明纸，使 A、B 两点分别位于平行线间的 0.3 和 0.1 的位置上，则直线 AB 和 5 条平行线的交点便是高程为 67 m、66 m、65 m、64 m 及 63 m 的等高线位置。

根据解析法的原理，用目估来确定等高线通过位置，其要领为"取头定尾，中间等分"。如图 4-15 所示，经图上量取可知 A、B 两点间平距为 30.8 mm，又知高差为 4.4 m，两等高线间的平距为 7 mm，勾绘等高距为 1 m 的等高线，则 AB 两点间共有 5 条等高线通过。而 A 点至 67 m 等高线的高差为 0.3 m，并非是 1 m，按高差 1 m 的平距 7 mm 为标准，适当缩短（将 7 mm 分为 10 份，取 3 份），目估定出 67 m 的点；同法在 B 点处定出 63 m 的点。然后将首尾点间的平距 4 等分，定出 66 m、65 m、64 m 各点。

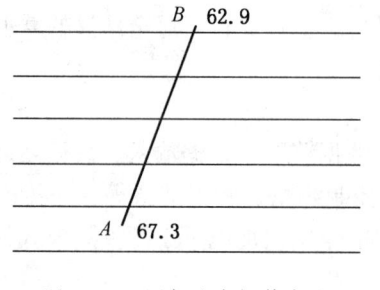

图 4-14 图解法内插等高线

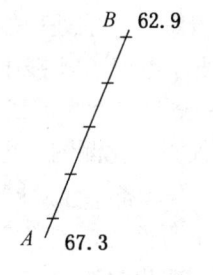

图 4-15 目估法勾绘等高线

拓 展 提 高

**一、全站仪数字化测图**

利用全站仪能同时测定距离、角度、高差，提供待测点三维坐标，将仪器野外采集的

201

数据，结合计算机、绘图仪以及相应软件，就可以实现自动化测图。

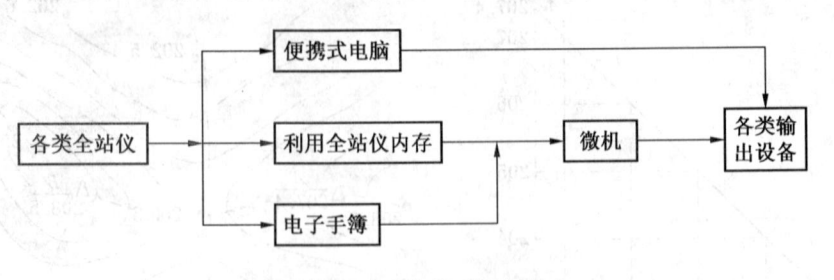

图 4-16　全站仪地形测图模式

（一）全站仪测图模式

结合不同的电子设备，全站仪数字化测图主要有如图 4-16 所示的 3 种模式：

（1）全站仪结合电子平板模式。该模式是以便携式电脑作为电子平板，通过通信线直接与全站仪通信、记录数据，实时成图。因此，它具有图形直观、准确性强、操作简单等优点，即使在地形复杂地区，也可现场测绘成图，避免野外绘制草图。目前这种模式的开发与研究相对比较完善，由于便携式电脑性能和测绘人员综合素质不断提高，因此它符合今后的发展趋势。

（2）直接利用全站仪内存模式。该模式使用全站仪内存或自带记忆卡，把野外测得的数据，通过一定的编码方式，直接记录，同时野外现场绘制复杂地形草图，供室内成图时参考对照。因此，它操作过程简单，无须附带其他电子设备；对野外观测数据直接存储，纠错能力强，可进行内业纠错处理。随着全站仪存储能力的不断增强，此方法进行小面积地形测量时，具有一定的灵活性。

（3）全站仪加电子手簿或高性能掌上电脑模式。该模式通过通信线将全站仪与电子手簿或掌上电脑相联，把测量数据记录在电子手簿或便携式电脑上，同时可以进行一些简单的属性操作，并绘制现场草图。内业时把数据传输到计算机中，进行成图处理。它携带方便，掌上电脑采用图形界面交互系统，可以对测量数据进行简单的编辑，减少了内业工作量。随着掌上电脑处理能力的不断增强，科技人员正进行针对全站仪的掌上电脑二次开发工作，此方法会在实践中进一步完善。

（二）全站仪数字测图过程

全站仪数字化测图，主要分为准备工作、数据获取、数据输入、数据处理、数据输出5 个阶段。在准备工作阶段，包括资料准备、控制测量、测图准备等，与传统地形测图一样，在此不再赘述，现以实际生产中普遍采用的全站仪加电子手簿测图模式为例，从数据采集到成图输出介绍全站仪数字化测图的基本过程。

（1）野外碎部点采集。一般用"解算法"进行碎部点测量采集，用电子手簿记录三维坐标（$x$，$y$，$H$）及其绘图信息。既要记录测站参数、距离、水平角和竖直角的碎部点位置信息，还要记录编码、点号、连接点和连接线型 4 种信息，在采集碎部点时要及时绘制观测草图。

（2）数据输入。用数据通信线连接电子手簿和计算机，把野外观测数据传输到计算机中，每次观测的数据要及时传输，避免数据丢失。

（3）数据处理。数据处理包括数据转换和数据计算。数据处理是对野外采集的数据进行预处理，检查可能出现的各种错误；把野外采集到的数据编码，使测量数据转化成绘图系统所需的编码格式。数据计算是针对地貌关系的，当测量数据输入计算机后，生成平面图形、建立图形文件、绘制等高线。

（4）数据输出。图形处理与成图输出编辑、整理经数据处理后所生成的图形数据文件，对照外业草图，修改整饰新生成的地形图，补测重测存在漏测或测错的地方。然后加注高程、注记等，进行图幅整饰，最后成图输出。

（三）数据编码

野外数据采集，仅测定碎部点的位置并不能满足计算机自动成图的需要，必须将所测地物点的连接关系和地物类别（或地物属性）等绘图信息记录下来，并按一定的编码格式记录数据。编码按照《基础地理信息要素分类与代码》（GB/T 14804—2006）进行，地形信息的编码由4部分组成：大类码、小类码、一级代码、二级代码，分别用1位十进制数字顺序排列。第一大类码是测量控制点，又分平面控制点、高程控制点、GPS点和其他控制点4个小类码，编码分别为11、12、13和14。小类码又分若干一级代码，一级代码又分若干二级代码。如小三角点是第3个一级代码，5秒小三角点是第1个二级代码，则小三角点的编码是113，5秒小三角点的编码是1132。

野外观测，除要记录测站参数、距离、水平角和竖直角等观测量外，还要记录地物点连接关系信息编码。现以一条小路为例（图4-17），说明野外记录的方法。记录格式见表4-3，表中连接点是与观测点相连接的点号，连接线型是测点与连接点之间的连线形式，有直线、曲线、圆弧和独立点4种形式，分别用1、2、3和空为代码，小路的编码为443，点号同时也代表测量碎部点的顺序，表中略去了观测值。目前开发的测图软件一般是根据自身特点的需要、作业习惯、仪器设备和数据处理方法制定自己的编码规则。利用全站仪进行野外测设时，编码一般由地物代码和连接关系的简单符号组成。如代码F0、F1、F2等分别表示特种房、普通房、简单房……（F字为"房"的第一拼音字母，以下类同），H1、H2表示第一条河流、第二条河流的点位。

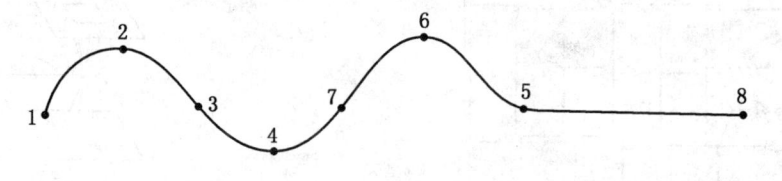

图4-17　小路的数字化测图记录

表4-3　小路的数字化测图编码

| 单　　元 | 点　　号 | 编　　号 | 连接点 | 连接线型 |
|---|---|---|---|---|
| 第一单元 | 1 | 443 | 1 | 2 |
|  | 2 | 443 |  |  |
|  | 3 | 443 |  |  |
| 第二单元 | 5 | 443 | 5 | -2 |
|  | 6 | 443 |  |  |
|  | 7 | 443 | -4 |  |
| 第三单元 | 8 | 443 | 5 | 1 |

### 二、航空摄影测量

航空摄影测量是利用航空摄影像片来绘制地形图。这种方法可把大量野外工作变为室内作业，具有速度快、成本低、精度均匀、不受季节限制等优点。国家 1：100000 ~ 1：10000 的基本图，各专业部门工程规划设计使用的 1：5000 和 1：2000 等大比例尺地形图，均采用航空摄影测量绘制。

1. 航摄像片的基本知识

航空像片是用航空摄影机在飞机上对地面进行摄影所得，它是测图的基本资料。航片影像要覆盖整个测区面积，在天气晴朗条件下，按选定的航高和航线连续飞行摄影。相邻两航片之间要有影像重叠，规定航向重叠不小于 60%，旁向重叠不小于 30%（图 4-18）。航片影像范围的大小，叫像幅，目前常用像幅为 23 cm×23 cm，像片四边的中点设用框标，对边框标的连线构成直角坐标系的轴线，依据框标可量测像点坐标。航摄影片与地形图相比有以下特点：

（1）投影方式的差别。地形图是将地物、地貌在水平面上的垂直投影，地形图比例尺为一常数。航摄像片是中心投影。如图 4-19 所示，地面点 $A$ 发出光线经摄影镜头 $S$ 交于底片 $a$ 上。摄影镜头 $S$ 到底片的距离为摄影机焦距 $f$，$S$ 到地面的垂直距离称为航高，以 $H$ 表示。由图 4-19 可得像片的比例尺为

$$\frac{1}{M} = \frac{ab}{AB} = \frac{f}{H}$$

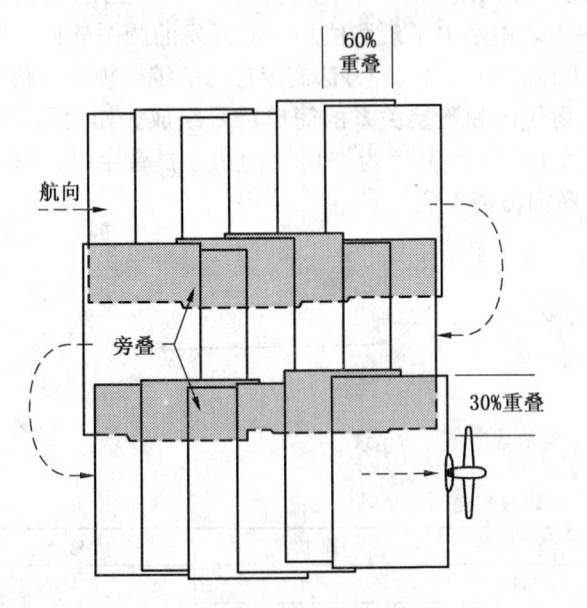

图 4-18  航空像片的航向与旁向重叠      图 4-19  航片中心投影

（2）地面起伏引起的像点位移由图 4-18 及像片比例尺的公式可知，只有当像片严格水平且地面也绝对平坦时，中心投影图才会与地形图所要求的垂直投影保持一致。当像片水平而地面起伏时，如图 4-20 所示，地面两等长线段 $AB$ 和 $CD$ 位于不同的高度，它们在像片上的构像 $ab$、$cd$ 却有不同的长度和比例尺。即使在地面同一水平位置而高度不同的

$D$、$D'$点，在像片上也有着不同的影像 $d$、$d'$，$dd''$即为因地面起伏引起的像点位移产生的误差，称为投影误差。投影误差的大小，与地面点相对与选定的基准面 $T_0$ 的高程 $h$ 成正比。

（3）航摄像片倾斜误差如图 4-21 所示，$P$ 和 $P'$ 分别为水平和倾斜像片，水平面上等长线段 $AB$、$CD$ 在水平像片上构像为 $ab$、$cd$，在倾斜像片上构像为 $a'b'$、$c'd'$，$ab < a'b'$，$cd > c'd'$，可见倾斜像片上各处的比例尺都不相同。由于像片倾斜引起像点位移产生的误差称为倾斜误差。为此，航片内业利用地面已知控制点，采取像片纠正的方法来消除倾斜误差。

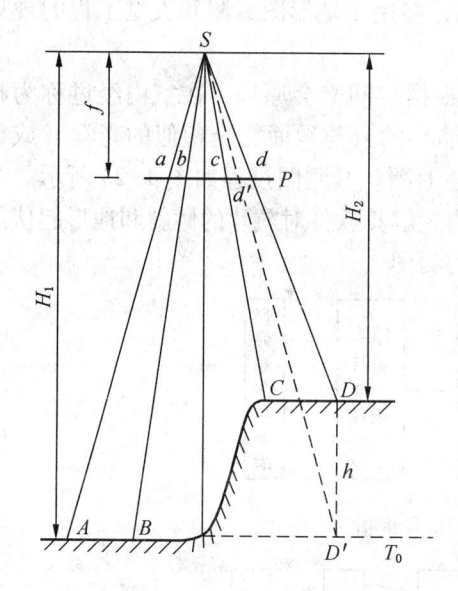

图 4-20 地形起伏产生投影误差

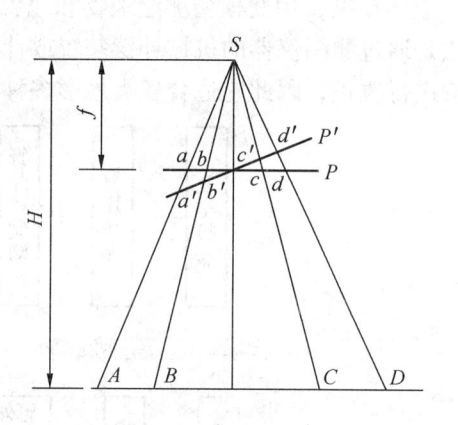

图 4-21 像片倾斜误差

（4）表达方式不同。在地形图上，地物地貌是按确定的地物符号、地貌符号、文字注记等表达。航片上则是物体的自然影像，以相关的形状、大小、色调、阴影等表示地物、地貌。这种表达方式有一定程度的不确定性和局限性。利用航片制作地形图，需要补充地物的属性、关系和地貌的植被等资料。为此，航测通过内业判读和外业调绘的方法来识别和综合有关地物和地貌信息，并按统一的图示符号和文字注记绘注在像片上。这项工作称为像片调绘。

2. 航测成图简介

航空摄影测量是以航片测制地形图，它包括航空摄影，航测外业，航测内业 3 部分工作内容。航测外业主要包括控制测量和像片调绘。航测内业则包括控制加密和测图。控制加密是在外业控制点基础上由室内进行的。主要由电子计算机来完成，俗称"电算加密"。测图有测制线划地形图、像片平面图、影像地形图以及数字地面模型（DTM）。航测成图方法已经历全模拟法、模拟-数值法、模拟-解析法及数字-解析法等几个阶段，见表 4-4。不同的仪器，其测图的方法也不相同，但其测图的基本原理是一致的。目前航测成图的常用方法有综合法和全能法。

表 4-4　摄影测量发展的几个阶段

| 项　目 | 全模拟 | 模拟-数值 | 模拟-解析 | 数字-解析 |
|---|---|---|---|---|
| 影像材料 | 模拟 | 模拟 | 模拟 | 数字化 |
| 立体模型 | 模拟 | 模拟 | 解析 | 解析 |
| 输出产品 | 模拟 | 数字化 | 数字化 | 数字化 |

（1）综合法。综合法测图是航空摄影测量和地形测量相结合的一种测图方法。航片通过航测内业进行纠正和影像镶嵌，获得地面影像点的平面相关位置，镶嵌好的像片平面图拿到野外进行地物调绘和地貌测绘，得到航测地形原图（也称影像地图），其测图过程如图 4-22 所示。综合法测图主要适用于平坦地区，多用于地形图修测和大型工程的规划设计用图。

（2）全能法。它是利用航片和立体测图仪，根据空间交会原理，在室内经过称为相对定向和绝对定向的工作过程，然后建立按比例缩小的且与地面完全相似的光学（或数学）立体模型，用此模型测绘地物和地貌，绘制地形图。其测图过程如图 4-23 所示。全能法是通过测图仪器的机械补偿装置或计算机的内置解算软件对航片的倾斜和地形起伏的影响进行改正，因此它适合各类地形多种比例尺的测图。

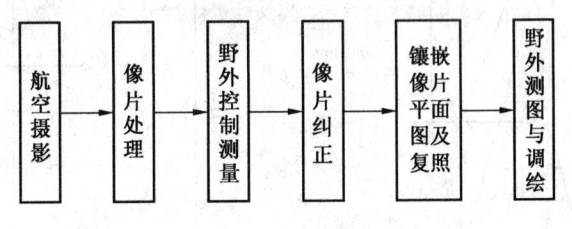

图 4-22　综合法测图过程框图

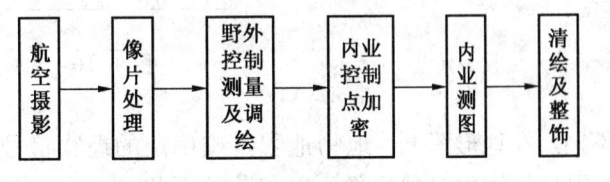

图 4-23　全能法测图过程框图

随着全球定位系统（GPS）技术的发展，利用安装在航摄飞机上的 GPS 接收机，测定摄影中心在曝光瞬间的空间三维坐标，将它们作为观测值参加空中三角测量平差，可以大大减少甚至免除地面控制测量工作。从 20 世纪 80 年代初，美国、德国等西方发达国家率先进行 GPS 辅助空中三角测量的理论和试验研究，无论是在理论上还是在实际应用方面，均取得了举世瞩目的成就。我国自 1990 年开始，先后进行了多次机载 GPS 航测成图的模拟试验和生产性试验，目前已从理论研究和模拟试验步入实际应用阶段。

任 务 实 施

**一、用经纬仪视距法完成碎步测量**

（1）安置。仪器和图板观测员将经纬仪安置在测站点 A（控制点）上，测图板安置在近旁（图4-24），测定竖盘指标差 $x$（每天开始时测一次）、量出仪器高 $i$。

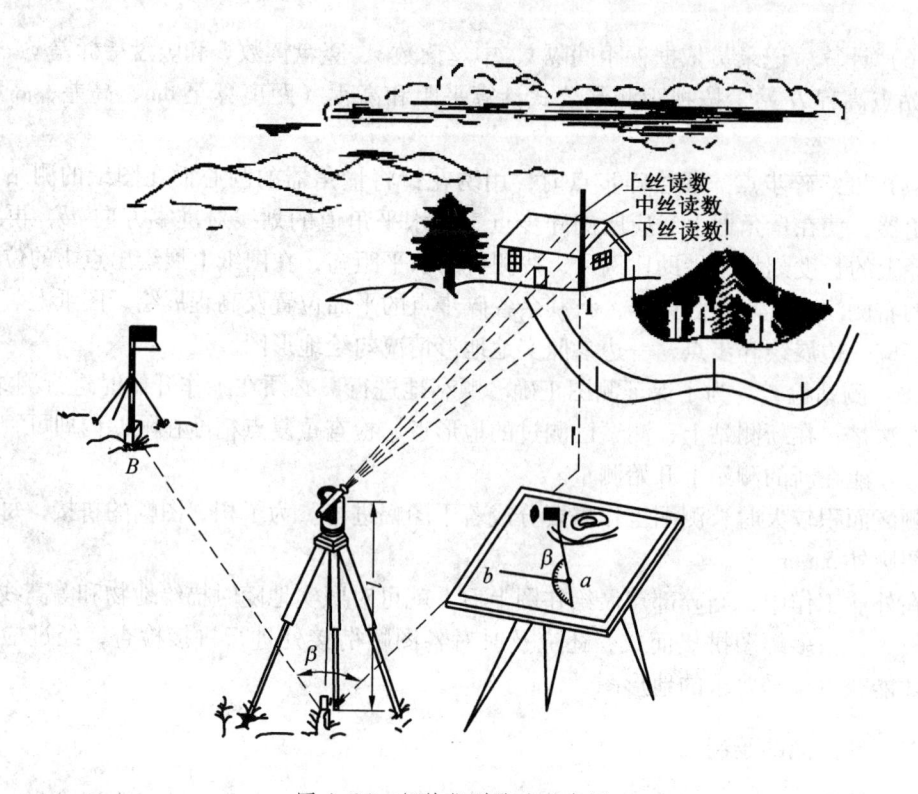

图4-24 经纬仪测绘法示意图

（2）定向。选定控制点 $B$ 为起始零方向，一并记入手簿（表4-5）。

表4-5 碎部测量手簿

测区观测者：　　　　　　记录者：　　　　　　　　　　　　　　年　　月　　日

天　　　气：　　　　　　测站：A　　　　方　向：B　　　　测站高程：46.54 m

仪　器　高：1.42 m　　乘常数：100　　　加常数：0　　　　指标差：$x=0$

| 测点 | 水平角/（°） | 尺上读数/m 中丝 | 尺上读数/m 下丝 上丝 | 视距间隔 $l$/m | 竖盘读数/（°） | 竖直角/（°） | 高差/m | 水平距离/m | 测点高程/m | 备注 |
|---|---|---|---|---|---|---|---|---|---|---|
| 1 | 434400 | 1.42 | 1.520 1.300 | 0.220 | 8806 | +154 | +0.73 | 22.00 | 47.27 | |
| 2 | 564300 | 2.00 | 2.871 1.128 | 1.743 | 9232 | −232 | −8.28 | 174.00 | 38.26 | |
| 3 | 17511 | 1.42 | 2.000 0.895 | 1.105 | 7219 | +1741 | +31.98 | 100.30 | 78.52 | |

（3）立尺。司尺员依次将标尺立在地物、地貌特征点上。

（4）观测。观测员照准标尺，读取水平角 $\beta$、视距间隔 $l$、中丝读数 $s$ 和竖盘读数 $L$。

（5）记录。记录员将读数依次记入手簿。对于有特殊作用的碎步点，应在备注中加以说明。

（6）计算。记录员依据视距间隔 $l$、中丝读数 $s$、竖盘读数 $L$ 和竖盘指标差 $x$、仪器高 $i$、测站点高程 $H$ 站，按视距测量公式计算平距和高程（距离算至 dm，高差、高程算至 cm）。

（7）展绘碎步点。展绘碎步点时，用绣花针将量角器的圆心插在图纸的测站处，转动量角器，使在量角器上对应所测碎步点 1 的水平角值的划线对准零方向 $ab$，再在量角器直径上的长度刻划或借助比例尺，按测得的水平距离，在图纸上展绘出点 1 的位置，并在点的右侧注明其高程。同样，将其余各碎步点的平面位置及高程展绘于图纸上。实际工作中，应一边展绘碎步点，一边参照实地地形情况勾绘地形图。

（8）测站检查。为了保证测图正确、顺利地进行，必须在工作开始时进行测站检查。检查方法是：在新测站上，测试已测过的地形点，检查重复点精度在限差内即可，检查无误后，才能在新的测站上开始测量。

测区面积较大时，测图工作需要分成若干图幅进行。为了相邻图幅的拼接，每幅图应测出图廓外 5 mm。

在外业工作中，当碎部点展绘在图上后，就可对照实地随时描绘地物和等高线。如果测区较大，由多幅图拼接而成，还应及时对各图幅衔接处进行拼接检查，经过检查与整饰，才能获得合乎要求的地形图。

## 二、地形图的绘制

### 1. 地物描绘

在测绘地形图时，对地物测绘的质量主要取决于是否正确合理地选择地物特征点，如房角、道路边线的转折点、河岸线的转折点、电杆的中心点等。主要的特征点应独立测定，一些次要的特征点可采用量距、交会、推平行线等几何作图方法绘出。

一般规定，主要建筑物轮廓线的凹凸长度在图上大于 0.4 mm 时，都要表示出来。如在 1∶500 比例尺的地形图上，主要地物轮廓凹凸大于 0.2 m 时应在图上表示出来。对于大比例尺测图，应按如下原则进行取点。

（1）有些房屋凹凸转折较多时，可只测定其主要转折角（大于 2 个），取得有关长度，然后按其几何关系用推平行线法画出其轮廓线。

（2）对于圆形建筑物可测定其中心并量其半径绘图；或在其外廓测定 3 点，然后用作图法定出圆心，绘出外廓。

（3）公路在图上应按实测两侧边线绘出；大路或小路可只测其一侧的边线，另一侧按量得的路宽绘出。

（4）道路转折点处的圆曲线边线应至少测定 3 点（起、终和中点）绘出。

（5）围墙应实测其特征点，按半比例符号绘出其外围的实际位置。

对于已测定的地物点应连接起来的要随测随连，以便将图上测得的地物与地面上的实体对照。这样，测图时如有错误或遗漏，就可以及时发现，给予修正或补测。

地物特征点的测绘方法前面已有叙述。在测图过程中，根据地物情况和仪器状况选择不同的测绘方法，如极坐标法、方向交会法、距离交会法或直角坐标法。

**2. 等高线的勾绘**

（1）首先描绘出山脊线、山谷线等地性线。

（2）根据碎部点的高程勾绘等高线。

（3）在两相邻碎部点的连线上，按平距与高差成比例的关系，内插出两点间各条等高线通过的位置。如图 4-25 中（43.1）—44.0—45—46—47—48—（48.5）。

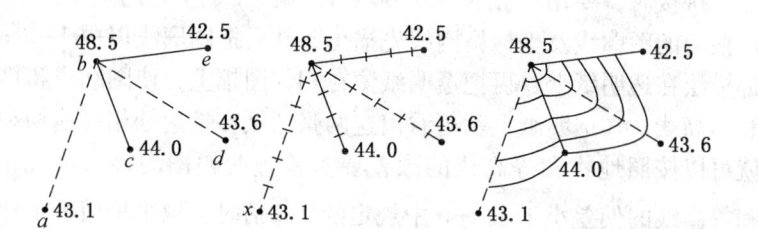

图 4-25　等高线的勾绘

$$\frac{48.5 - 43.1}{ab} = \frac{44.0 - 43.1}{x}$$

$$x = \frac{ab(44.0 - 43.1)}{48.5 - 43.1}$$

（4）将高程相等的相邻点连成光滑曲线，即为等高线。

（5）勾绘等高线时，要对照实地情况进行勾绘，并注意等高线通过山脊线、山谷线的走向（正交）。

（6）地形图等高距（基本等高距）的选择与测图比例尺和地面坡度有关。

# 任务三　地形图的拼接、检查和整饰

各小组完成与自己小组所测图幅相邻图幅的上下，左右的拼接与检查。

在地形图测绘时，当测绘区域面积较大，不能在一幅图内将测区内的所有地物和地貌表示出来时，则必须采用分幅测图，即将所测区域划分为若干图幅进行测绘。当各分幅测绘完毕之后，这时就需要对各分幅图中相邻图幅进行拼接，才能获得一张完整的测区地形图。为了保证相邻图幅的正确相互拼接，每幅图的四边均测出图廓向外 5 mm。最好能在建立控制网时，就应考虑到图边附近布置一定数量的图跟点，并成为相邻图幅的公共测站点。

## 一、地形图的拼接

由于在测绘过程中受测量和描绘误差的影响，在相邻两图幅的连接处的地物轮廓线和等高线一般都不能完全吻合。如图 4-26 所示，Ⅰ、Ⅱ 两相邻图幅上下拼接，在衔接处房屋、道路、河流、等高线等都有偏差。因此，整个测区的地形图施测之后，必须对相邻图幅进行严格的拼接。

在拼接时，对于使用聚酯薄膜测的图，由于具有半透明性，故只需要把相邻图纸相应图边的坐标网格重叠在一起，就可检查接边出地物和等高线的偏差大小。如果是使用非聚酯薄膜测的图，拼接时，要用一张长 55~60 cm、宽 5 cm 左右的透明纸，先蒙在一幅图上，用铅笔把接边的图廓线及坐标格网线先描出，然后把图廓线以内 1~2 cm 范围内的地物和等高线都描绘在透明纸上；再把透明纸蒙在相邻图幅上，使图廓线和格网线对齐，同样描出地物和等高线，在透明纸上就可看出这两张图纸在接边处相应地物和等高线的吻合情况，这样就可以按照地物和等高线的限差要求检查两幅图的接边情况，如图 4-26 所示。若地物和等高线的偏差小于表 4-6 中规定的 $2\sqrt{2}$ 倍时，取平均值改正地物和等高线的位置。

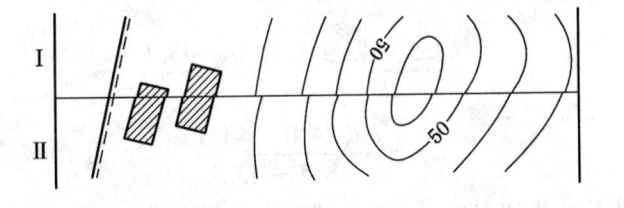

图 4-26 地形图的拼接

表 4-6 地物点点位中误差和等高线高程中误差

| 地 区 类 别 | 点位中误差/mm | 地物点间距中误差/mm | 等高线高程中误差（等高距） | | | |
|---|---|---|---|---|---|---|
| | | | 平地 | 丘陵地 | 山地 | 高山地 |
| 平地、丘陵地和城市建筑区 | 0.5 | 0.4 | 1/3 | 1/2 | 2/3 | 1 |
| 山地、高山地和施测困难的街坊内部 | 0.75 | 0.6 | 1/3 | 1/2 | 2/3 | 1 |

### 二、地形图的检查

为保证地形图的成图质量，测绘人员应随测随检查所测地物地貌是否正确合理，检查分为室内检查和室外检查。

1. 室内检查

室内检查内容包括：图根点的数量和精度是否符合要求，计算是否正确；检查图廓、方格网点、图根点展点精度是否符合精度要求；接边拼接有无问题；地物、地貌是否清晰易读，各种符号、注记是否正确；等高线勾绘是否正确。发现可疑之处，将疑点记录下来，作为外业检查的重点。

2. 室外检查

1) 巡视检查

带着图纸在室内检查的基础上进行合理的重点检查，检查地物、地貌有无遗漏和主要错误，地物描绘是否与实地一致，等高线勾绘是否逼真，各种符号和注记是否正确完整等。以提供仪器检查的重点。

2）仪器设站检查

仪器设站检查是在内业检查和外业巡视检查的基础上进行的，对以上发现的问题，仪器设站进行补测和修改，另外用仪器抽查碎部点平面位置的精度和地貌高程的精度，看所测地形图是否满足精度要求，并作为评定地形图质量的依据。

### 三、地形图的整饰与清绘

1. 地形图的整饰

当原图经过拼接和检查后，要进行整饰，使图面更加合理、清晰、美观。整饰应遵循先图内后图外，先地物后地貌，先注记后符号的原则进行。

（1）用橡皮擦掉不必要的点、线、符号、文字和数字注记，对地物、地貌按规定符号描绘。

（2）文字注记应该在适当位置，既能说明注记的地物和地貌，又不遮盖符号。一般要求字头朝北，河流名称、等高线高程等注记可随线状弯曲的方向排列，高程的注记应注于点的右方，字体要端正清楚。一般居民地名用宋体或等线体，山名用长等线体，河流、湖泊用左斜体。

（3）画图廓边框，注记图名、图号，标注比例尺、坐标系统及高程系统、测绘单位、测绘日期等。图上地物以及等高线的线条粗细、注记字体大小均按规定的图式进行绘制。

2. 地形图的清绘

在整饰好的铅笔原图上用绘图笔进行清绘。一般清绘的次序为图廓、注记、控制点、独立地物、居民地、道路、水系、建筑物、植被、地类界、地貌等。

如用聚酯薄膜测图时，在清绘前先把图面冲洗干净，晾干后才可清绘。清绘时，线划接头处一定要等先画好的线划干后再连接，以免搞脏图面。绘图笔移动的速度要均匀，使划线粗细一致。若清绘有误，可用刀片刮去，用沙橡皮轻轻擦毛后再清绘。

### 四、验收

上述工作完成后，将地形图观测过程中所涉及的有关测量原始记录、计算资料、手稿等整理好，待交付图纸时便于相关单位审核、评定质量，并作为测区测图的原始档案和资料保管好，作为以后用图和使用中的技术依据。

# 项目二 地形图的使用

任 务 概 述

地形图较全面、客观地反映了地面的地物和地貌情况，是进行工程规划和设计的重要资料之一。因此，用图人员必须能顺利阅读地形图，并能借助地形图解决工程上的一些问题。

# 任务一　地形图的基本应用

选择已有地形图，在地形图上完成点的坐标、点的高程、直线的方位角、直线的距离、直线的坡度的量测。

地形图既详细又如实地反映了地面上各种地物分布、地形起伏及地貌特征等情况，可以解决各种工程问题，并获得必要的资料，如果善于阅读地形图，就可以了解到图内地区的地形变化、交通路线、河流方向、水源分布、居民点的位置、人口密度及自然资源种类分布等情况。

地形图都注有比例尺，并具有一定的精度，因此，利用地形图可以求取许多重要数据，如地面点的坐标、高程、量取线段的距离、直线的方位角等。

## 一、在地形图上确定某点的平面直角坐标

大比例尺地形图上绘有 10 cm×10 cm 的坐标格网，并在图廓的西、南边上注有纵、横坐标值，如图 4-27 所示。欲求图上 $A$ 点的坐标，首先要根据 $A$ 点在图上的位置，确定 $A$ 点所在的坐标方格 $abcd$，过 $A$ 点作平行于 $x$ 轴和 $y$ 轴的两条直线 $pq$、$fg$ 与坐标方格相交于 $pqfg$ 4 点，再按地形图比例尺量出 $af=60.7$ m，$ap=48.6$ m，则 $A$ 点的坐标为

$$x_A = x_a + af = 2100 + 60.7 = 2160.7 \text{ m}$$
$$y_A = y_a + ap = 1100 + 48.6 = 1148.6 \text{ m}$$

如果精度要求较高，则应考虑图纸伸缩的影响，此时还应量出 $ab$ 和 $ad$ 的长度。设图上坐标方格边长的理论值为 $1(1=100 \text{ mm})$，则 $A$ 点的坐标可按下式计算，即

$$x_A = x_a + \frac{l}{ab}af \qquad y_A = y_a + \frac{l}{ab}ap$$

图 4-27　确定点的平面直角坐标

## 二、在图上确定两点间的水平距离

1. 解析法

如图 4-28 所示，欲求 $AB$ 的距离，可按下式先求出图上 $A$、$B$ 两点坐标（$x_A$，$y_A$）和

212

$(x_B, y_B)$，然后按下式计算 $AB$ 的水平距离

$$D_{AB} = \sqrt{(x_B - x_A)^2 + (y_B - y_A)^2} \tag{4-1}$$

2. 图解法

用两脚规在图上直接卡出 $A$、$B$ 两点的长度，再与地形图上的直线比例尺比较，即可得出 $AB$ 的水平距离。当精度要求不高时，可用比例尺直接在图上量取。

### 三、在图上确定某一直线的坐标方位角

如图 4-29 所示，方位角 $\alpha'_{AB}$ 和直线 $BA$ 的坐标方位角 $\alpha'_{BA}$，则直线 $AB$ 的坐标方位角为

$$\alpha_{AB} = \frac{1}{2}(\alpha'_{AB} + \alpha'_{BA} \pm 180°)$$

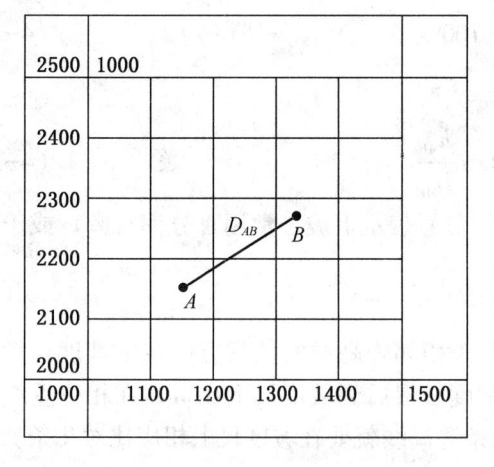

图 4-28　确定点间的水平距离

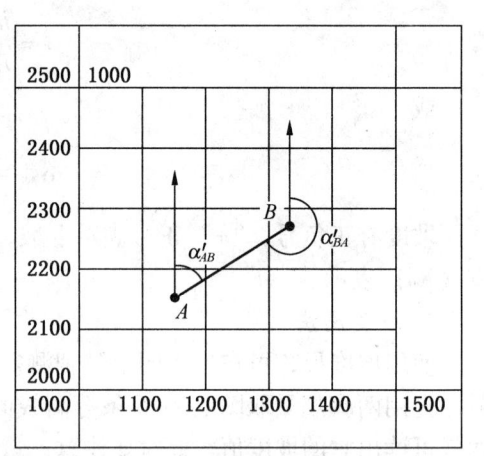

图 4-29　确定直线的坐标方位角

### 四、在图上确定任意一点的高程

地形图上点的高程可根据等高线或高程注记点来确定。

1. 点在等高线上

如果点在等高线上，则其高程即为等高线的高程。如图 4-30 所示，$A$ 点位于 102 m 等高线上，则 $A$ 点的高程即为 102 m。

2. 点不在等高线上

如果点位不在等高线上，则可按内插求得。如图 4-30 所示，$B$ 点位于 106 m 和 108 m 两条等高线之间，这时可通过 $B$ 点作一条大致垂直于两条等高线的直线，分别交等高线于 $m$、$n$ 两点，在图上量取 $mn$ 和 $mB$ 的长度，又已知等高距为 $h = 2$ m，则 $B$ 点相对于 $m$ 点的高差 $h_{mB}$ 可按下式计算

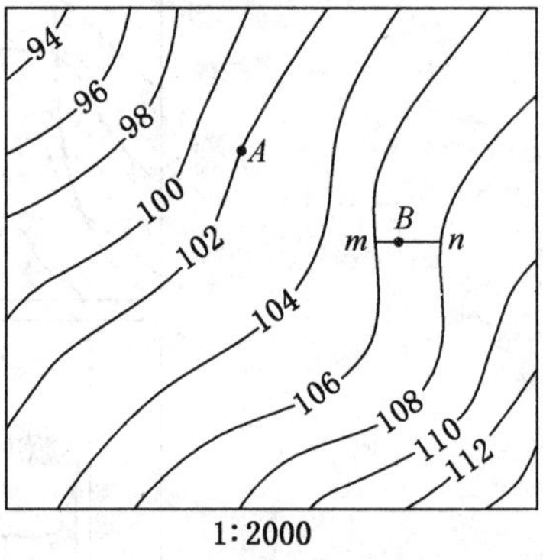

图 4-30　确定点的高程

$$h_{mB} = \frac{mB}{mn}h$$

设 $\dfrac{mB}{mn}$ 的值为 0.8，则 $B$ 点的高程为

$$H_B = H_m + h_{mB} = 106 + 0.8 \times 2 = 107.6 \text{ m}$$

通常根据等高线用目估法按比例推算图上点的高程。

### 五、在图上确定某一直线的坡度

1. 计算法

如图 4-30 所示，欲求 $A$、$B$ 两点之间的地面坡度，可先求出两点的高程 $H_A$、$H_B$，计算出高差 $h_{AB} = H_B - H_A$，然后再求出 $A$、$B$ 两点的水平距离 $D_{AB}$，按下式即可计算地面坡度：

$$i = \frac{h_{AB}}{D_{AB}} \times 100\% \tag{4-2}$$

或

$$\alpha_{AB} = \arctan \frac{h_{AB}}{D_{AB}} \tag{4-3}$$

坡度有正负号，"+"正号表示上坡，"-"负号表示下坡，常用百分率（%）或千分率（‰）表示。

2. 坡度尺法

使用坡度尺，可在地形图上分别测定 2~6 条相邻等高线间任意方向线的坡度。量测时，先用两脚规量取图上 2~6 条等高线间的宽度，然后到坡度尺上比量，在相应垂线下面就可读出它的坡度值。此时要注意，量测几条等高线就要在坡度尺上相应比对几条。如图 4-31 所示，所量两条等高线处地面的坡度为 2°。

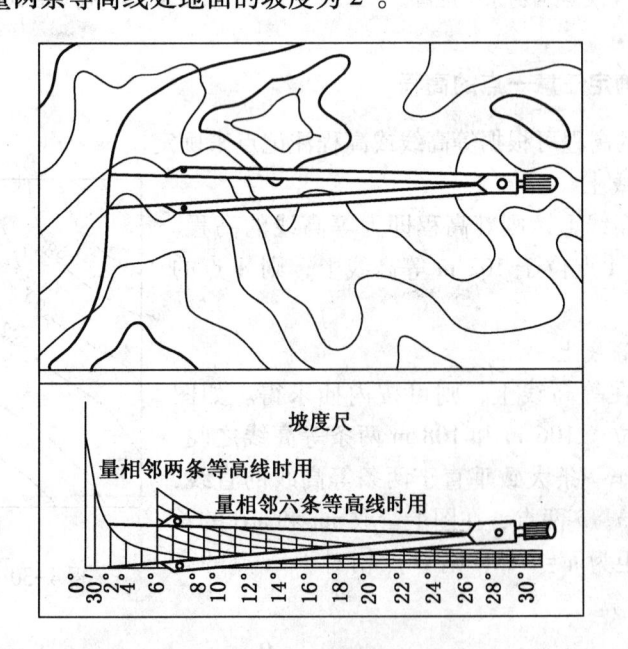

图 4-31 坡度尺法量测坡度

当地面两点间穿过的等高线平距不等时，等高线间的坡度则为地面两点平均坡度。

# 任务二　工程建设中的地形图应用

在已有地形图上绘制已知方向线的纵断面图，按规定坡度选定最短路线，确定填挖边界线和计算土方量，体积量算、几何图形面积量算等工作。

**任务实施**

## 一、绘制已知方向线的纵断面图

纵断面图是反映指定方向地面起伏变化的剖面图。在道路、管道等工程设计中，为进行填、挖土（石）方量的概算，合理确定线路的纵坡等，均需较详细地了解沿线路方向上的地面起伏变化情况，为此常根据大比例尺地形图的等高线绘制线路的纵断面图。

如图 4-32 所示，欲绘制直线 *AB*、*BC* 纵断面图。具体步骤如下：

（1）在图纸上绘出表示平距的横轴 *PQ*，过 *A* 点作垂线，作为纵轴，表示高程。平距的比例尺与地形图的比例尺一致；为了明显地表示地面起伏变化情况，高程比例尺往往比平距比例尺放大 10~20 倍。

（2）在纵轴上标注高程，在图上沿断面方向量取两相邻等高线间的平距，依次在横轴上标出，得 *b*、*c*、*d*、…、*l* 及 *C* 等点。

（3）从各点作横轴的垂线，在垂线上按各点的高程，对照纵轴标注的高程确定各点在剖面上的位置。

图 4-32　绘制已知方向线的纵断面图

（4）用光滑的曲线连接各点，即得已知方向线 $A$—$B$—$C$ 的纵断面图。

## 二、按规定坡度选定最短路线

在道路、管道、渠道等工程规划中，往往要求在不超过某一坡度 $i$ 的条件下，选择一条最短的路线。一般要求按限制坡度选定一条最短路线。

如图 4-33 所示，设从公路旁 $A$ 点到山头 $B$ 点选定一条路线，限制坡度为 4%，地形图比例尺为 1:2000，等高距为 1 m。具体方法如下：

（1）确定线路上两相邻等高线间的最小等高线平距。

$$d = \frac{h}{iM} = \frac{1 \text{ m}}{0.04 \times 2000} = 12.5 \text{ m}$$

（2）先以 $A$ 点为圆心，以 $d$ 为半径，用圆规划弧，交 81 m 等高线与 1 点，再以 1 点为圆心同样以 $d$ 为半径划弧，交 82 m 等高线于 2 点，依次到 $B$ 点。连接相邻点，便得同坡度路线 $A$—1—2—…—$B$。

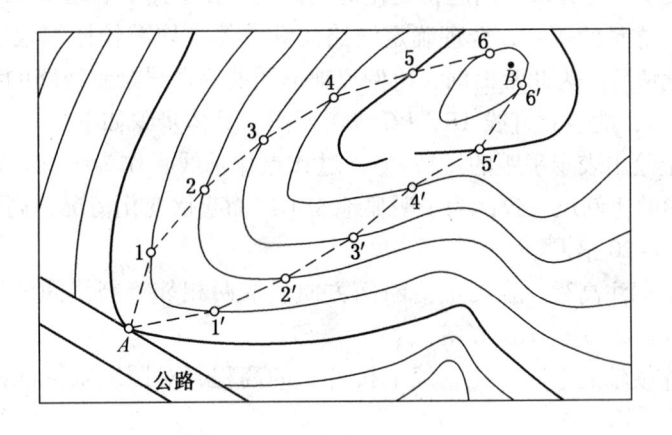

图 4-33　按规定坡度选取最短路线

在选线过程中，有时会遇到两相邻等高线间的最小平距大于 $d$ 的情况，即所作圆弧不能与相邻等高线相交，说明该处的坡度小于指定的坡度，则以最短距离定线。

（3）另外，在图上还可以沿另一方向定出第二条线路 $A$—1′—2′—…—$B$，可作为方案的比较。

在实际工作中，还需在野外考虑工程上其他因素，如少占或不占耕地，避开不良地质构造，减少工程费用等，最后确定一条最佳路线。

## 三、确定填挖边界线和计算土方量

将施工场地的自然地表按要求整理成一定高程的水平地面或一定坡度的倾斜地面的工作，称为平整场地。在场地平整工作中，为使填、挖土石方量基本平衡，常要利用地形图确定填、挖边界和进行填、挖土石方量的概算。平整场地的方法很多，主要有方格网、等高线法和断面法，其中方格网法是最常用的一种。

1. 将场地平整为水平地面

图 4-34 所示为 1:1000 比例尺的地形图，拟将原地面平整成某一高程的水平面，使

填、挖土石方量基本平衡。方法步骤如下：

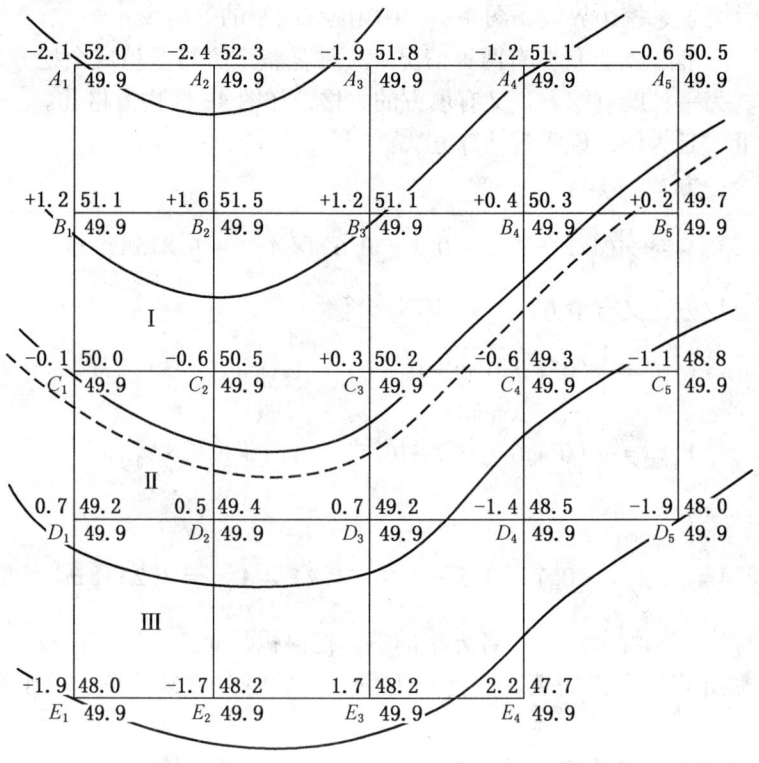

图 4-34　将场地平整为水平地面

（1）绘制方格网。在地形图上拟平整场地内绘制方格网，方格大小根据地形复杂程度、地形图比例尺以及要求的精度而定。一般方格的边长为 10 m 或 20 m。图中方格为 20 m×20 m。各方格顶点号注于方格点的左下角，如图 4-34 中的 $A_1$、$A_2$、$\cdots$、$E_3$、$E_4$ 等。横坐标按阿拉伯数字自左到右递增，纵坐标按大写字母顺序自下（上）而上（下）递增。

（2）求各方格顶点的地面高程。根据地形图上的等高线，用内插法求出各方格顶点的地面高程，并注于方格点的右上角，如图 4-34 所示。

（3）计算设计高程。分别求出各方格 4 个顶点的平均值，即各方格的平均高程；然后，将各方格的平均高程求和并除以方格数 $n$，即得到设计高程 $H_设$。

各方格点参加计算的次数分别为：角点（图边往外）高程一次；边点（图边上）高程两次；拐点（图边往内）高程三次；中间点高程四次。因而设计高程：

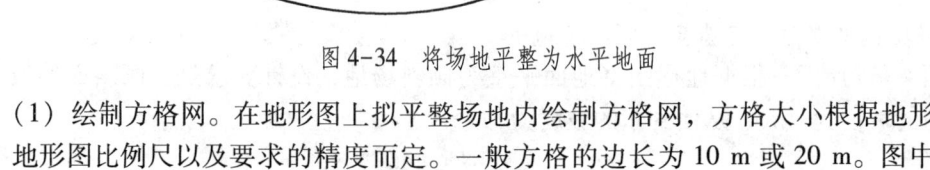

$$H_设 = \frac{\sum H_角 \times 1 + \sum H_边 \times 2 + \sum H_拐 \times 3 + \sum H_中 \times 4}{4n}$$

根据图 4-34 中的数据，求得的设计高程 $H_设$ =49.9 m。并注于方格顶点右下角。

（4）确定方格顶点的填、挖高度。各方格顶点地面高程与设计高程之差为该点的填、挖高度，即

$$h = H_地 - H_设$$

$h$ 为"+"表示挖深，为"–"表示填高。并将 $h$ 值标注于相应方格顶点左上角。

（5）确定填挖边界线。根据设计高程 $H_{设}=49.9$ m，在地形图上用内插法绘出 49.9 m 等高线。该线就是填、挖边界线，图 4-34 中用虚线绘制的等高线。

（6）计算填、挖土石方量。有两种情况：一种是整个方格全填或全挖方，如图 4-34 中方格 Ⅰ、Ⅲ，另一种既有挖方，又有填方的方格，如图 4-34 中方格 Ⅱ。
现以方格 Ⅰ、Ⅱ、Ⅲ 为例，说明其计算方法：

方格 Ⅰ 为全挖方

$$V_{Ⅰ挖} = \frac{1}{4}(1.2 + 1.6 + 0.1 + 0.6) \times A_{Ⅰ挖} = 0.875 A_{Ⅰ挖} \text{ m}^3$$

方格 Ⅱ 既有挖方，又有填方

$$V_{Ⅱ挖} = \frac{1}{4}(0.1 + 0.6 + 0 + 0) \times A_{Ⅱ挖} = 0.175 A_{Ⅱ挖} \text{ m}^3$$

$$V_{Ⅱ填} = \frac{1}{4}(0 + 0 + 0.7 - 0.5) \times A_{Ⅱ填} = -0.3 A_{Ⅱ填} \text{ m}^3$$

方格 Ⅲ 为全填方

$$V_{Ⅲ填} = \frac{1}{4}(-0.7 - 0.5 - 1.9 - 1.7) \times A_{Ⅲ填} = 1.2 A_{Ⅲ填} \text{ m}^3$$

式中　$A_{Ⅰ挖}$、$A_{Ⅱ挖}$、$A_{Ⅱ填}$、$A_{Ⅲ填}$——各方格的填、挖面积，$\text{m}^2$。

同法可计算出其他方格的填、挖土石方量，最后将各方格的填、挖土石方量累加，即得。

2. 将场地平整为一定坡度的倾斜场地

如图 4-35 所示，根据地形图将地面平整为倾斜场地，设计要求是：倾斜面的坡度，从北到南的坡度为 -2%，从西到东的坡度为 -1.5%。

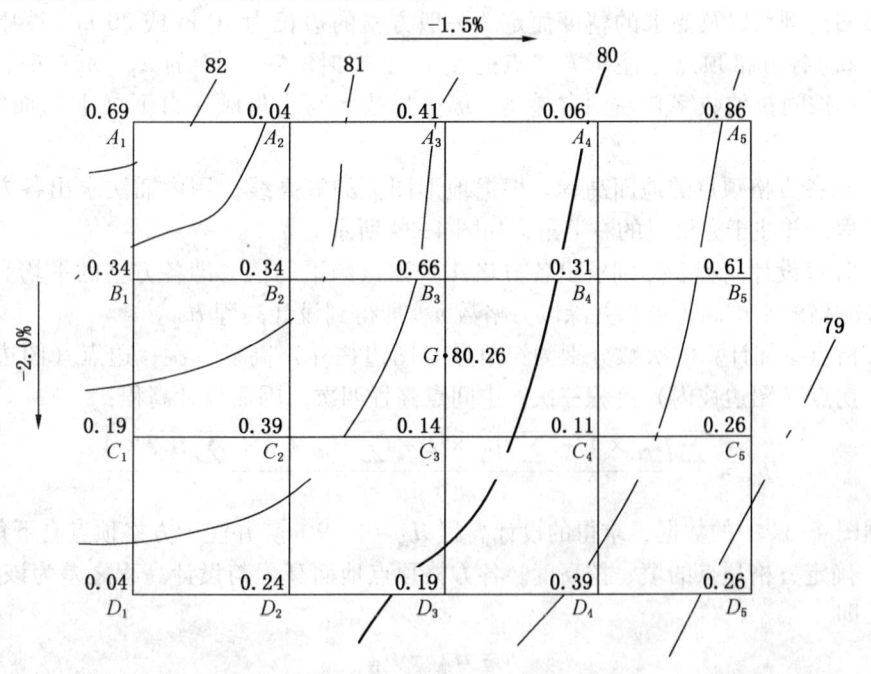

图 4-35　将场地平整为一定坡度的倾斜场地

将场地平整为一定坡度的倾斜场地倾斜平面的设计高程应使得填、挖土石方量基本平衡。具体步骤如下：

（1）绘制方格网并求方格顶点的地面高程。与将场地平整成水平地面同法绘制方格网，并将各方格顶点的地面高程注于图上，图中方格边长为 20 m。

（2）计算各方格顶点的设计高程。根据填、挖土石方量基本平衡的原则，按与将场地平整成水平地面计算设计高程相同的方法，计算场地几何形重心点 $G$ 的高程，并作为设计高程。用图 4-35 中的数据计算得 $H_设 = 80.26$ m。重心点及设计高程确定以后，根据方格点间距和设计坡度，自重心点起沿方格方向向四周推算各方格顶点的设计高程。

南北两方格点间的设计高差 $= 20$ m$\times 2\% = 0.4$ m，东西两方格点间的设计高差 $= 20$ m$\times 1.5\% = 0.3$ m，则：$B_3$ 点的设计高程 $= 80.26$ m$+ 0.2$ m $= 80.46$ m，$A_3$ 点的设计高程 $= 80.46$ m$+ 0.4$ m $= 80.86$ m，$C_3$ 点的设计高程 $= 80.26$ m$- 0.2$ m $= 80.06$ m，$D_3$ 点的设计高程 $= 80.06$ m$- 0.4$ m $= 79.66$ m。

同理可推算得其他方格顶点的设计高程，并将高程注于方格顶点的右下角。

推算高程时应进行两项检核：①从一个角点起沿边界逐点推算一周后到起点，设计高程应闭合；②对角线各点设计高程的差值应完全一致。

（3）计算方格顶点的填、挖高度。按式计算各方格顶点的填、挖高度并注于相应点的左上角。

（4）计算填、挖土石方量。根据方格顶点的填、挖高度及方格面积，分别计算各方格内的填挖方量及整个场地总的填、挖方量。

### 四、体积量算

1. 等高线法

场地地面起伏较大，且仅计算挖方时，可采用等高线法。这种方法是从场地设计高程的等高线开始，算出各等高线所包围的面积，分别将相邻两条等高线所围面积的平均值乘以等高距，就是此两等高线平面间的土方量，再求和即得总挖方量。

如图 4-36 所示，地形图等高距为 2 m，要求整场地后的设计高程为 55 m。先在图中内插设计高程 55 m 的等高线（图中虚线），再分别求出 55 m、56 m、58 m、60 m、62 m 五条等高线所围成的面积 $A_{55}$、$A_{56}$、$A_{58}$、$A_{60}$、$A_{62}$，即可算出每层土石方量为

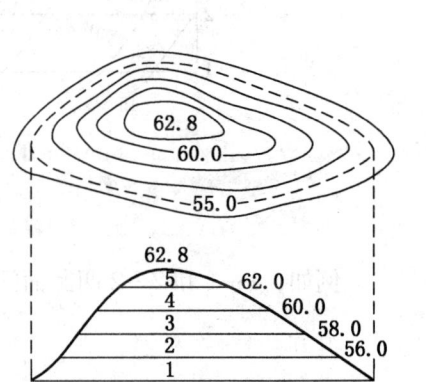

图 4-36 等高线法求土石方

$$V_1 = \frac{1}{2}(A_{55} + A_{56}) \times 1$$

$$V_2 = \frac{1}{2}(A_{56} + A_{58}) \times 1$$

$$\vdots$$

$$V_5 = \frac{1}{3}A_{62} \times 0.8$$

$V_5$ 是 62 m 等高线以上山头顶部的土石方量。总挖方量为

$$\sum V_\omega = V_1 + V_2 + V_3 + V_4 + V_5$$

2. 断面法

道路和管线建设中，沿中线至两侧一定范围内线状地形的土石方计算常用此法。这种方法是在施工场地范围内，利用地形图以一定间距绘出断面图，分别求出各断面由设计高程线与断面曲线（地面高程线）围成的填方面积和挖方面积，然后计算每相邻断面间的填（挖）方量，分别求和即为总填（挖）方量。

如图 4-37 所示，地形图比例尺为 1∶1000，矩形范围是欲建道路的一段，其设计高程为 47 m。为求土石方量，先在地形图上绘出相互平行、间隔为 1（一般实地距离为 20~40 m）的断面方向线 1—1、2—2、…、5—5；按一定比例尺绘出各断面图（纵、横轴比例尺应一致，常用比例尺为 1∶100 或 1∶200），并将高程线展绘在断面图上；然后在断面图上分别求出各断面设计高程线与断面图所包围的填土面积 $T_T$ 以及挖土面积 $A_{W_i}$（$i$ 表示段面编号），最后计算两断面间土石方量。

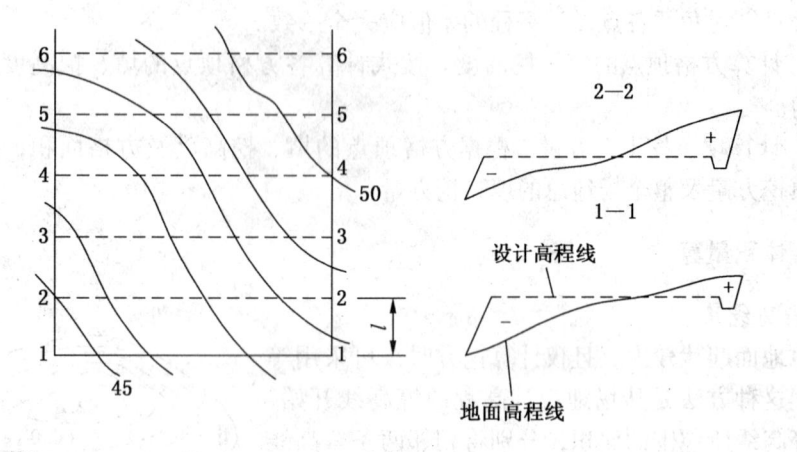

图 4-37　断面法计算土石方

例如，1—1 和 2—2 两断面间的土石方为

填方
$$V_T = \frac{1}{2}(A_{T_1} + A_{T_2})l$$

挖方
$$V_W = \frac{1}{2}(A_{W1} + A_{W2})l$$

同法依次计算出每两相邻断面间的土石方量，最后将填方量和挖方量分别累加，即得总土石方量。

上述两种土石方估算方法各有特点，应根据场地地形条件和工程要求选择合适的方法。当实际工程土石方估算精度要求较高时，往往要到现场实测方格网图（方格点高程）、断面图或地形图。此外，上面介绍的两种土石方估算方法均未考虑削坡影响，当高差较大时，这部分土石方量是很大的，因此，实际工程中应参照上述方法计算削坡部分的土石方量。

### 五、几何图形面积量算

在规划设计和工程建设中，常常需要在地形图上测算某一区域范围的面积，如求平整土地的填挖面积，规划设计城镇某一区域的面积，厂矿用地面积，渠道和道路工程的填、挖断面的面积、汇水面积等。下面我们介绍几种量测面积的常用方法。

1. 解析法

在要求测定面积的方法具有较高精度，且图形为多边形，各顶点的坐标值为已知值时，可采用解析法计算面积。

如图 4-38 所示，欲求四边形 1234 的面积，已知其顶点坐标为 $1(x_1, y_1)$、$2(x_2, y_2)$、$3(x_3, y_3)$ 和 $4(x_4, y_4)$。则其面积相当于相应梯形面积的代数和，即

$$S_{1234} = S_{122'1'} + S_{233'2'} - S_{144'1'} - S_{433'4'}$$

$$= \frac{1}{2}\big[ (x_1 + x_2)(y_2 - y_1) + (x_2 + x_3)(y_3 - y_2) -$$

$$(x_1 + x_4)(y_4 - y_1) - (x_3 + x_4)(y_3 - y_4) \big]$$

整理得

$$S_{1234} = \frac{1}{2}\big[ x_1(y_2 - y_4) + x_2(y_3 - y_1) + x_3(y_4 - y_2) + x_4(y_1 - y_3) \big]$$

对于 $n$ 点多边形，其面积公式的一般式为

$$s = \frac{1}{2} \sum_{i=1}^{n} y_i (x_{i+1} - x_{i-1}) \tag{4-4}$$

式中　$i$——多边形各顶点的序号。当 $i$ 取 1 时，$i-1$ 就为 $n$，当 $i$ 为 $n$ 时，$i+1$ 就为 1。

2. 几何图形法

若图形是由直线连接的多边形，可将图形划分为若干个简单的几何图形，如图 4-39 所示的三角形、矩形、梯形等；然后用比例尺量取计算所需的元素（长、宽、高），应用面积计算公式求出各个简单几何图形的面积；最后取代数和，即为多边形的面积。图形边界为曲线时，可近似地用直线连接成多边形，再计算面积。

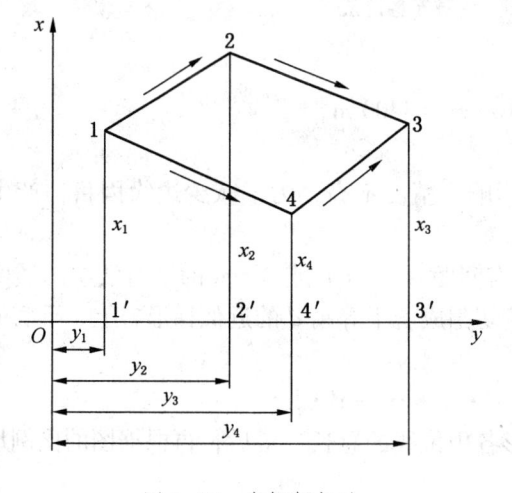

图 4-38　坐标解析法

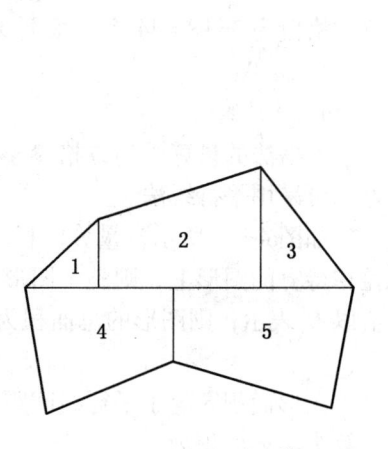

图 4-39　几何图形计算法

### 3. 透明方格网

对于不规则曲线围成的图形，可采用透明方格法进行面积量算。

如图 4-40 所示，用透明方格网纸（方格边长一般为 1 mm、2 mm、5 mm、10 mm）蒙在要量测的图形上，先数出图形内的完整方格数，然后将不够一整格的用目估折合成整格数，两者相加乘以每格所代表的面积，即为所量算图形的面积，即

$$S = nA \tag{4-5}$$

式中　$S$——所量图形的面积；

　　　$n$——方格总数；

　　　$A$——1 个方格的面积。

【例 4-1】如图 4-40 所示，方格边长为 1 cm，图的比例尺为 1：1000。完整方格数为 36 个，不完整的方格凑整为 8 个，求该图形面积。

**解**

$$A = (1 \text{ cm})^2 \times 1000^2 = 100 \text{ m}^2$$

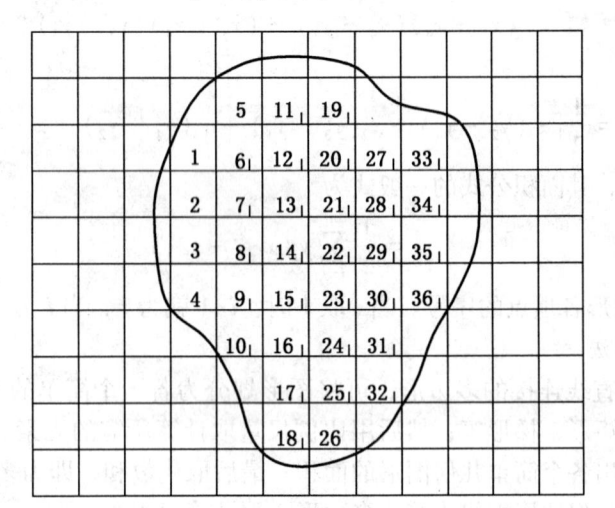

图 4-40　透明方格网法

总方格数为 36+8＝44 个，根据式（4-5）得

$$S = 44 \times 100 \text{ m}^2 = 4400 \text{ m}^2$$

### 4. 平行线法

方格法的量算受到方格凑整误差的影响，精度不高，为了减少边缘因目估产生的误差，可采用平行线法。

如图 4-41 所示，量算面积时，将绘有间距 $d$＝1 mm 或 2 mm 的平行线组的透明纸覆盖在待算的图形上，则整个图形被平行线切割成若干等高 $d$ 的近似梯形，上、下底的平均值以 $L_i$ 表示，则图形的总面积为

$$S = d \cdot l_1 + d \cdot l_2 + \cdots + d \cdot l_n$$

图形面积 $S$ 等于平行线间距乘以梯形各中位线的总长。最后，再根据图的比例尺将其换算为实地面积为

$$S = d \sum l M^2 \tag{4-6}$$

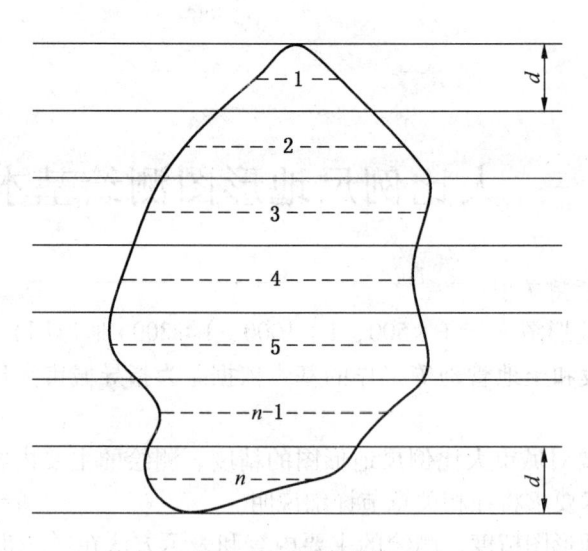

图 4-41　平行线法

式中　　$M$——地形图的比例尺分母。

【例 4-2】在 1∶2000 比例尺的地形图上，量得各梯形上、下底平均值的总和 $\sum l = 876$ mm、$d=2$ mm，求图形面积。

**解**　根据式（4-6）得

$$S = 0.002 \times 0.876 \times 2000^2 = 7008 \text{ m}^2$$

**六、确定汇水面积**

在修筑桥梁、涵洞或修建水坝等工程建设中，需要知道有多大面积的雨水往这个河流或谷地汇集。地面上某区域内雨水注入同一山谷或河流，并通过某一断面（如道路的桥涵），这一区域的面积称为汇水面积。

由于雨水是沿着山脊线向两侧山坡分流，所以汇水范围的边界线必然是由山脊线及与其相连的山头、鞍部等地貌特征点和人工构筑物（如坝和桥）等线段围成。

如图 4-42 所示，公路 $AB$ 通过山谷，在 $M$ 处要建一涵洞，为了设计孔径的大小，要确定该处汇水面积。由图 4-42 看出，流往 $AB$ 断面的汇水面积，即为 $AB$ 断面与该山谷相邻的山脊线的连线所围成的面积（图中虚线部分）。可用格网法、平行线法或电子求积仪测定该面积的大小。在确定汇水范围时，应注意以下两点：

（1）边界线（除构筑物 $a$ 外）应与山脊线一致且与等高线垂直。边界线是经过一系列山头和鞍部的曲线，并与河谷的指定断面（如图中 $M$ 处的直线）闭合。

（2）根据汇水面积的大小，再结合当地的气象水文资料，便可进一步确定流经 $a$ 处的水量，从而对拟建此处的涵洞大小提供设计依据。

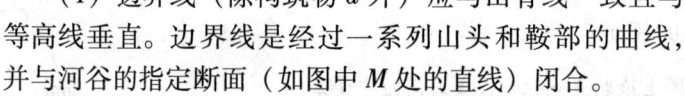

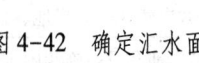

图 4-42　确定汇水面积

# 附录一 大比例尺地形图测绘基本要求

1. 主要内容与适用范围

（1）大比例尺地形图（指 1∶500、1∶1000、1∶2000 地形图）是城市规划、管理、工程项目设计、建设和土地管理等工作的基本依据。为指导城市大比例尺地形图测绘工作，特制定本要求。

（2）本要求主要对城市大比例尺地形图的精度、测绘的主要内容和表示方法做出规定，测绘过程的技术要求将在相关章节详细说明。

（3）大比例尺地形图精度、测绘的主要内容和表示方法在《城市测量规范》（CJJ/T 8—2011）（以下简称《规范》）和《国家基本比例尺地图图式 第 1 部分：1∶500、1∶1000、1∶2000 地形图图式》（GB/T 20257.1—2007）（以下简称《图式》）中作了详细的规定和说明。《规范》和《图式》是测绘大比例尺地形图的基本依据。城市的不断发展，导致出现了许多《规范》《图式》中未作说明的地物，还有部分地物、地形要素的测绘未作详细说明。为确保大比例尺地形图满足城市规划、管理和其他用户的要求，结合部分城市的实际情况，制定本要求，作为对《规范》《图式》中未详细说明有关事宜的补充。

（4）本规定未明确规定的，按如下标准执行：

《城市测量规范》（CJJ/T 8—2011）；

《1∶500、1∶1000、1∶2000 地形图图式》（GB/T 20257.1—2007）。

2. 大比例尺地形图的规格

大比例尺采用 40 cm×50 cm 矩形分幅，图幅按矩形图编号方法进行编号。

3. 大比例尺地形图的精度

无论采用何种方法成图，城市大比例尺地形图的精度应执行以下要求。

1）图根点、测站点精度

图根点相对于图根起算点的点位中误差，不得大于图上 0.1 mm；高程中误差，不得大于测图基本等高距的 1/10。

测站点相对于邻近图根点的点位中误差，不得大于图上 0.3 mm；高程中误差：平地不得大于 1/10 基本等高距，丘陵地不得大于 1/8 基本等高距，山地，高山地不得大于1/6 基本等高距。

2）地形图平面精度

地形图平面精度应符合表 1 的规定。

表 1 图上地物点点位中误差与间距中误差　　　　　　　　　　　　mm

| 地 区 分 类 | 点位中误差 | 邻近地物点间距中误差 |
|---|---|---|
| 城市建筑区和平地、丘陵地 | ≤0.5 | ≤0.4 |
| 山地、高山地和设站施测困难的旧街坊内部 | ≤0.75 | ≤0.6 |

3）地形图高程精度

城市建筑区和基本等高距为 0.5 m 的平坦地区，其高程注记点相对于邻近图根点的高程中误差 1∶500 地形图不得大于±0.15 m；1∶1000 地形图不得大于±0.20 m；1∶500 地形图不得大于±0.30 m。

其他地区地形图高程精度已等高线插求点的高程中误差来衡量，等高线插求点相对于邻近图根点的高程中误差应符合表 2 的规定。

表 2　等高线插求点的高程中误差

| 地 形 类 别 | 平地 | 丘陵地 | 山地 | 高山地 |
|---|---|---|---|---|
| 高程中误差（等高距） | ≤1/3 | ≤1/2 | ≤2/3 | ≤1 |

4. 大比例尺地形图测绘和表示的原则及相应说明

（1）大比例尺地形图测绘应反映测图时的现状。

（2）地形图上符号的尺寸按《图式》"2.2 符号的尺寸"的规定表示。

（3）地形图上符号的定位点和定位线按《图式》"2.3 符号的定位点和定位线"的规定执行。

（4）地形图上符号的方向和配置按《图式》"2.4 符号的方向和配置"的规定执行。

（5）地形图上各种要素的配合表示应符合《规范》"地形图上各种要素配合表示，应符合下列规定"和《图式》"符号在图上的正确显示"的要求。

（6）在测绘地物、地貌时，应遵守"看不清不绘"的原则。地形图上的线划、符号和注记应在现场完成。

（7）本要求说明中的各种数量指标，凡"大于"者含数字本身，"小于"者不含数字本身。

（8）本要求与《规范》《图式》的规定不一致时，以本要求为准。

5. 大比例尺地形图测绘的主要内容及表示方法

大比例尺地形图应表示测量控制点、居民地和垣栅、工矿建（构）筑物及其他设施、交通及附属设施、管线及附属设施、水系及附属设施、境界、地貌和土质、植被等各项地物、地貌要素，以及地理名称注记等；并着重显示与城市规划、建设有关的各项要素。为使图面清晰，同时考虑 1∶2000 地形图的用途，1∶2000 地形图上部分要素可适当取舍或不表示。

1）测量控制点

测量控制点是测绘地形图和工程测量的主要依据，在图上必须准确表示。

测量控制点的测绘和表示除满足《规范》"测量控制点的测绘应符合下列规定"和《图式》"测量控制点"的要求外，还应符合下列规定。

（1）建筑物上的控制点，若没有高程，可只注记点名。

（2）无论用何种方法测绘的图根控制点，按《图式》相关要求表示。

（3）航测图成图所有控制点均不表示。

2）居民地和垣栅

居民地是大比例尺地形图应表示的主要要素，居民地的各类建筑物、构筑物及主要附属设施应准确测绘实地外围轮廓，如实反映建筑物结构特征，正确表示建筑物间的关系。

居民地和垣栅的测绘和表示除满足《规范》"居民地和垣栅的测绘应符合下列规定"和《图式》"居民地和垣栅"的要求外，还应符合下列规定。

（1）房屋的轮廓原则上以墙基外角为准，按建筑物材料和性质分类；注记层数，7层以上（含7层）建筑物性质均按"砼"注记；1∶500与1∶1000比例尺地形图测图，房屋一般不综合，应逐个表示，临时性的房屋可舍去；1∶2000比例尺测图可适当综合取舍，面积小于6 mm² 的简易房、棚房可不表示，宽度小于3 m的棚房用简易房表示，房屋只注记层数，不注记建筑材料和结构。

（2）平房轮廓以建筑物墙基外角为准，若一边山墙超出建筑物主体墙面，以主体墙面为准表示。

（3）所有楼房主体均以墙面为准表示。

（4）建筑物和围墙轮廓凸凹在图上小于0.4 mm，简单房屋小于图上0.6 mm时，可用直线连接，边线按主要建筑物外围为准。

（5）1∶500比例尺测图，房屋的天井均应表示；1∶1000比例尺测图，图上6 mm²以下的天井可不表示；1∶2000比例尺测图，天井可不表示，天井内应加注"空"。

（6）简单房屋可不注明建筑材料性质。

（7）已建房基且房基高于地面但未建成房屋的建筑，无论正在施工或暂停施工，均按《图式》要求表示。

（8）房屋附属的悬空建筑物以实际投影表示。

（9）阳台无论是否落地，均按《图式》要求表示。1∶2000比例尺测图，除与建筑物等长的阳台归主体表示外，其余阳台可不表示。

（10）建筑物门廊、单位大门门顶等悬空建筑下的台阶、房屋等地物实测表示（可重叠）。1∶2000比例尺测图，门顶、宽度小于3 m的门廊、门（檐）廊支柱可不表示。

（11）农村一般农户院内的小平台、台阶、照壁、花池、矮墙等附属设施可不表示，但半地下房屋高于地面部分按平台表示，台阶实测表示。1∶500比例尺测图院内宽度大于2 m且高度大于1 m的平台及相应台阶应表示，1∶1000和1∶2000比例尺测图可不表示。平台应加注"台"。户外的照壁，1∶500、1∶1000比例尺测图按依比例尺围墙符号表示，1∶2000比例尺测图可不表示。

（12）农村农户门道外建筑无论是斜坡、还是台阶，1∶500比例尺测图按《图式》要求表示，1∶1000、1∶2000比例尺测图可不表示。

（13）农村门道按《图式》相关要求表示，虚线表示进出方向；有支柱但无墙的门道，按《图式》相关要求表示，并实测支柱。投影宽度小于图上2 mm的门顶可不表示。1∶2000比例尺测图，门道与建筑物相邻时将其并入建筑物，但要表示进出方向，门顶、建筑物下的通道不表示。

（14）台阶在图上可绘足三级（含台阶上的平台、图上3 mm）按《图式》要求表示。台阶两侧护墙宽度大于图上0.6 mm时，护墙按实际宽度表示，否则护墙用单线表示。1∶2000比例尺测图，宽度小于2 m的楼梯不表示。

（15）施工区用点线表示其范围，并加注"施工区"。1∶2000比例尺测图只表示面积较大的施工工地。

（16）院门按《图式》要求表示，月亮门按院门表示。1∶2000比例尺测图可不表示。

（17）表示权属范围且高于地面0.5 m的墙按《图式》相应的符号表示，其余的可根据其永久性、规整性、重要性等综合取舍，临时性的不表示。

（18）地下建筑物的天窗宽度大于图上2 mm时按实际宽度表示，否则按《图式》表示。1∶2000比例尺测图可不表示。

（19）所有支柱、墩宽度大于图上1 mm时，按实际尺寸表示（空心），小于1 mm时按1 mm符号表示（方体为实心，圆体为空心）。1∶2000比例尺测图，所有支柱均不表示，大门宽度大于4 m的门墩需表示，其余的不表示。

（20）当棚房依围墙而建时，棚房和围墙分别完整表示。1∶2000比例尺测图，用棚房表示即可。

3）工矿建（构）筑物及其他设施

工矿建（构）筑物及其他设施包括矿山开采、地质勘探、工业、农业、科学、文教、卫生、体育设施和公共设施，是国民经济建设的主要设施，应准确测绘其位置、形状和性质特征。依比例尺表示的，应实测其外部轮廓，并配置符号或用依比例尺符号表示；不依比例尺的表示的，应准确测定其定位点或定位线，用不依比例尺的符号表示。

工矿建（构）筑物及其他设施的测绘和表示除满足《规范》"工矿建（构）筑物及其他设施的测绘应符合下列规定"和《图式》"工矿建（构）筑物及其他设施"的要求外，还应符合下列规定。

（1）架空传送带下的建筑实测表示。1∶2000比例尺测图传输带按《图式》要求表示，漏斗只测外形，并加助"漏斗"；滑槽符号中的斜线根据需要表示，也可不表示。

（2）居民地外饲养牲畜的大型场所按《图式》表示，饲养场统一加注"牲"。用于饲养牲畜的房屋按房屋表示。房前屋后的个体小猪圈、羊圈等不表示。1∶2000比例尺测图，独立于建筑物以外的个体小猪圈、羊圈，可不表示，饲养场内建筑物密集时，不要求每个饲养场所均注记"牲"，可在空白处注记。

（3）柱型广告牌应实测支柱，外围按实际投影表示，并加注"广告"。1∶2000比例尺测图，广告牌可不表示。

（4）跑道长度大于250 m的操场，加注"体育场"，小于250 m的操场加注"运动场"。

（5）有名称的纪念碑应加注其名称。

（6）正规球场、幼儿园、公园和露天游乐场内正规的娱乐设施用点线绘制其范围，并加注"娱"。1∶2000比例尺测图可不表示。

（7）建筑物外的独立厕所按《图式》要求表示，农村院内与建筑物相连的厕所按房屋表示。所有简陋的厕所均不表示。

（8）1∶2000比例尺测图，架空传送带下的支柱（架），烟道支架，橱窗，广告牌，路灯，小型牌、柱、墩可不表示。

（9）1∶2000比例尺测图，国家机关、企事业单位、公共场所、学校等有重要意义的旗杆予以保留，其余的不予保留。

（10）1∶2000比例尺测图，温室、花房、菜窖统一简称为"温""花""菜"。

（11）1∶2000比例尺测图，农村的学校，可不注记全称只注记"党校"字样；小型卫生所可不注记名称,用图式相应符号表示。

(12) 1:2000 比例尺测图,宣传橱窗、垃圾台、路灯均不表示。

4) 交通及附属设施

交通是国民经济发达程度的重要标志。图上应准确反映陆地道路的类别和等级,附属设施的结构和关系;正确处理道路的相交关系及其他要素的关系;正确表示水运和海运的航行标志,河流的通航情况及各级道路的通过关系。

铁路与公路或其他道路平面相交时,铁路符号不中断,而将另一道路符号中断;道路为立体交叉或高架道路时,应测绘桥位、匝道、桥墩与绿地等,下层被上层遮住的部分不绘;桥梁应注明其建筑结构,有专有名称的加注名称;码头应实测轮廓线,有专有名称的加注名称,无名称者注"码头";路堤、路堑应按实际宽度绘出边界。

交通及附属设施的测绘和表示除满足《规范》"交通及附属设施的测绘应符合下列规定"和《图式》"交通及附属设施"的要求外,还应符合下列规定。

(1) 铁路轨顶、公路路中、道路交叉处、桥面应测注高程,铁路曲线段应测其内轨顶高程,铁路统一中心定位。

(2) 公路、街道在图上按实际宽度依比例尺表示,公路应在路中注明等级和铺面材料,街道应在路中注明铺面材料,国道应注出国道路线编号。

(3) 市区街道应将车行道、过街天桥、过街地道的出入口和地下部分、分隔带、环岛、街心花园、人行道与绿化带等绘出;1:2000 比例尺测图,道路中安全岛(环岛)、隔离带、绿化带、花坛、只测绘其范围线,不填充植被符号,范围线统一用"道路隔离带"编码表示。

(4) 路基未经修筑或简单修筑能通行大车和拖拉机且实地宽度大于 3 m 的道路;实地宽度大于 0.5 m(1:2000 比例尺测图,实地大于 1 m)、小于 3 m 的乡村中不能通行大车和拖拉机的道路;乡村中单人单车行走的道路按《图式》相关要求表示。大车路、乡村路的宽度依比例尺表示,若实地宽窄不一,且变化频繁,图上可取其平均宽度绘成平行线。

(5) 公园、工矿、机关、学校、居民小区和农村等内部经过铺装的主要道路按《图式》相关要求表示,路面未经铺装的不表示。1:2000 比例尺测图,农村的内部路可不表示,其余的可适当综合。

(6) 马路边林带宽度大于图上 20 mm 时按树林表示,小于 20 mm 时按行树表示,无论用哪种方法表示,均应注明树林性质(如杨、榆等)。1:2000 比例尺测图,马路边林带按行树表示,可不注树林性质。

(7) 路边、花池内及其他地方的线状冬青树均不表示。大面积的冬青树实测边界,按花圃表示。

(8) 站台、天桥、地道、信号灯、臂板信号机、水鹤、车挡、转车盘等火车站附属设施按《图式》表示。1:2000 比例尺测图,只表示高柱色灯信号机。

(9) 不依比例尺涵洞用虚线连接地下部分。1:2000 比例尺测图,依比例尺涵洞地下部分用虚线连接表示,不依比例尺涵洞地下部分不连线(可不表示)。

(10) 路堤、路堑应区分是否加固。

(11) 里程牌、坡度表、路标、汽车停车站等道路标志按《图式》要求表示。

（12）铁道平交道口按《图式》要求表示。

5）管线及附属设施

管线包括各种管道、电力线和通信线等，图上应准确反映管线类别、实地点位和走向特征。

永久性的电力线、通信线均应准确表示，电杆、铁塔位置应实测。当多种线路在同一杆架上时，只表示主要的，杆上变压器应表示。图上电力线、通信线可不连线，但应在杆架处绘出线路方向。各类线路应做到线类分明，走向连贯。

架空的、地面上的、有管堤的管道均应实测，分别用相应的符号表示，并注明管道数量和传输物质的名称。

管线及附属设施的测绘和表示除满足《规范》"管线及附属设施的测绘应符合下列规定"和《图式》"管线及附属设施"的要求外，还应符合下列规定。

（1）电力线、通信线进入建筑物时，建筑物上可不表示路线走向，但进入变电室时需表示走向。

（2）架空管道拐点、交叉或通过道路处的支架实测表示，直线部分的支架密集时，可适当取舍。1∶2000比例尺测图，直线部分的支架可适当取舍。

（3）多根管道成排或重叠且宽度大于图上2 mm时，按实际投影表示（管道外侧），中间加注管道数量，传输物按主要的标注。1∶2000比例尺测图，走向连贯的主管道表示，其余管道可不表示；管道只注记传输物质的名称，不注记管道数量（根数）。

（4）底部高于地面1 m的管道按架空管道表示。

（5）轮廓凸凹小于图上1 mm的管道，可用直线连接。

（6）电力线、通信线的电缆标实测，按相应符号表示。1∶2000比例尺测图，建成区外的电力线、通信线，拐弯处、变陡坡处的电缆标实测表示，直线部分可取舍；建成区内的电缆标可不表示。

（7）地下检查井只表示干管和道路上的，其余的可不表示。1∶2000比例尺测图可不表示。

（8）室外地上和地下的消火栓，均应实测，按《图式》表示。1∶2000比例尺测图可不表示。

（9）阀门均应实测，按《图式》表示。1∶2000比例尺测图可不表示。

（10）1∶2000比例尺测图，建筑区电力线、通信线密集且与其他（线划）相互压盖时，可适当取舍；高压杆不取舍，但通信杆、低压杆的拐点、起始点、3个以上（含3个）走向的杆位必须保留表示，直线部分不可连续舍去两根杆，当两根杆间不能用完整符号表示时，可用同性质的线连接。

（11）1∶2000比例尺测图变压器统一按不依比例尺符号表示，定位点为其中心。

6）水系及附属设施

（1）水系包括江、河、湖、海、水库、池塘、沟渠、井、泉等自然和人工水体及水利设施，图上均应准确表示，有名称的加注名称。

（2）河流、溪流、运河、湖泊、水库、池塘等的水涯线一般按测图时（或摄影时）的水位测定，当水涯线与陡坎线图上投影距离小于1 mm时以陡坎线表示，不绘制水涯线。河流在图上宽度小于0.5 mm的用单线表示。1∶2000比例尺测图，只绘制湖泊、水库的水涯线可不表示，池塘统一用单线表示。

（3）水渠应测注渠顶边和渠底的高程；时令河应测注河床高程；堤、坝应测注顶部与坡脚高程；池塘应测注池塘顶边与塘面高程；泉、井应测注泉的出水口与井台高程。

（4）水系及附属设施的测绘和表示满足《规范》"水系及附属设施的测绘应符合下列规定"和《图式》"水系及附属设施"的要求。

（5）沟渠边高度不高于地面0.5 m时，宽度大于图上6 mm时按有护岸沟渠表示（即需绘制示坡线），并绘制水涯线；宽度大于图上1 mm、小于6 mm时用双线表示；宽度小于图上1 mm的防渗渠、水井、泵房的引渠用单线表示，1∶2000比例尺测图，防渗水渠、河流宽度小于图上0.5 mm时用单线表示，宽度小于1 m的非防渗水渠可不表示；堤高大于0.5 m的沟渠，堤宽小于图上1 mm时及堤宽大于图上1 mm时分别按《图式》相关要求表示。沟渠边、堤应区分是否加固。

（6）1∶2000比例尺测图，单位、村庄等内部路旁边的渠不表示；耕地内较窄的水渠用单线表示；堤坝上的道路可不表示。

7）境界

大比例尺地形图上一般不表示行政区划界和特殊地区界，需表示时，将在项目技术设计书中给予说明。

自然保护区界实测，按《图式》相关要求表示。

8）地貌和土质

地貌指地球表面起伏的形态，土质指地面表层覆盖物的类别和性质。地貌和土质是经济建设部门规划设计、资源调查的基本依据之一。图上要求正确表示其形态、类别和分布特征。

自然形态的地貌宜用等高线表示，崩塌残蚀地貌、坡、坎和其他特殊地貌应用相应符号或用等高线配合表示。

建筑区、砖场、乱掘地、垃圾场、采掘（石、土）场、坟地等不易用等高线表示形态的地方，一律不绘制等高线，实测高程，并加注相应的说明注记。

不同项目、不同测区的所选择的基本等高距将在技术设计书中给予说明。

各种天然形成和人工修筑的坡、坎，其坡度在70°以上时表示为陡坎，70°以下时表示为斜坡。斜坡在图上投影宽度小于2 mm时，以陡坎符号表示。当坡、坎比高小于0.5 m（1∶2000比例尺测图比高小于1 m）或在图上长度小于5 mm时，可不表示，坡、坎密集时，可适当取舍。1∶2000比例尺测图，陡坎不可用等高线表示；大于1 m以上的坎不得取舍。

梯田坎、坡在图上投影宽度大于5 mm时需绘制坡角线。梯田坎比较缓且范围较大时，也可用等高线表示。

坡度在70°以下的石山和天然斜坡，能用斜坡符号正确反映出地形特征的地段，优先考虑用斜坡符号表示，否则用等高线或用等高线配合符号表示，人工修筑的坡用斜坡符号表示。独立石、土堆、坑穴、陡坎、斜坡、梯田坎、露岩地等应在上下方分别测注高程或测注上（或）下方高程及量注比高。

各种土质按《图式》规定的符号表示，大面积沙地应用等高线加注记表示。

地貌和土质的测绘和表示除满足《规范》"地貌和土质的测绘应符合下列规定"和

《图式》"地貌和土质"的要求外，还应符合下列规定。

（1）计曲线应注明高程，等高线注记注在平缓处，字头朝向高处，但需避免在图内倒置。当等高线密集时，可选择注记。

（2）大比例尺地形图上高程注记点应分布均匀，丘陵地区高程注记点间距：1∶500比例尺地形图15 m，1∶1000比例尺地形图30 m，1∶2000比例尺地形图50 m。平坦及地形简单地区可放宽1.5倍，地貌变化较大的丘陵地、山地与高山地应适当加密。

（3）高程点位实测表示，高程注记一般注在点的右方或左方。1∶500和1∶1000比例尺地形图高程注记点应注至cm，1∶2000比例尺地形图应注至dm。

（4）除上述规定需测注高程的地方外，以下地点必须测注高程点：①山顶、鞍部、山脊、山脚、谷底、谷口、沟底、沟口、凹地、台地、河川湖池旁、水涯线上以及其他地面倾斜变换处、地形特征点处须测注高程；②城市建筑区街道中心线、街道交叉中心、建筑物墙基脚和相应的地面、管道检查井井口、桥面、广场、较大的庭院内或空地上以及其他地面倾斜变换处。

（5）山顶、鞍部、凹地及斜坡方向不易判别的地方应在最高、最低一条等高线上绘制示坡线。

（6）所有坡、坎均应分清是否加固。

（7）人工修筑的斜坡用斜坡符号表示，不用等高线表示。

（8）崩塌残蚀地貌的表示按《图式》的相关规定执行。

9）植被

植被指覆盖在地表上的各种植物，图上应正确绘出植被的类别特征和分布范围。耕地、园地应实测范围，配置相应的符号表示。同一地段生长有多种植物时，植被符号可配合表示，但不得超过3种（连同土质符号）。如果种类很多，可舍去经济价值不大或数量较小的。符号的配置应与实地植物的主次和稀密情况相适应。

旱地指除稻田以外的农作物耕种地和撂荒未满3年的轮歇地，包括种植小麦、杂粮、棉花、烟草、大豆、花生和油菜的田地，经济作物、油料作物应加注品种名称。菜地指较固定的常年种植、面积较大的菜地。有喷灌设备或节水灌溉设施的耕地应加注"喷灌""滴灌"等。

一年分几季种植不同作物的耕地，应以夏季主要作物为准配置符号。

植被的测绘和表示除满足《规范》"植被的测绘应符合下列规定"和《图式》"植被"的要求外，还应符合下列规定。

（1）高于地面0.5 m的田埂图上宽度大于图上1 mm时用双线表示，小于1 mm时用单线表示。

（2）居民地内散树可不表示。1∶2000比例尺测图，所有散树可不表示。

（3）行树、狭长灌木林等在图上长度小于20 mm时可不表示。1∶2000比例尺测图，道路、河流、水渠第一排行树，狭长灌木林需表示，其余可不表示。

（4）独立树指有良好方位作用和有纪念意义的单棵树木，有名称的应加注名称。实地应正确区分零散树木是独立树还是散树，按相应符号表示。

（5）花圃边界一般用实线表示，当花圃边界与内部路公用时，公用部分按内部路表示，其他边界用虚线表示。面积小于图上6 mm$^2$的花圃可不表示。

（6）草坪按《图式》要求表示，并加注"草坪"。

（7）地类界与地面上有形的线状符号（道路、河流、坡坎线等）重合时，可省略不绘，与地面无形的线状符号（如等高线、境界、管线等）重合时，将地类界移位 0.3 mm绘出。

10）注记

注记是地形图的重要内容之一，是判别和使用地形图的直接依据，要求对各种名称、说明注记和数字注记准确注出。图上所有居民地、道路（包括市镇的街、巷）、山岭、沟谷、河流等自然地理名称，以及主要单位名称，均应进行调查核实，有法定名称的以法定名称为准，并应正确注记。

成图注记除满足《图式》"注记"的要求外，还应符合下列规定。

（1）单位名称可简注，带有"山西省""太原市"字样的可简称"省""市"，其他的不简化。

（2）单位名称统一以挂牌为准，同一院、同楼有多个单位时，只注记主要名称（即法定名称）。1:2000 比例尺测图，单位名称较长时，能简称的可用简称注记。

（3）注记位置应指向明确、醒目、易读，尽量不压盖地物符号。

（4）注记的排列形式首选水平字列，面积较大的单位名称注记应选用"普通字隔"或"隔离字隔"注记。

（5）根据单位的等级、主次和面积的大小，选择适合的字高。

（6）城市主干道采用 4 mm 字高注记，城市次干道采用 3.5 mm 字高注记，城市其他道路及小街、小巷采用 2.75 mm 字高注记。

（7）部队（含武警部队）名称可不注记。

（8）各种说明注记的简称按《图式》"附录 A 说明注记简称表"的规定标注。

# 附录二 测绘成果质量检验教程
## （1∶500~1∶2000 比例尺地形图）

### 一、引用标准

下列标准所包含的条文使用时，本文的各方应探讨使用下列标准最新版本的可能性。

（1）GB/T XXXXX—200X《测绘成果质量检查与验收》。

（2）GB/T 931—2008《1∶500　1∶1000　1∶2000 地形图航空摄影测量外业规范》。

（3）GB/T 930—2008《1∶500　1∶1000　1∶2000 地形图航空摄影测量内业规范》。

（4）GB/T 20257.1—2007《国家基本比例尺地图图式　第1部分：1∶500　1∶1000　1∶2000 地形图图式》。

（5）GB/T 14912—2005《1∶500　1∶1000　1∶2000 外业数字测图技术规程》。

（6）GB/T 18314—2009《全球定位系统（GPS）测量规范》。

（7）CJJ/T 8—2011《城市测量规范》。

（8）CJJ/T 73—2010《全球定位系统城市测量技术规程》。

### 二、1∶500~1∶2000 比例尺地形图生产工艺流程概述

（1）航空摄影测量法。

（2）野外全要素采集测图法。

（3）已有成果改造。（缩编：利用大于所需比例尺的地形图，按照所需比例尺的技术要求进行缩编，从而获得所需比例尺的地形图。）

（4）成果形式：①纸制地形图；②图形数据（数字地形图）；③矢量数据。

### 三、检验基本要求

（1）二级检查一级验收。测绘成果质量通过二级检查一级验收方式进行控制，测绘成果应依次通过测绘单位作业部门的过程检查、测绘单位质量管理部门的最终检查和委托验收。

（2）检查验收依据。检查验收应依据有关的法律法规，有关的测绘任务书、合同书或委托检查验收文件、设计书和有关国家标准、行业标准等。

（3）检验使用仪器设备的精度指标不低于生产过程中所使用仪器设备的精度指标。

（4）检验样本确定后，应现场提取，并及时封存。

（5）进行分批抽样时，各批量图幅数应大致相等。

（6）样本图幅野外巡视范围应大于图幅面积的四分之三。

（7）检验内容包括：数学精度、地理精度、数据及结构正确性、整饰质量和附件

质量。

（8）质量等级。

（9）数学精度检测。

（10）涉及的各项指标、说明中，凡为"以上""大于"者，含其本身，"以下""小于"者，不含其本身。

（11）原始记录应及时、整洁、清晰，质量问题记录应描述完整、指标明确，参数及差错类别划分等划改应进行说明。

（12）数据记录、修约除本标准要求外，应符合相关数据修约的一般性规定。

## 四、检验程序

### （一）检验阶段划分

检验阶段划分为检验准备阶段、检验实施阶段、检验资料整理阶段3个阶段。

### （二）检验准备阶段

（1）检验仪器设备准备。

（2）资料准备。

（3）确定项目成果批量、批次，抽样（样本接收与准备）。

样本资料应包括：

（1）项目技术设计书及专业技术设计书。

（2）生产技术总结。

（3）成果质量检查报告。

（4）项目生产所使用仪器设备的计量检定、检校资料（可为复印件）。

（5）地形图成果图幅接合表。

（6）原始观测数据、平差计算资料、成果表和统计表、点之记等。

（7）地形图成果。

（8）其他相关资料。

### （三）检验实施阶段

1. 检验内容及方法

1）数学精度

（1）采用核实相关计算资料的方式检查平面坐标系统、高程基准的正确性。

（2）数字图采用读取坐标与已知坐标比对的方式检查控制点展点精度。模拟图采用图上距离与坐标反算长度比较获取较差值，与相关规范要求进行比对的方式检查控制点展点精度。

（3）数字图采用人机交互的方式量取内图廓及格网尺寸与理论值进行比对。模拟图使用一级线纹米尺量测图廓及格网尺寸，检测图廓、格网尺寸误差是否符合限差要求。

2）控制点检测

（1）一般利用原测图控制点作为检测控制点。检测前应对使用的原测图控制点进行可靠性确认。确认的方式主要包括：重合检测法和距离检测法。

（2）当原测图控制点不满足检测需要时，在等级控制点上，发展检测控制点。检测控制点测量应符合规范、设计中相关等级及测量精度要求。

（3）检测前应先检测一个控制点，确定测站设置无误方可开始检测。

3）平面位置精度

采用野外实测或室内套合采集同名点的方式获取检测点。

4）地物间距精度

实地量取地物间的距离，与地形图上的距离比较，计算较差，统计地物间相对位置中误差。

5）高程精度

采用野外实测的方式，获取特征点点位高程，与地形图上的同名点比较获内插比较，计算较差，统计高程中误差。

6）接边精度

内容略。

2. 数据及结构正确性

（1）核查文件命名、数据组织和格式的正确性。

（2）逐层核查要素分层、用色以及要素属性代码的正确性。

（3）拼接相邻图幅，逐一核对接边要素属性一致性。

3. 地理精度

（1）野外巡视与内业检查、分析相结合，核查各地物要素有无遗漏或错误。

（2）野外巡视，核对各类地貌要素表示是否完整、正确。地貌特征表示是否充分。

（3）实地核实各种名称注记表示是否齐全、正确。

（4）实地核实地物、地貌属性表示的正确性。

（5）检查地物要素综合取舍是否合理。

（6）内业检查地理要素间主次关系、取舍的正确性。

（7）拼接图幅，检查地物、地貌接边（包含地物、地貌属性）的正确性。

4. 整饰质量

（1）内业检查地形图符号使用、配置的正确性。

（2）内业检查线划规格、注记字体大小和规格规范性。

（3）内业检查各要素关系是否合理，是否有重叠、压盖现象。

（4）内业检查各要素用色的正确性。

（5）内业检查图廓外整饰内容、规格、位置正确性。

5. 附件质量

（1）内业检查技术设计、技术总结、检查报告、原始记录及其他成果资料的齐全性、规整性及与设计书要求的一致性。

（2）内业检查技术设计、技术总结、检查报告内容的完整性以及与生产项目的符合性。

6. 质量统计与评定

（1）单位成果质量统计和评定。

（2）批成果质量评定和判定。

（3）批成果质量核定。质检机构根据评定的样本质量等级，核定批成果质量等级。当质检机构核定的批成果质量等级与测绘单位评定的批成果质量等级不一致时，以质检机构核定的批成果质量等级为准。

（4）评定样本质量。当样本中出现不合格单位成果时，评定样本质量为不合格。根据单位成果的质量得分，按算术平均方式计算样本质量得分判定批质量。

（5）批成果质量判定。①当详查或概查中发现伪造成果现象，均判为批不合格；②生产过程中，使用未经计量检定的测量仪器，均判为批不合格；③当详查和概查均为合格时，判为批合格，否则判为批不合格，若验收中只实施了详查，则只用详查的结果判定批质量。

（6）最终检查批成果质量评定。

最终成果合格基础上，按以下原则评定批成果质量等级：优级，优良品率达到80%以上，其中优级品率达到30%以上；良级，优良品率达到80%以上，其中优级品率达到10%以上；合格，未达到上述标准的。

（四）检验整理阶段

1. 编制检验报告

检验报告编制按照《测绘成果质量检验报告编写基本规定》（CH/Z 1001—2007）要求执行。

2. 检验成果

（1）检验记录。

（2）检验报告。

（3）样本资料（含复印件）。

（4）其他相关资料。

# 参 考 文 献

[1] 章书寿，陈福山．测量学教程［M］．3 版．北京：清华大学出版社，2006.
[2] 吴立军．测量学［M］．郑州：黄河水利出版社，2006.
[3] 王侬，过静珺，等．现代普通测量学［M］．北京：清华大学出版社，2001.
[4] 林文介，文鸿雁，等．测绘工程学［M］．广州：广州理工大学出版社，2003.
[5] 覃辉，等．土木工程测量［M］．上海：同济大学出版社，2004.
[6] 纪勇．数字测图技术应用教程［M］．郑州：黄河水利出版社，2008.
[7] 陈传胜．测量技术［M］．北京：地质出版社，2007
[8] 赵文亮．地形测量［M］．郑州：黄河水利出版社，2005.
[9] 高井祥，肖木林，付培义，等．数字测图原理与方法［M］．武汉：武汉大学出版社，2004.
[10] 潘正风，杨正尧，程效军，等．数字测图原理与方法［M］．徐州：中国矿业大学出版社，2001.
[11] 李金如，毛启麟，章学信．地形测量学［M］．北京：地质出版社，1993.

**图书在版编目（CIP）数据**

地形测量 / 李凤贤，司大刚主编 . --北京：煤炭工业
出版社，2017（2021. 重印）

煤炭职业教育课程改革规划教材
ISBN 978 - 7 - 5020 - 5686 - 5

Ⅰ.①地…　Ⅱ.①李…　②司…　Ⅲ.①地形测量—职业
教育—教材　Ⅳ.①P217

中国版本图书馆 CIP 数据核字（2017）第 018988 号

**地形测量（煤炭职业教育课程改革规划教材）**

| | |
|---|---|
| 主　　编 | 李凤贤　司大刚 |
| 责任编辑 | 闫　非　彭　竹　张　成 |
| 编　　辑 | 田小琴 |
| 责任校对 | 李新荣 |
| 封面设计 | 晓　杰 |

出版发行　煤炭工业出版社（北京市朝阳区芍药居 35 号　100029）
电　　话　010 - 84657898（总编室）
　　　　　010 - 64018321（发行部）　010 - 84657880（读者服务部）
电子信箱　cciph612@126. com
网　　址　www. cciph. com. cn
印　　刷　北京玥实印刷有限公司
经　　销　全国新华书店

开　　本　787mm×1092mm$^1/_{16}$　印张　$15^1/_4$　字数　360 千字
版　　次　2017 年 2 月第 1 版　2021 年 1 月第 3 次印刷
社内编号　8549　　　　　　　　定价　32.00 元